Hoping for the Development of
Pollution trials and Human rights trials

公害・人権裁判の発展をめざして

豊田誠弁護士たたかいの記録

豊田誠＝著
Makoto TOYODA

日本評論社

はしがき

本書は、豊田誠弁護士の遺稿集である。

豊田弁護士は、さまざまな人権問題に取り組み、各分野で大きな功績を遺した。とりわけ、公害被害者救済と公害根絶を目的とする公害裁判を大きく発展させるために弁護士人生を捧げてきた。享年89歳（2023年3月逝去、満87歳）である。

豊田弁護士は、イタイイタイ病（弁護団常任）、薬害スモン（スモン東京弁護団副団長・スモン静岡弁護団副団長）、水俣病（水俣病東京弁護団副団長・水俣病全国連事務局長）、多摩川水害（弁護団副団長）、ハンセン（東京弁護団団長）、えひめ丸事件（弁護団団長）、等々の弁護団の先頭に立って、その活動をリードしてきた。そして、全国公害弁護団連絡会議（公害弁連）の初代事務局長、幹事長、代表委員を務めるなど、常に全国の公害弁護団の強力な牽引者としての役割を果たしてきた。また、自由法曹団の団長としても活躍し、基本的人権をまもるための諸課題に取り組んできた。

豊田弁護士の活動は、多方面から高く評価されている。その一例を挙げれば、1996年に東京弁護士会から「東京弁護士会人権賞」を授与されたことである。これは、豊田弁護士の、水俣病早期解決を求める国民的・国際的世論を盛り上げ、国会や政府に強力に働きかけて、政府解決策を引き出した活動に対して表彰されたものである。

豊田弁護士は、公害裁判について、以下の3つの目標を掲げていた（本書終章1節「裁判に勝ちぬくための5章」290頁以下）。

1つは、裁判で企業や行政の責任を徹底的に追及して勝利判決を勝ち取ること。

2つは、その勝利判決をテコにして、同じ要求を持つ被害者の要求を実現する大衆闘争を組んで現実に解決し、裁判をたたかっている人だけではなく、すべての同じような被害者の救済を図ること。

3つは、公害を発生させた根源を断つための施策を実現するために迫っていくこと。

豊田弁護士は、公害訴訟を「政策形成訴訟」として位置づけていた。その先駆けとなった訴訟が、薬害スモン訴訟である。スモンのたたかいの記録は、本書の「第１章　薬害スモンのたたかい」に収められている。

薬害スモン訴訟の全面解決が実現した後、豊田弁護士の率いる「スモン東京弁護団」は、「水俣病東京弁護団」に衣替えして、水俣病訴訟を東京地裁に提起するとともに、水俣病問題を熊本県・新潟県という地方の課題から、全国的な課題へと発展させた。水俣病のたたかいの記録は、本書の「第２章　水俣病のたたかい」に収められている。

豊田弁護士は、「大衆的裁判闘争と弁護士の役割」をはじめ、「法律家の役割」に関して数多くの貴重な論考や講演録を遺している。それを総まとめしたものが、本書３章「『公害・人権』裁判と法律家の役割」である。

豊田弁護士が公害裁判を進めるうえで、特に重視していたのは公害裁判における「情勢論」である。豊田弁護士が情勢論について後輩に伝えようとした趣旨は、本書終章１節「裁判に勝ちぬくための５章」(本書288頁以下) の中の以下の言葉に集約されている。

「一番大事なことは、裁判は支援と世論で勝つことだ。」「裁判は運動で包囲しなければならない。」「常に情勢を主体的に自分たちの力で変えなければならない。そういう思いで取り組まなくてはいけない。」「情勢を変えるためには人を変えなくてはいけない。人が変わることに確信を持つことが必要だ。そして、人を変えるためには自分がまず変わらなければならない。弁護士がまず自分自身の目の色を変えなければだめだ。そして被害者も目の色を変えて必死になって自分たちがやらなければ、決して情勢は切り拓かれない。」

豊田弁護士が最後に取り組んだ公害事件は、福島原発事故公害である。原発事故から１年後の2012年４月に「原発と人権全国研究交流集会」第１回目が開催され、豊田弁護士は、実行委員長としての開会挨拶で次のように述べた (本書284頁)。

「私たちは、今、人権と特権・利権との交差点に立っているのです。特権・利権を抑えて人権の大道を切り拓くか、それとも、住民が抑圧されて特権・利権に屈するのか、という十字路に立っているのです。」、「これまでの経験と蓄積をさらに発展させ、巨大な電力会社と政府の政策の根本的転換を勝ち取るために、新しい地平を切り拓いていかなければなりません。」

私たちは、今、以上のような豊田弁護士の遺した偉業を土台にして、人権課題や公害根絶のためのたたかいをさらに発展させなければならない。人権課題等に取り組んでいく決意を固めたうえ、それを実践することこそ、豊田弁護士の偉業を承継することになると考える。

最後に、本書の序章として、宮本憲一大阪市立大学名誉教授から「公害被害者救済の道を開く」をご寄稿いただいたこと、そして、淡路剛久立教大学名誉教授から「豊田弁護士の『公害裁判に生きる』」をご寄稿いただいたことに対し、深く感謝の意を表したい。

また、本書の刊行に際し、日本評論社の串崎浩氏と柴田英輔氏に多大なご尽力をいただいたことに対し、厚くお礼を申し上げたい。

2024 年 5 月

「豊田誠弁護士を偲ぶ会」開催実行委員会・遺稿集編集委員

弁護士　鈴木堯博

弁護士　白井　剣

弁護士　原　和良

目　次

第3章　「公害・人権」裁判と法律家の役割

終章

初出一覧

第１章　薬害スモンのたたかい
　第２節　法律時報 50 巻５号（1978 年）34 頁以下
　第３節　『公害における大衆的裁判斗争の発展のために』団報 89 号（1979 年）63 頁以下
　第４節　前衛 444 号（1979 年）211 頁以下
　第５節　高橋利明・塚原英治編『ドキュメント現代訴訟』（日本評論社、1996 年）82 頁以下
第２章　水俣病のたたかい
　第２節　法と民主主義 192 号（1984 年）38 頁以下
　第３節　文化評論 311 号（1987 年）148 頁以下
　第４節　法と民主主義 218 号（1987 年）8 頁以下
　第５節　水俣病被害者・弁護団全国連絡会議編『水俣病裁判　全史——第五巻総括編（日本評論社、2001 年）674 頁以下
第３章　「公害・人権」裁判と法律家の役割
　第２節　青年法律家協会 34 期修習生部会『今日における法律家の課題』（1982 年）3 頁以下
　第３節　『松井康浩弁護士還暦記念　現代司法の課題』（勁草書房、1982 年）415 頁以下
　第４節　『現代の弁護士［司法編］』（法学セミナー増刊総合特集シリーズ 21、日本評論社、1982 年）120 頁以下
　第５節　東京弁護士会人権賞受賞記念特別講演（平成９年１月 20 日、弁護士会館）
　第６節　淡路剛久・寺西俊一編『公害環境法理論の新たな展開』（日本評論社、1997 年）22 頁以下
　第７節　日本弁護士連合会編集委員会編『あたらしい世紀への弁護士像』（有斐閣、1997 年）23 頁以下
　第８節　法と民主主義 380 号（2003 年）3 頁以下
　第９節　記念出版編集委員会編『勝つまでたたかう——馬奈木イズムの形成と発展』（花伝社、2012 年）42 頁以下
　第 10 節　法と民主主義 471 号（2012 年）2 頁以下
終章
　第１節　『森脇君雄さん、豊田誠さんの古希を祝う会』（2005 年）31 頁以下
　第２節　同上 29 頁以下

序章

第1節

公害被害者救済の道を開く

大阪市立大学名誉教授　**宮本憲一**

公害被害者の補償を民事訴訟によって解決したのは、戦後日本の公害対策の画期的な成果である。戦前の公害事件は農民運動の圧力で被害補償をしたが、農林作物の被害など財産権・物権の補償であった。民事裁判によって、四大公害裁判で公害企業から集団的な健康被害を補償させ、被害者を救済したのは、戦後日本の人権と民主主義の運動の最初の画期的成果である。

豊田誠弁護士はこの公害被害者救済の道を開くために生涯をささげた先駆者である。豊田さんが最初に活動を始めたのは金沢の梨木作次郎弁護士事務所である。そのころ私は金沢大学助教授であり、『恐るべき公害』（庄司光共著、岩波文庫）を出版するなど政府が無視していた公害を調査研究して、対策をとるように訴えていた。イタイイタイ病についても調査していた。同じ事務所にいる旧制四高同級生のKから、トヨダという弁護士が君の著作に関心を示しているという情報が入っていた。しかし間もなく豊田さんは東京に転勤し、イタイイタイ病裁判が始まってから交際をすることになった。

四大公害裁判を今の若い研究者から見れば、1968年に政府が公害と認定していたので、勝訴は当然というかもしれない。しかし認定しても政府・企業も被害を補償し、基本的な対策をとっていなかったのである。企業と一体になった行政の非道のために裁判以外に被害者の救済の道はなかったのである。当時庶民にとっては裁判とは、お金持ちのためのもので、貧乏人が提訴することに恐怖心を持っていた。提訴するというのは、まるで江戸時代のように「お白州」に出るような気分であった。そこで被害者の中から原告を決めるのも大変であった、イタイイタイ病の原告代表の小松義久さんは提訴に当たって、「戸籍をかける」という決意を述べるほど勇気が必要だった。この裁判で会社側はえりすぐった有力な弁護士、たとえば2審の被告弁護団長は元司法研修所長鈴木忠一を立てたのに対して、被害者の弁護団は豊田弁護士のような人権を守る正義漢だが、若手中心であった。提訴当時、原告弁護団は勝訴するかどうかは明確でなく、勝敗は5分5分だが、裁判しか被害者の救済はないという非常な決意であった。

豊田弁護士の最初の試練はこのイタイイタイ病患者の弁護であった。この困難な公害裁判の道を開いた第1の貢献は、この裁判で疫学を公害の判断基準にしたことである。これまでの裁判ならば原告個々の被害の病理学的判断が補償の有無になる。しかし公害のような特定地域の集団的被害の判断は公衆衛生の基本である疫学が有効である。今なお水俣病患者の救済が終わらないのは、環境省が疫学の調査を怠り、それを判断基準にしないからである。イタイイタイ病裁判1審判決では被告は疫学の判断を認めず、控訴した。しかし控訴審では改めて疫学の判定を認め原告が勝訴した。このイタイイタイ病の勝訴によって公害裁判と公害行政が疫学を基準にすることで被害救済をする大道が開けた。豊田弁護士をはじめ青年弁護士集団の最初の貢献である。1960年代末には革新自治体が主導権を持った公害行政と公害裁判の勝利によって、環境政策が確立した。

しかし1975年以降の世界不況と新自由主義の潮流によって、政府の環境政策は転換を始めた。1977-78年水俣病の新認定基準による患者切り捨て、イタイイタイ病批判、NO_2環境基準の大幅な緩和などが行われた。さらに大阪空港裁判最高裁で国の航空行政に差し止めを認めた大阪高裁の画期的判決が政府の圧力で否定される事態が予測された。

日本環境会議はこの環境政策の危機に対して、市民の環境権を守り、公害防止・被害救済、環境政策の前進を図るために設立された。この設立の中心になったのは公害研究委員会と公弁連であった。この会議は1979年8月に発起したが、学際的で、市民に開かれた提言する学会であった。代表は都留重人、事務局長は宮本憲一、事務局次長は豊田誠、田尻宗昭であった。

豊田弁護士はこの会議の実質的な組織者であった。特に第4回の「水俣病問題」の会議は立役者であった。彼は水俣病問題を抜きにしてわが国の環境問題を論ずることはできないとして、調査チームを作り、1年間にわたって現地調査の事務局を務めた。この会議で初めて分裂していた被害者団体が一堂に集まった。この会議で採用された「水俣宣言」はその後の政策の基本を示したが、政府は採用しなかった。

豊田さんはその後も全国の水俣病裁判の原告弁護団の中心的役割を果たした。三次裁判で未認定患者の認定、チッソと国の責任が明らかになり、和解勧告が出された。にもかかわらず、政府は応じなかった。これに抗議して水俣病患者全国連などは必死の活動をした。この抗議活動などが実って、1995年12月村山総理大臣は謝罪の談話を発表し、政治的解決をした。解決案では約1万2,000名が救済の対象になった。豊田さんは、この総理の謝罪を水俣病はもちろん、どの公害・環境問題でもこれまでなかったことで、これは患者と支援者の活動の画期的成果であると評価した。これには関西訴訟団は加わらず、批判的であった。しかし患者の高齢化が進み、死亡者が増えていく状況の下で、解決策に不満があっても、生きている間に救済を求めた患者の立場を豊田さんは認めてこの解決策を評価している。

政府は解決にあたって法的責任は認めず、不知火海全体の疫学調査をしなかった。このため多くの患者はこの第1次政治解決の対象にならなかった。2004年10月関西訴訟の最高裁判決で、国と熊本県の責任が認められた。2005年10月水俣病不知火患者の会が最高裁判決をもとに約3,000名の原告団でノーモアミナマタ訴訟を起こした。政府はこのような状況に押され、第2次の政治的救済のため、2009年7月「水俣病特措法」を制定し約5万人を水俣病被害者とした。しかし3年で救済を打ち切ったためなお裁判が続いている。水俣病の公式発表から67年、いまだに疫学調査は行われず、解決の道は閉ざされている。

豊田さんはこの長期にわたる水俣病裁判闘争の理論的指導者であった。ここでは紹介する紙面がないが、このほかにもスモン病の被害者救済、福島原発災害の被害者の救済のための裁判等に大きな役割を果たした。豊田さんは生涯を通じて公害とたたかい、被害者の救済の道を開き戦後日本の公害史に残る仕事をされた。

第2節

豊田誠弁護士の「公害裁判に生きる」

立教大学名誉教授　**淡路剛久**

はじめに

豊田誠先生が逝去され、遺稿集を出されるということで、編集委員会から寄稿を依頼されました。お引き受けし、遺稿集に掲載される予定の先生の講演録や論文に目をとおし、また、日本環境会議の活動で身近に拝見することがあった先生の弁護士としての活躍を、思い起こしました。それでも、大活躍された先生についてそれほどの知識をもっているわけではない私の文章は、断片的で感想めいたものになることを、お断りしておきたいと思います。

（以下では、豊田先生ではなく豊田弁護士と表し、ですます調ではなく、である調とします。）

1　豊田弁護士の公害裁判への転機
――イタイイタイ病との出会いと被害者の権利救済

豊田弁護士はなぜ公害裁判を弁護士活動の軸にしたのだろうか。そのきっかけは、富山でのイタイイタイ病被害者との出会いであったと語られている（1996年の講演録[1]）。

「そのきっかけは1968年１月６日の富山でのイタイイタイ病との出会いであった。イタイイタイ病被害の激甚地の出身であった島林樹弁護士が、地元から相談を受け、青年法律家協会に働きかけたことが契機となり、近藤忠孝、島生忠祐らの呼びかけで、東京、大阪、名古屋、金沢、地元富山から20名ほどの弁護士が結集した。これに私も参加した。」「私は、このイタイイタイ病の会合の中で、イタイイタイ病被害者の目を覆うばかりの悲惨な被害の状況を、初めて見ることができた。このことが、私の心の中に強烈な衝撃を与えた。しかし、こうした悲惨な被害者を家族にもちながらも、農民たちは軽々しく権利主張をするのではなく、じっと耐え続けてきたのである。裁判の原告に名乗り出ることに直ちに手をあげるでもなかったのである。打ちひしがれた農民達が、封建的風土の中でじっと耐え忍びつつ生きつづけている姿に、私は、いたたまれない思いにかられたのである」。そしてさらに、地元の開業医である萩野医師の献身的診療と原因究明の活動に、「心の中に雷鳴が走る」ような心を動かされ、この時に転機を迎えたといわれる。豊田弁護士は、さらにこう語られる。「私は回顧する。公害・薬害の被害者たちの被害はいずれも悲惨で放ってはおけない人道上、人権上の重要な課題である。被害者たちが弁護士たちの心をどれだけ揺さぶったか計り知れないが、その被害者とともに歩んできた専門家（とりわけ医師）たちもまた弁護士の魂を揺さぶり続けてきたのである」。

弁護団が結成され、提訴されたのは1968年であり、豊田弁護士は重要なオリジナルメンバーであった[2)]。しかし、裁判所への途は容易ではなかった。1960年代の日本社会は、法的な観点からいうと、「裁判嫌い」などといわれるような裁判忌避の、前近代的な傾向が未だ顕著な時代であった。イタイイタイ病事件、熊本と新潟の水俣病事件、四日市公害事件などは、そのような傾向が特に顕著な農村社会や漁村社会で起きた悲惨な大量・集団被害事件である。裁判は、最初から権利追求の第一次的な場として考えられていたわけではない。弁護士の被害地域での救済活動、弁護団の結成、医師等専門家等の支援、世論への訴えとマスコミの報道、といった一種の

1）「若手弁護士へのメッセージ――公害裁判に生きる」（自由法曹団東京支部、1996年）。

2）イタイイタイ病弁護団結成の経緯については、島林樹『公害裁判――イタイイタイ病訴訟を回想して』（紅書房、2010年）。

社会運動により裁判が可能となったのである[3)]。

イタイイタイ病事件の弁護団のオリジナルメンバーとして裁判への道を切り開かれた豊田弁護士の原体験は、わが国における司法近代化の歴史の1頁をかざるとともに、薬害スモン事件、水俣病事件、多摩川水害事件、ハンセン病事件、その他の大規模被害事件における同弁護士の活動の核となったといえるのではないかと思われるのである。

2　裁判の位置づけ
――スモン事件・水俣病事件と被害者の権利拡大

豊田弁護士は、イタイイタイ病裁判の後、公害や薬害など大規模被害事件を専門とする弁護士として取り組まれたが、被害者の権利を守るためにどう活動しただろうか。裁判をどう位置付けたであろうか。豊田弁護士は、東京弁護士会人権賞受賞記念特別講演の中で、次のように語られている[4)]。これは水俣病三次訴訟を思い起こしての言葉である。

「私たちは水俣病の裁判を起こすときに、裁判の位置づけについて十分議論いたしました。これは判決で勝って、その勝った判決を基本にして国や企業との間の協定書、あるいは確認書を結んで解決していくという方式です。私たちはこれを『司法救済システム』といっているわけです。……判決の主文には盛り込まれない被害者の要求を実現するために、勝訴判決を確定させることではなくて、勝利判決をテコにした解決をするしかないのです」。

ここで述べられている裁判活動は、近年、「制度改革訴訟」とか「政策形成訴訟」と呼ばれ（後者の呼称が一般的となっている）、大量被害の集団訴訟において目指され、実践されている裁判活動とおおむね同様のものと

3）淡路「公害紛争の解決方式と実態」金沢良雄監修『註釈公害法体系――第4巻紛争処理・被害者救済法』（日本評論社、1973年）3頁以下。
4）「人権は『人間の証明』東京弁護士会人権賞記念　特別講演」（1997年1月）〈本書3章5節・205頁〉。

思われる。

制度改革訴訟について私は、大要次のように説明したことがある[5)]。「制度改革訴訟」は、他の多くの被害救済を求める訴訟と同様、被害から始まっている。被害は、現代社会においては、公害、薬害、労災、その他多様な原因によって生じ、相当数の被害者が社会に潜在していることがある。そのような被害は、はじめは少数の被害者の訴えから明らかになり、弁護士の活動やメディアによる掘り起しを経て、多くの被害者の救済問題として社会問題化する。弁護士は、基本的に訴訟活動を中核とし、一方で世論の支持を背景に、立証活動を通じて勝訴判決を勝ちとり、勝訴判決を基本にして直接交渉をし、メディアを通じて社会に訴え、世論を形成し、政治家へのロビーングを行い、被害者救済の普遍化、すなわち権利化をはかるとともに、被害の再発防止のため立法運動を展開し実現させる。豊田弁護士が語られている裁判活動の方式はまさにこのようなものであった。

次に、このような権利救済と権利拡大の政策形成訴訟というべき弁護活動に豊田弁護士が取り組まれ、中心的役割を果たされたスモン事件と水俣病事件の経緯と豊田弁護士のプロフェッションとしての生き方をみることとする。

3　スモン事件

スモン事件はきわめて複雑な経緯を辿った[6)]。わが国においてスモン病が発生しはじめたのは1955年頃であり、その後、全国各地で集団的多発をみて、1969年にはピークに達した。原因の究明は容易ではなく、1963年頃から病因についてウイルス感染説が提唱され、新聞報道がなされるや、スモン被害者の苦悩はその極に達した。豊田弁護士はこう書かれている[7)]。

5）淡路「被害者救済から権利拡大へ――弁護士による社会運動としての『制度改革訴訟』」法律時報81巻8号（2009年）6頁以下。このタイプの訴訟については、吉村良一『政策形成訴訟における理論と実務――福島原発事故賠償訴訟・アスベスト訴訟を中心に』（日本評論社、2021年）が詳細に論じている。

「肉体的な苦痛はいうまでもないところですが、どの患者も、その入院治療のために職を失い、離婚をよぎなくされ、縁談は破談になり、かさむ入院療養ために経済的にもどん底に叩き落されました。監護などのために家族もまた塗炭の苦しみを強いられてきて、生きる希望を見出し得ない状態だったのです」。

1970年、スモンの病因は当時整腸剤として使われていたキノホルムであるとの説が発表され、これに基づき、厚生省はキノホルム剤の販売・使用中止の措置を取った。この後、スモン病の発生は劇的に減少したが、被害者の総数は当時で1万1千人余りに達したとされる。

被害者は1969年「全国スモンの会」を結成し、71年にはじめて東京地裁に訴えを提起した。しかし、裁判のあり方や運営をめぐって、72年、全国スモンの会は分裂し、全国スモンの会（いわゆる第1グループ）とは別に第2グループが結成され、さらにこれらの組織から離脱し、あるいは含まれない多数の被害者が東京地裁ほか各地の地裁（23地裁）で同種訴訟を提起するとともに、全国組織として「スモンの会全国連絡協議会」（ス全協）、いわゆる第3グループを組織した。豊田弁護士は、この時期からスモン事件に関わられ、第3グループあるいはグループを超えた代表的弁護士として中心的役割を果たされるようになる。

豊田弁護士がスモン事件に関わられる契機となった被害者訪問の話が、次のように書かれている[8)]。全国スモンの会の分裂後、「昭和47年4月6日、私は、鈴木堯博弁護士と群馬県に居住する女性患者を訪ねた。彼女は重症患者であり、幼児をかかえていた。夜中、子どもが『水が欲しい』と

6）スモン事件を法社会学および法解釈学の視点から総合的にアプローチしたものとして、淡路『スモン事件と法』（有斐閣、1981年）。本文の記述もこれによるところが多い。

7）豊田誠「スモン裁判闘争の展開」川瀬清ほか編『ノーモアスモン――スモンの恒久対策の確立と薬害根絶のために』（新日本医学出版社、1980年）41頁。

8）豊田誠「響け、ノーモア・スモン――人間の尊厳をかけた史上空前の薬害スモン」高橋利明・塚原英治編『ドキュメント現代訴訟』（日本評論社、1996年）83頁〈本書1章5節・76頁〉。

訴えると、彼女は、ビールのジョッキに水を入れ、その把手を口にくわえながら壁を伝い歩きして子どもにのませているという。何度転んだことか、と彼女は泣きくずれる。夫はかさむ医療費のために、寝食を忘れて働かざるを得ない。私は、薬害のひき起こした人間の尊厳の破壊をまのあたりにして、この人権回復のために闘う決意を固めずにはいられなかった」。悲惨な人権侵害事件の実態をまのあたりにして、豊田弁護士は、被害者の権利救済・権利回復のため支援を決意されたのである。

その後、事態は東京地裁での裁判そして和解の動きと、複雑な経過を辿る。1976年当時、東京地裁には全国で約4,500人にのぼるといわれたスモン訴訟原告の約半数近くが集中していたが、被告会社からの申し出により和解の動きが始まり、77年、担当の民事34部裁判長可部裁判官から和解勧告が出された。これに対して、第1グループの原告団と第2グループの原告団の一部は、これを受け入れることを決めたが、第2グループの原告団の残りと第3グループ原告団は、可部和解案の内容が不十分として判決を求めた。豊田弁護士の論考によると、次のような不十分な点が指摘されている[9)]。①「責任」が明確になっていない、②「恒久対策」が不十分である、③早期救済の障害となり得る「鑑定」が無条件で前提となっている、④田辺製薬が応じていない。

こうして、東京地裁では、原告団が分裂し、一方で和解がすすめられ、他方で裁判手続が進行した。地方でもいくつかの裁判所で可部方式に従って和解がなされたが、9つの裁判所で訴訟がすすめられた（金沢、東京、福岡、広島、札幌、京都、静岡、大阪、前橋）。1978年3月1日、金沢地裁が原告勝訴の判決を言い渡したが、内容が不十分であり（スモンの病因について、キノホルム説だけでなくウイルス説も肯定、賠償額が低額など）、原告弁護団は、この訴訟の取り組みに対する総括と反省の上に立って、被害者救済の訴訟支援とノーモア・スモンの社会運動を強力にすすめるようになった。同年8月3日、東京スモン訴訟の判決が言い渡され、キノホルムを

9）前掲注7）49頁。

唯一の病因と認定し、賠償額についても金沢地裁判決より前向きの結論を示した。この後、相次いで地方の裁判所から原告勝訴の判決が言い渡されたが、「判決をテコに運動を前進させ、運動の前進のなかで次の勝利判決をとるという、スモン型の判決連弾による闘いが、死力を尽くして進められた」[10]。

こうして、第3グループなど判決派原告が可部和解で不十分とした①、④の「被告の責任」は、9つの判決で明確にされた。③の「鑑定」についても、一定の了解事項つきで受け入れられて解決した。しかし、②の「恒久対策」は、判決の枠を超えた問題である。そこで、原告らはス全協を通して被告側と直接交渉を展開し、1979年、「確認書和解」と呼ばれるもう1つの和解を成立させた。内容は、概略次のとおりである[11]。ⅰ．被告国は、キノホルムとスモンの因果関係を認め、薬害防止のため必要な措置を徹底して講じるなど最善の努力を重ねること。ⅱ．被告三社は、スモン患者とその家族に対し、衷心より遺憾の意を表し、深く陳謝すること。スモン被害者が訴えてきたノーモア・スモンの要求がきわめて当然のことであることを理解し、薬害を発生させないための最高最善の努力を払う決意を表明すること。ⅲ．和解一時金（可部和解と同じ）を支払うこと。ⅳ．被告会社は健康管理手当を支払うこと。ⅴ．介護手当（可部和解と同じ）を支払うこと。ⅵ．被告会社は遺族弔慰金を支払うこと。

ス全協の国に対する要求、すなわちⅰ．薬害の根絶と、ⅱ．被害者の恒久的救済の措置の要求は、現に被害を受けたスモン被害者のみならず広く国民一般の薬害予防と恒久救済に係る公共的要求といえるが、これらの点については、次のような政策措置が決められた。ⅰについては、「薬事法の一部を改正する法律」の制定、ⅱについては、医薬品副作用被害救済基金法による「基金」の救済事業の改正（被告三社の費用負担による健康管理手当および介護手当の支給等）であり、さらに、行政的施策として種々の恒

10）前掲注8）87頁〈本書1章5節・76頁〉。
11）詳しくは、前掲注6）文献133頁以下。

久的被害救済措置（鍼灸マッサージに係る療養費の支給、補装具の交付など）が定められた。

以上、概観したように、豊田弁護士が中心的に関わられた「確認書和解」および薬害防止と恒久救済事業の運動（「裁判と運動」）は、薬害被害者の権利拡大を目指すものであり、「政策形成訴訟」として重要な成果を挙げたといえよう。豊田弁護士自身、次のように書かれている[12)]。「裁判と運動の有機的結合が、これほど見事に結実した例は、ないでしょう。運動の前進が裁判を支え、裁判の成果が運動をさらに発展させる。この相互関係が、きびすを接してかちとった九つの判決の闘いに如実に示されています。そして、「確認書」の成果を得ただけでなく、薬事二法という法制を自らの闘いのなかでかちとったのです」。

4　水俣病事件

豊田弁護士が水俣病事件に本気に取り組まれるようになったのは、1984年3月27日のことと、同弁護士は語られている[13)]。きっかけとなったのは、川崎在住で鹿児島県出水出身のある水俣病患者に面接し、聞きとった次のような話であった。夫がすでに水俣病患者であり、自分が裁判に加わると川崎では一番乗りになり、新聞やテレビで報道されるであろう、そうすると息子の婚約が壊れてしまう、「そのことに私は耐えられないから、自分のいまの水俣病の苦しみを我慢して、息子がもし結婚することができるのであればそっちの方を選びたい」。この話を聞いて豊田弁護士は、ガーンと頭をなぐられたような気がしたといわれる。「こんなに人権が抑圧されていていいものだろうか。ショックを受けるとともに本当に腹がたちました」。豊田弁護士は、あまりの悲惨さと水俣病と名乗りをあげられない状況に心よりの怒りを覚えたといわれるのである。同時に16年前のイタイ

12）前掲注7）56頁。
13）本書3章5節・206頁

イタイ病の現地に入ったときのことを二重写しに思い出されたといわれる。こうして、同弁護士は、水俣病患者救済問題に関わっていかれた。豊田弁護士が、被害地域の現地（鹿児島県出水）でどのように活動されたか、どのように苦労されたかについては、同弁護士の講演で述べられている[14]。

1984年5月2日、東京地裁に提訴（水俣病東京訴訟）、主要な争点は、水俣病未認定患者の患者認定問題（水俣病被害者救済問題）と国の法的責任の問題であった。同様の水俣病訴訟は、東京地裁のほか、熊本地裁（第三次訴訟）、大阪地裁、京都地裁、福岡地裁、新潟地裁（新潟水俣病）でも提起され、後に福岡高裁でも争われた。

これらの訴訟の原告患者はいくつかの全国組織を構成していたが、そのうち最大なものは水俣病被害者・弁護団全国連絡会議（「水俣病全国連」）であり（訴訟原告2,215名）、豊田弁護士はその弁護団の代表的メンバーであった。

ところで、争点の1つの水俣病被害者救済問題は、次のような経緯を辿ってきた[15]。1969年、公害健康被害救済制度（公健制度）が制定され、その運用のために1971年に環境庁事務次官通知（71年事務次官通知）が発出され、メチル水銀に汚染された魚介類の経口摂取と、水俣病によって発症し得る症候のいずれかの発症があれば患者認定されるものとなっていた。しかし、患者認定申請者が増え続けると、1977年、環境庁環境保健部長通知（77年判断条件）により認定基準が厳格化され、症状の組み合わせが要求されることになった。これにより、感覚障害のみの被害者は水俣病患者認定の範囲から排除されることになったのである。こうして認定棄却者が増加し、水俣病の病像と患者認定をめぐる問題は裁判所に持ち込まれた。豊田弁護士らの東京水俣病裁判の原告らもそのような困難に直面していた被害者であった。

14）前掲注4）。

15）淡路「水俣病と法」水俣病被害者・弁護団全国連絡会議編、清水誠＝宮本憲一＝淡路剛久監修『水俣病裁判 全史――第四巻運動編』（日本評論社、2001年）29頁以下。

もう1つの争点である国（および熊本県）の法的責任については、国が、食品衛生法に基づいて、1959年には水俣湾産の魚介類の漁獲・販売停止等の措置をとるべきであったのにとらなかったこと、また、水質二法に基づいて工場排水の規制措置を1968年までとらなかったことに規制権限の不行使があり、国家賠償法上損害賠償責任があるのではないかが問われ、裁判上争われたのである。

これらの訴訟が進行するなかで、1990年、東京地裁は水俣病裁判の早期解決（和解）を勧告し、熊本地裁、福岡高裁、福岡地裁、京都地裁も同様の勧告を行った。チッソと熊本県は和解協議を受け入れたのに対し、国は拒否し、福岡高裁において三者で和解協議が進行した。1991年、原告は「水俣病被害者救済解決案」を各地裁に提出し、同解決案をもって省庁要請や世論への訴えを行った。93年、福岡高裁の最終和解案が出されたが、国は受け入れを拒否した。これに対し、原告患者側は、官庁街を包囲する運動、署名運動、都道府県知事への要望など、早期解決に向けて運動を展開した。

このような状況のなかで事態を動かしたのは、政治であった。村山連立政権は、1994年7月の発足以来、水俣病の解決を1つの重要課題として掲げていたが、同年12月より検討に入り、95年4月与党三党合意を経て、9月28日、最終解決策が決定された。その後、関係者により受け入れが表明されて、12月15日、最終解決策が閣議決定され、同時に、遺憾の意を表明するための内閣総理大臣の談話が閣議決定され発表された。96年5月19日、水俣病全国連はチッソとの間で、水俣病未認定患者に対する被害補償と全国各地での訴訟終結を骨子とした協定書の調印をし、チッソと和解をし、国と熊本県に対する訴えを取り下げ、訴訟を終結させた。

以上に概略した政府解決策による和解解決について、豊田弁護士はどう総括されたであろうか。同弁護士は次のように書かれている。「未認定患者たちが、裁判と大衆運動のなかで、首相に謝罪させ、患者切り捨て路線の転換をはかったということの歴史的意義は、どれだけ強調しても強調し過ぎることはない。私たちは、政府解決策には、国家賠償責任をはるかにこえた国・熊本県の責任が含まれていると考えている」[16]。具体的には、行政が「患者ではない」としてきた未認定患者を、訴訟原告に限らず、大量に救済対象としたこと、一国の総理大臣が被害者たちに謝罪し、反省する談話を発表したこと、地域振興のために財政的拠出をすること、政府と関係県が共同して、総合対策医療事業により医療費と医療手当を負担することにしたことなどである。

今から振り返ってみると、水俣病問題はここで最終解決には至らなかった。国の責任は、後の最高裁2004年10月15日判決により確定したが、患者未認定問題は、ノーモア・ミナマタ訴訟から「水俣病特措法」[17)]。そしてノーモア・ミナマタ二次訴訟と続いている[18)]。しかし、豊田弁護士が水俣病東京訴訟そして水俣病全国連の代表的弁護士として関わった本件確認書和解の「裁判と運動」は、国と熊本県の法的責任を追及し水俣病事件の責任の所在を明らかにするとともに、2,000名の原告によって1万1,000人の水俣病未認定患者を救済の対象とし、さらに、判決では得られない恒久救済（医療費、医療手当など）の支給を可能とし、水俣市の地域振興の問題提起をするなど、被害者の権利拡大と普遍化の重要な成果をあげたといえるのである。

むすび

豊田先生が活躍された多くの裁判のうち、スモン事件と水俣病事件を取り上げ、それらの推移を追いつつ、豊田先生の「公害裁判に生きる」核とはなんであったかを明らかにしようと努めました。おそらく、次のような3つを指摘できるのではないでしょうか。「ヒューマニズム」（被害者の苦しみへの同情と共感）、「正義感」（加害・差別・偏見への怒り）、そして、ス

16）豊田誠「水俣病問題の全面的解決」前注15）『水俣病裁判　全史——第四巻運動編』674頁以下、とくに689頁以下。

17）「水俣病被害者の救済及び水俣病の解決に関する特別措置法」（2009年7月5日）。

18）淡路「ノーモア・ミナマタ二次訴訟判決：最終解決への道筋——大阪地裁2023（令和5）年9月27日判決」法律時報95巻13号（2023年）4頁以下。

ケールの大きい「裁判と運動の弁護技術」です。

豊田先生の生前の多大な業績を偲びつつ、ご冥福をお祈りいたします。

第 1 章

薬害スモンのたたかい

第1節

第1章解説
——豊田誠弁護士と薬害スモン訴訟

豊田誠弁護士は、1961年に金沢の地で弁護士登録をして、1968年から、富山市を中心に発生したイタイイタイ病訴訟弁護団の中心的メンバーとして大活躍した。その後、東京に居を移し、1972年から薬害スモン訴訟に取り組むようになった。

豊田弁護士のイタイイタイ病訴訟の豊かな経験と持ち前の高い力量は、薬害スモン訴訟において遺憾なく発揮された。東京地裁のスモン訴訟を軸とする全国各地裁のスモン訴訟は、豊田弁護士の優れたリーダーシップのもとで大きく発展していった。

1950年代の後半から60年代を通じて、高度経済成長政策が推進されるなかで、医薬品の大量生産・大量販売の時代に入ったが、そのような状況のもとで、整腸剤キノホルムの服用により発生した薬害がスモンである。当時の厚生省が把握していただけでもスモン患者数は1万1千名（うち死亡者が数百名）に及んだ。

この薬害の被害者であるスモン患者は、発病以来、腹部症状につづく特有の脊髄・末梢神経・交感神経等の障害によるさまざまな知覚障害や運動障害、さらには視神経障害や精神症状などに苦しみ、生活機能そのものが妨げられた。そのため死に至る者も少なくなかった。また、スモンの原因がキノホルムと判明するまでは、ウイルス原因説が流布されたため、家族に感染させることを恐れて自殺するスモン患者があいつぐという悲惨な事態も生じていた。

ようやく1972年に至って、厚生省委託の「スモン調査研究協議会」によって、スモンの原因はキノホルムの服用であることが突き止められた。スモンは世界的にも類例がないほど大規模で悲惨な薬害事件であることが判明した。

しかし、加害者は責任を認めようとはしなかったため、被害者は、キノホルム剤を製造・販売した大手製薬企業三社（日本チバガイギー・武田薬品工業・田辺製薬）と製造販売を許可した国を相手取って、1971年から全国各地の地方裁判所に損害賠償請求訴訟を提起した。最終的には、全国23地裁、原告総数6,489名という未曾有のマンモス訴訟となった。

全国各地のスモン訴訟は、理論的・技術的な問題点においてすべて共通しており、訴訟の獲得目標が、①加害責任の明確化、②被害者の完全救済、③薬害根絶、という点でも一致していた。そのため全国スモン訴訟弁護団交流会が定期的に開催され、単なる情報交換や経験交流のレベルを超えて、次第に具体的な訴訟追行の戦略会議となっていった。

1978年に、金沢地裁判決、東京地裁判決、福岡地裁判決等々、次々と積み重なる勝訴判決をテコにして、スモン訴訟全面解決をめざす国民的な大運動の展開のもとで、遂に1979年に国と製薬企業三社との間で「確認書調印」をかちとり、被害者の全面的救済が実現した。さらに、被害者の悲願である薬害根絶をめざす薬事2法の制定（①薬事法改正、②医薬品副作用救済基金法制定）という制度改革要求も実現した。

豊田弁護士はスモン訴訟の成果について、スモンにおける「霞が関を揺るがした132日間」のたたかい（本書79頁）は、被害者・弁護団・支援の血のにじむような奮闘が織りなすドラマであり、「人間の尊厳という根源的な原理を日本の国民社会に打刻した」（沼田稲次郎東京都立大学教授）ものであったとする。

スモン訴訟は、意図的に医薬品行政に係る政策形成を目標に掲げて提起したものであったが、この目標を実現しただけでなく、1980年代以降の政策形成訴訟の先鞭を付けたもの（吉村良一立命館大学名誉教授『政策形成訴訟における理論と実務』〔日本評論社、2021年〕）と、高く評価されるに至った。

これは、今は亡き豊田弁護士に捧げられるべき評価である。

（鈴木堯博）

第2節

恒久救済対策の法理
——人間らしく生きる権利の回復

法律時報50巻5号（1978年）34頁以下

※豊田誠弁護士および中村雅人弁護士による共著

1　はじめに

公害被害者の求める恒久救済対策[1)]は、公害に苦しむ被害者の切実な要求として、不法行為に基づく損害賠償、とりわけ損害賠償の方法論のありかた、換言すれば、加害者の責任のとりかたについて、新しい法理論的課題を提起している。

いうまでもなく、高度経済成長のもとでの現代の公害（その意味では、食品被害である森永ヒ素ミルク中毒、カネミ油症や、薬害であるサリドマイド、スモンなども社会的共通性をもっているので、便宜上これらも含めて公害と呼ぶ）は、悲惨で深刻な大量の被害者を生みだしてきた。根治療法もないまま、進行性の、もしくは非可逆的な健康被害のなかで、被害者自身はもとより、被害者をとりまく家族が全体として、生活を破壊されてきている現実がある。

「身体を元に返せ！」という公害被害者たちの叫びは、賠償一時金のみではとうてい償いきれない被害の深刻さを反映した人間性回復の要求であるところに、その原点がある。恒久救済対策の要求は、この原点に立脚し、人間らしく生きる権利の回復を求める、切実な原状回復の要求たる性格を

1）一般に、恒久救済対策（「恒久対策」「恒久補償」といわれることもある）のなかには、被害の未然防止・規制などの公害（薬害）防止対策も含まれているのが悉くの事例であるが、本稿では、主として、被害の救済に関する恒久対策をとりあげることにする。

もっているものである。あるスモン患者は、こう訴えている。

「私たちにとって、生きること自体が闘いなのです。恒久対策を１つひとつ実現していくことが、私たちに、１日１日の生きる勇気と希望を与えるものとなるのです」

ところで、こうした被害者の要求と被害の現実に対して、現代の民法学は、法理論的に応えているであろうか。不法行為の賠償方法論について、現代の不法行為類型に即した理論展開がなされているであろうか。また、原状回復主義を主張してきた従来の論稿[2)]も、原状回復の不能なときには原状回復を安易に否定してしまっているが、よしんば原状回復が不能であっても、人間らしく生きる権利を回復するという視点を貫いて、原状回復に近づけるための賠償方法論を考察すべきではなかろうか。

本稿では、スモンやいくつかの公害事件に関与するなかで生まれたこうした問題意識に基づいて、賠償方法としての恒久救済対策の社会的正当性、およびその法理を検討することとする。

2　恒久救済対策の内容と特徴

(1)　カネミ油症の場合も、スモンの場合も、被害者団体は恒久救済対策の要求をとりまとめている。事例として、昭和51〈1976〉年８月、スモンの会全国連絡協議会が決定した「スモン患者の恒久補償要求[3)]」の内容を紹介する。

まず、この恒久補償要求は、

2）清水兼男「不法行為と現実的救済」金沢大学法経研究１巻１号（1951年）、浜田稔「不法行為の効果に関する一考察」私法15号（1956年）。

3）亀山忠典他編『薬害スモン』（大月書店、1977年）278頁。

①原状回復・完全救済の原則
②加害者負担の原則
③薬害根絶の原則

にのっとって、「被害者の意見を充分尊重し、その主体性を犯すことがあってはならない」ことを基本原則と定め、「確実にかつ円滑に履行されるための機構」を設置して、補償要求にかかる措置を実施していくとしている。

つぎに、恒久補償要求の内容は、４項目に大別される。

①医療と健康管理
（1）専門病院・病棟の設置（具体的細目は省略、以下同じ）
（2）治療方法の研究と開発
（3）スモン手帳の交付
（4）診療報酬単価の引上げ、保険請求事務手続の簡素化
（5）在宅患者対策――協力医師団の編成、巡回指導、派遣看護婦・家事介助者の配置
（6）東洋医学を含め患者の希望する医療の実施
（7）医療費の保障――合併症を含む医療費、付添看護費、差額ベッド代、通院費、介助者等費用、温泉療養費、健康管理手当
（8）障害者援護対策――補装具等の支給、教育学習・職業補導ならびに斡旋、身体障害者認定基準の改定
②住生活対策
（1）身体障害者用住宅への改修費保障
（2）暖房・電話などの費用
③損害賠償と将来の生活補償
（1）生存患者に対する損害賠償
（2）将来の生活補償
（3）生存患者が死亡したときの損害賠償
（4）死亡者及びその家族に対する損害賠償

(5) 社会保障等給付の返還の免除

④医療薬事行政の改善――医薬品の安全性確保など

(2)　これらの恒久補償要求の特徴の第１は、加害者負担の原則を貫いているという点において、責任原理が明確となっており、その意味では、社会保障水準の向上をめざしたものとは質的に異なっているということである。

加害責任を明確にするためには現状では不法行為に基づく損害賠償請求事件の判決によらざるを得ないが、これによって責任を明確にされた加害者が基本的な責任の履行として当面とるべき範囲、方法を明らかにしたものといえる。

特徴の第２は、スモンは回復不能であるといわれているにもかかわらず、原状回復・完全救済の原則を貫いていることである。これは、賠償一時金のみでは、スモン患者の奪われた人権を回復することができないからである。例えば、現に入院を要する患者が入院できないという事実や、現に入院療養中の患者が事実上退院を強制されている現実からすれば、こうした患者に対して加害者のとるべき措置は、「安心して療養できる」施設を提供することだからである。金銭にかえられない「現物給付」も含めて原状回復的措置を講ずることが加害者の責任の内容であるとするものである。

特徴の第３は、賠償方法として、将来給付を求めていることである。医療関係費や将来の生活補償、能力障害回復のための住宅改修費など、人間らしく生きる権利を生涯にわたって保障するための措置が、要求されているのである。

これらの恒久補償要求は、端的にいって、被害の原状回復を基本理念とし、その原状回復に近づけるための「現物給付」「将来請求」「附随する施策」を総体として、加害者の責任において履行させようとするものであるといってよい。金銭賠償のみによっては、奪われた人間性の回復ができないという現実から出発し、人間の価値をすら金銭的に評価して事足れりとする金銭賠償主義をのりこえ、賠償方法論のなかに人間の尊厳を理念的に確立しようとする、被害者の実践にほかならない。

3　恒久救済対策の社会的正当性

(1)　恒久対策を必要とする被害の実態

(i)　カネミ油症にせよ、スモンにせよ、これらの疾病は、現代における「社会的に作られた病」として歴史が浅く、そのため、病理機序に未解明の部分があり、また治療方法も今日開発されていない。

カネミ油症につき、福岡地裁は、その深刻な人生破壊をつぎのごとく判示している[4]。

「油症被害は出生前から流産あるいは死産としてはじまり、出生すると黒い赤ちゃんの十字架を背負わされて人生の出発点に立たされている。幼児、児童、生徒を含めて、健やかな成育は重大な障壁にさらされている。児童、生徒、学生の勉学への種々の障害、勤労者の労働能力の低下、結婚適齢期の青年の結婚への重大なハンディキャップと不安、妊娠へのおそれとそのあまりの中絶、妊婦の出産への恐怖、出産後の授乳のあきらめ、年老いた者の死への恐れ、これら各世代の苦悩は油症患者の苦悩の氷山の一角の概略にすぎない。これらが肉体的苦痛のうえにのしかかっている。そして、いつ果てるともしれない苦悩は各世代とも、残りの人生に対する不安として自らの将来を暗示するものとして映りだされる。これを目して油症による人生破壊ととらえて大過あるまい。」

被害者は、現在の病状にさいなまれながら、片時も将来の不安から解放されることなく生きつづけているのである。人間の尊厳はおろか、生存自体が否定されている。人間の生命・健康に絶対的価値をおく現代にあっては、せめて治療方法が開発されるまで、加害者は、人間らしく生きる被害者の権利を保障すべく、生涯の面倒をみるのが当然のことであろう[5]。

(ii)　そこで、前記のスモン恒久補償要求がいかに被害者救済上必要なも

4）福岡地判昭52・10・5判時866号21頁。

のであるか、最近のスモン患者の全国実態調査[6]の結果に照らして明かにしておきたい。

(専門病院・病棟の設置について)

調査対象者1,614名中、現に入院中の患者は176名(11%)である。「要全介助」の患者の24%だけしか入院できていないうえ、入院中の患者の13%が退院勧告を受け、35%が適当な病院にかわりたいといっており、入院患者の半数が安定した入院療養をすることができない状況である。

他方、約90%の在宅患者のうち、すぐ入院したい(2%)、専門病院に入院したい(15%)、長期療養施設に入りたい(13%)など約30%が入院療養を希望しているのであるが、それがかなえられていない。

専門病院・病棟の設置が、医療疎外を受けているスモン患者にとって、いかに切実なものであるかわかるであろう。

(治療法の研究開発)

スモン患者の症状は、全体として年々悪化している。前記の調査によれば、しびれのある99%の患者のうち、79%が胸から腰にかけての下半身のしびれに苦しんでおり、また、痛み・しめつけのある96%の患者のうち、62%が常時、しかも66%が胸から腰にかけての下半身の痛み・しめつけに苦しんでいる。

スモンは、こうした知覚障害だけではなく、運動・視力障害をもともなう全身性疾患である。それゆえ、日常生活の部面でみると、「要全介助」15%、「要部分介助」35%、「部分独立」42%となっており、90%を超える患者が何らかの介護を必要としているのである。こうして、人間的生存をすら否定され、もしくは困難にされている患者にとって、治療法の開発こそが、何よりも根源的要求であるのは至極当然のことである。

---

5) 森嶌昭夫「サリドマイド『いしずえ』、森永ヒ素ミルク中毒『ひかり協会』設立後3年間の経験」ジュリスト656号(1978年)は、「恒久救済の必要性が叫ばれているのは、患者の右のような不安が解消されないかぎり真の救済にはならないという考え方からである」とする。

6) 東田敏夫「スモン患者の実態と恒久補償について」日本医事新報2804号(1978年)。

恒久補償要求のどの1つをとりあげてみても、被害者が生きつづけるうえで不可欠のものであることは、いうまでもない。

⑵　リハビリテーション医学からの必要性

上田敏医師によれば、リハビリテーション医学の立場からは、障害は3つのレベル、すなわち、①機能障害（Impairment）、②能力障害（Disability）、③社会的不利（Handicap）でとらえられ、これに対応した3つのアプローチがあるといわれる[7)]。そして、同医師は、スモンのリハビリテーションについて、つぎのごとく指摘する[8)]。

まず、機能障害については、「感覚障害、視力障害には根本的な治療法はなく、全身的な体力の維持、増進によって、間接的にこれらの面の改善をはかる（又はこれ以上の悪化を防ぐ）ほかはない」として、日常の健康管理の重要性を指摘し、しかし運動障害については、「中枢性麻痺に特に有効と思われる新しい運動療法の適用により、約3分の1の例に運動機能の改善がみられた。しかし、訓練を中止すると、その効果の多くは失われ、再び訓練を再開すると再び改善がみられた。即ち、一旦回復した機能を維持するためには、訓練を継続しなければならない」。

つぎに、能力障害については、「たとえば寝室を改造してベッドにし、廊下、便所、浴室、洗面所、玄関、階段などに手すりをつけるといった家屋の改造、そして一方では、杖、装具、自助具などの補助具についてのアドバイスや訓練である。これはリハビリテーションの専門家が家庭や職場を訪問して問題点と対策を考え、改造や補助具のための費用が負担されればよい筈である。また、重度者に対しては人的な援助の保障も重要である」。

さらに、社会的不利については、「これに対する対策は単純ではない。その問題の構造を慎重に診断し測定し、経済的なものに対しては経済的な保障を、社会的なものに対しては社会的施策（職業訓練、労働の場の提供、

7）上田敏「スモン被害者の救済と恒久対策」ジュリスト656号（1978年）。
8）同前。

人間らしい余暇の保障）を、心理的家庭的な問題についてもソーシャルワークを通じての解決の努力が続けられるべきである」。

リハビリテーション医学から、スモン患者の救済対策を以上のように考えてくると、スモン恒久補償要求は、医学的にみてもまったく正当なものであるとされている[9)]。

(3) 実践的に確立されつつある恒久救済対策

ところで、恒久救済対策は、従来の公害闘争のなかでも、実践的に確立されてきたところである。イタイイタイ病における「医療補償協定」、新潟水俣病における「協定書」、熊本水俣病における「協定書」、森永ヒ素ミルク中毒における「確認書」、サリドマイドにおける「確認書」などのなかで、対策の内容にちがいはありながらも、救済対策がとりきめられてきている[10)]。従来の公害闘争で、こうした恒久対策がかちとられてきたのは、スモンの補償要求について述べたと同じように、深刻な被害実態に照らして、原状回復的措置を求める被害者の要求に社会的正当性があったからに

9）上田敏『人間らしく生きる権利を』（スモン東京弁護団発行）は、つぎのように指摘している。

「私は、この要求書を拝見しまして、リハビリテーションの立場からスモンの患者さんが必要とすることというものについて、かなりよく具体的にあげられているというふうな印象をもちまして、そういう点で感心しました。リハビリテーションに関する要求が、専門病院、病棟の設置という形で第一に出されているということ。それから、入院患者だけではなく、在宅治療患者の対策ということが、一つの柱になっているということ、それから障害者に対する援護ということで、教育学習、職業補導ということがあげられているということなど、私の考えからみても全く当然のことだと思います。それから将来の財産上の被害の補償という点では付添看護の費用とか、タクシー代を含む通院費ということですが、これはさきほど言いましたように、どれほどリハビリテーションの効果があがったとしても、結局付添看護というものが必要なスモンの患者さんというものが多いわけですし、また在宅患者こそ通院ということが必要なわけですが、それが非常に困難であるということからしても、こういうものは当然含まれるべきだと思います。それから補装具の支給、住宅改善というようなことも非常によく考えられた要求だと思います。」

10）全国公害弁護団連絡会議編『公害等救済制度資料集』（1976年11月）。

ほかならない。原状回復を基本理念とし、それにできるだけ接近するための努力のうえに立って、原状回復に至るまでの間、補完的に経済的補償をすべきであるという法理が、定着しはじめつつあることを示すものである[11]。

4　法理論的検討

(1)　金銭賠償主義の破綻

すでに述べてきたように、公害被害の救済については、原状回復主義の理念のもとに恒久救済対策が実践的に確立しつつあり、カネミ油症やスモンでも、被害者のたたかいのなかでその確立が志向されてきているのである。そして、人間らしく生きる権利の回復を強調すればするほど、金銭賠償主義のほころびは、大きくならざるを得ない。こうして、現代における公害という、人類がかつて経験しなかった大規模で深刻な人権侵害の歴史的事実のなかで、金銭賠償主義は破綻しはじめているといってよい。

ところで、わが国では、比較的早くから、鉱害問題を通じて、賠償方法として原状回復が論議されてきた。

明治20年ころから大正初期にかけて、足尾鉱毒事件に代表されるいくつかの鉱毒事件が発生し、被害農民は、農地の復旧（原状回復）を中心とする要求をかかげて法廷の内外で困難なたたかいをつづけた[12]。農民にとっては「農地を元の状態に返せ」という要求こそが切実な要求であったのである。このような鉱毒事件では、金銭賠償のほかに、鉱害予防設備の設置、被害地の復元等の原状回復の実現を協定等のかたちでかちとってきた歴史がある[13]。これがやがて鉱害賠償に関する規定を設けた鉱業法の昭和

11）豊田誠「人間らしく生きる権利の回復をめざして」法と民主主義122号（1977年）。

12）なお、現行鉱業法111条のような鉱害賠償に関する直接の規定がない時代にすでに原状回復（復旧費）の請求を行っていた裁判例がある（大判大2・4・2民録19輯193頁）のは注目に値する。

13）石村善助『鉱業権の研究』（勁草書房、1960年）399頁以下参照。

14年改正へと発展していったのであるが、改正審議にさいして、「農林当局及び農民側から強い反対があり、原状回復を原則とする主義に改むべきだと主張された[14)]」といわれる。そして、その根拠として、「わが国の農民は、土地によって生計を保ち、土地を離れては生きてゆけない。そこに、土地は、農民にとって計りきれぬ価値をもつ。ひっきょう、わが国の農民にとって、土地は、資本主義的な価格を算定し得ないともいい得る。そのとき、損害賠償は原状回復をすることだといえば、これらの問題は、すべて不問に付し得る[15)]」ことがあげられた。

こうして、鉱業法111条は、金銭賠償を原則としながらも、原状回復を損害賠償の方法として認めるに至ったのである。つまり、被害法益の社会的価値によっては、原状回復をなさしめたほうがよい場合のあることを、この審議の経過は示している。

さらに、ごく常識的にいっても、もともと、不法行為によって身体侵害を受けた者にとって、まず第1の要求は、「もとどおりの身体にしてかえせ！」（原状回復）ということであって、けっして、「金を払え！」（金銭賠償）ということではない。素朴に考えれば、不法行為の効果の本来のあり方は、原状回復にあるのであって、金銭賠償は、補完的なものでしかない。

かくして、金銭賠償主義の破綻の兆候のなかで、損害賠償の方法としての原状回復主義を、正当に位置づける課題が提起されてきているとみるべきである。

(2) 賠償方法の規定の根拠

(i)　わが民法は、不法行為による損害賠償の方法につき、722条〈旧法（以下同じ)〉により、「損害賠償ハ別段ノ意思表示ナキトキハ金銭ヲ以テ其額ヲ定ム」(417条) を準用している。そこで、金銭賠償主義を原則としていると一般にいわれている。

14) 末川博・我妻栄「鉱業法改正案における私法問題」私法5号（1951年)。
15) 同前。

それでは、わが民法が不法行為による損害賠償の方法について、金銭賠償を原則としたのはなぜか。立法者の意思は、端的にいえば、原状回復では「事物ノ混雑ヲ来タシ却テ不便」であり、金銭賠償が「便利」であるからというにつきる[16)]。しかし、立案者自身、「金銭デハ其賠償ノ目的ヲ達シ得ラレヌ場合ガアルカモ知レヌ[17)]」ことを指摘せざるを得なかったし、民法自体、金銭以外の方法で賠償する特約を定め（417条）、また、名誉毀損の場合の賠償方法として「名誉ヲ回復スルニ適当ナル処分」（723条）を定めざるを得なかった。金銭が便利であり、原状回復は複雑であるといってみても、被害回復のうえでは、金銭賠償では目的を達することのできない場合のあることは事実である。民法自体が「例外的」に定めた名誉毀損がそうである。

そして、民法以外の法律では、前述の鉱業法111条2項では、「損害の賠償は、金銭をもってする。但し、賠償金額に比して著しく多額の費用を要しないで原状の回復をすることができるときは、被害者は、原状の回復を請求することができる。」とし、同条3項で「賠償義務者の申立があった場合において、裁判所が適当と認めるときは、前項の規定にかかわらず、金銭をもってする賠償に代えて原状の回復を命ずることができる」と定められている。

また、不正競争防止法1条の2、特許法106条、実用新案法30条、意匠法41条、商標法39条は、いずれも、損害賠償にかえ、または損害賠償

16）民法修正案理由書623-624頁、347頁。
なお、現行民法722条に相当する条文の審議の際、穂積陳重は「……業務不履行ノ場合ニ於テ既ニ説明致シテ置キマシタ如ク先ツ一般ノ場合ニ当テマスルニハ金銭ガ一番損害賠償ニハ便利テアリマスカラ夫故ニ不法行為ノ場合ニ於テモ矢張リ此規定ハ当タルノガ固ヨリ当然ノコトト思ヒマス」と説明し、特に議論もなく承認された（法典調査会民法議事速記録41巻178丁）。そして債務不履行による損害賠償方法に関して金銭賠償を採用したのは、原状回復や代替物等の賠償による賠償方法を広く認めるのは実際不便であり、金銭が最も便利であること、裁判官も損害の額の標準を定めやすいこと、他の方法では、裁判官はよいと思っても当事者にとっては迷惑なこともありうること、によるとしている（前掲書18巻81丁、98丁）。
17）法典調査会民法議事速記録18巻98丁穂積陳重の説明。

とともに信用を回復するのに必要な措置を命ずることができることを規定している。

こうして、民法の金銭賠償主義は、特別法のなかでも修正をよぎなくされてきているのである。

(ii)　諸外国の立法例では、ドイツ民法が原状回復を原則としていることは、よく知られている。ドイツ民法249条第1文は、「損害賠償義務ヲ負フ者ハ、賠償義務ヲ生ゼシメタル事情ナカリセバ存在シタルベキ状態ヲ回復スルコトヲ要ス」と定める。その理由とするところは、「民法理由書によれば、原状回復主義は近代諸国の立法の原則に基くものであって、『事物の性質上』も当然であり、また、『法の論理』にも合するのみならず、原状回復こそ最も完全な賠償であるというのである[18)]」。

そして、同条第2文では、「身体ノ傷害又ハ物ノ毀損ニ基キテ損害賠償ヲ為スベキトキハ、債権者ハ原状回復ニ代ヘテ之ニ必要ナル金額ヲ請求スルコトヲ得」と定められている。この場合の金銭賠償は、「原状回復の一態様であって、本来の意味における金銭賠償とは異なるものと解されている[19)]」といわれる。

(3)　原状回復を主張する学説の論拠

損害賠償の方法について、原状回復を解釈上肯定しようとする学説の論拠はいくつかある。

論拠の第1は、「不法行為の効果としての救済方法は何よりも損害を惹起せしめている状態の除去になければならない」のであるから、不法行為によって身体被害を受けた者が「もとどおりにしてかえせ」という原状回復の叫びは、「理の当然」であるとする[20)]。民法722条は、この当然の理を否定するものではなく、これを認めたうえで、必ずしも当然の理とはい

18）山田晟・来栖三郎「損害賠償の範囲および方法に関する日独両法の比較研究」川島武宜ほか編『損害賠償責任の研究（上）　我妻先生還暦記念』（有斐閣、1957年）200頁。

19）同前。

えない金銭賠償について特に法文に規定して明らかにしたものと解している[21)]。それゆえ、民法上は例外のようにみえる原状回復をうたった723条などは、実は大原則を例示したにすぎない規定ということになる[22)]。

論拠の第2は、債務不履行については、すでに法が原状回復的な、現実的救済の途を与えている（民法414条）ということである。すなわち、「414条によって現実的履行の強制を認め、『与える債務』については直接強制が、『為す債務』のうちの代替的給付を目的とするものについては代替執行が、『為す債務』のうちの不代替的給付を目的とするものについては間接強制が、そして『為さざる債務』についても一種の代替執行が認められている。すなわち414条は、不法行為とその本質を同じくする債務不履行に対しては、債務の不履行がなく・債務が履行されたのと同じ結果に斉すといういわば原状回復的な・現実的な救済を与えているのである。従ってこの精神は債務不履行とその本質を同じくする不法行為にも適用されるのが当然である[23)]」と。

(4)　批判的検討

(i)　損害賠償の方法としての原状回復を考察するとき、不法行為の効果としての請求権と物権的請求権との二面からのアプローチがありうるが、本稿では、賠償方法論の基本理念を主題として検討することとする。

(ii)　原状回復を主張する従前の学説の論拠は、それなりに理由のあるも

---

20) 山中康雄「詐害行為取消権の本質」早稲田法学30巻（1954年）367-368頁。浜田・前掲論文100-101頁。その他、古くから、原状回復こそが理の当然であり大原則であることをいうものは多く、逆にそのことを否定するものはおそらくいないであろう。学説として、岡村玄治『債権法各論』（昭和5年再版）737頁、末弘厳太郎『民法雑記帳（上巻）』239頁、勝本正晃『債権法各論概説』（昭和23年）302頁、平野義太郎『判例民事法大正12年度』187頁、戒能通孝『債権各論』（昭和21年改訂初版）462-463頁、加藤一郎『不法行為法（法律学全集）』215頁、判例として、大阪高判昭38・7・17判時349号30頁、などがある。

21) 浜田・前掲論文101頁。

22) 同前。戒能・前掲書462頁。

23) 浜田・前掲論文101-102頁。同旨、清水・前掲論文22頁。

のであるが、十分な説得力があるとはいいきれない。

とくに、「理の当然」という論拠についていえば、これは、素朴な国民感情に根ざしたものであるが、そのかぎりでの意味しかないため、金銭賠償を「原則」とするかのごとき実定法上の体裁を具備している民法のもとでは、吾人を納得せしめる論拠としては弱い。端的にいって、財産権に対する不法行為にあっては、金銭で賠償せしめることに何の躊躇があろうか。不法行為であるから原状回復が「理の当然」となるのではなくて、不法行為によって侵害される法益が非財産的法益であるから原状回復が「理の当然」となるのではなかろうか。

もともと、金銭賠償は、「お金にかえられない」法益までも金銭に評価させようとするものであって、非財産的法益に対する不法行為においてこそ、原状回復の要請がより強いはずである。民法の名誉毀損や不正競争防止法・特許法などにおける名誉等の回復措置は、まさに、そのゆえに設けられた規定であるとみてよかろう。

ところが、原状回復を主張する学説は、原状回復の困難または不能のときには、原状回復を認めない[24)]。これは、不法行為の効果としての請求権を考えているから、当然といえばそれまでのことであるが、理念的に考えると奇妙な結果になってしまう。すなわち、非財産的法益の侵害については客観的には原状回復の不可能なことが多いが、本来、原状回復の最も望まれる不法行為については原状回復を否定し去り、かえって、金銭賠償でもあえて不都合のない不法行為について原状回復を認める結果を招来しているからである。

(iii)　われわれは、次のように考える。

損害の賠償方法は、人間らしく生きる権利を保障するという大局的見地に視点を置き、原状回復を基本理念とし、解釈学的にも可能なかぎり――例えば、進行性の、もしくは非可逆的身体侵害についてその回復に必要な適当な処分を命ずることができるというように――原状回復を認めていく

24）前掲注２）に同じ。

べきである。

金銭賠償主義は、市民間に発生する不法行為の合理的解決手段としての歴史的使命をもって登場した。商品流通経済の今日の社会においては、金銭によって紛争を解決することは、民法制定理由をひもとくまでもなく、「便利」であることは確かである。

しかし、資本主義経済の高度な発達のなかで、立法当時予想だにしなかった不法行為による深刻な健康被害は、この苦しみの底深さとひろがりの大きさを金銭賠償として見積ることが、いかに冷酷で没人間的なものであるかを如実に示してきた。時代の変遷のなかで、便利性のゆえに採用された金銭賠償が後退し、人間らしく生きる権利の回復という視点に立脚した原状回復の理念の確立が前面に押し出される必要が生まれてきているのである。

そして、現行法制の体系をみても、名誉の保護のために、民法723条があり、営業上の権利ともいうべき特許権、意匠権などについてすら特別の保護（回復措置）が認められている。そうだとすれば、名誉よりも根源的であり、営業上の諸権利よりもはるかに絶対的価値をもっているはずの、人間の生命、健康については、名誉や営業上の諸権利より手薄い保護でよいはずがなく、それ以上の、どんなに控え目にみても名誉と同程度の救済をなしうることを、法は当然の前提にしているというべきである。

原状回復の可能な場合はいうに及ばず、生命侵害のように原状回復の絶対的不能の場合や、進行性の、または非可逆的な健康被害のように原状回復のために加害者に多額の出費をさせることになる場合でも、金銭賠償にかえ、または、それとともに、原状回復に必要な、または原状回復に近づけるための請求を、可能なかぎり認めていくべきが、本筋[25]である。このように解することが、不法行為法の「公平」の理念に今日的意味で合致し、「本法ハ個人ノ尊厳……ヲ旨トシテ之ヲ解釈スベシ」（民法1条の2）にも適合するものとなるのである。

5　むすび

スモンの恒久補償要求の実現をめざす被害者のたたかいは、今日、いよいよ、その正念場をむかえて重要となっている。

昭和52年10月29日、東京地裁で成立した和解のなかで、賠償一時金のほかに、介護費用として、超々重症者に月10万円、超重症者に6万円の支払がなされる道が開かれた。しかし、この和解は、「被告らは、治療方法の科学的研究その他原告らの福祉の向上に必要な措置を講ずることについて、今後も裁判所を通じ協議・検討を重ねるものとする」として、恒久救済対策の悉くを置き去りにしてしまった。加害責任が玉虫色であることとあいまって、きわめて不十分なものであったため、スモン患者の多くが、この和解を拒否したのである。

そして、さる3月1日、金沢地裁で、製薬会社と国の加害責任を明確にする勝利判決がかちとられた。ただちに同月3日、被害者団体は厚生省との交渉を行い、恒久救済対策に関する13項目の確認事項をとりつけるに至った[26]。このことは、恒久補償要求を実現する第一歩を記すものとなっ

25）なお、原状回復を認める要件について従来の学説は、「原状回復が容易にして、四囲の状況上之に依ることを妥当とする場合」（勝本・前掲書302頁）、「被害者の救済上必要でありまたそれが法律正義の見地からみて妥当なりと考えられるならば」（末弘・前掲書241頁）、「直接的救済でなければ救済の目的を達しえないかまた極めて不十分な場合……原状回復が不可能な場合はいうまでもないが、たとえ可能であっても極めて困難な場合や回復に著しく多額の費用を要する場合には、被害の程度、これによって被害者が蒙る被害の性質などと比較対照して……認められないことが多いであろう」（清水・前掲論文31-32頁）、「原状回復はそれが不能である場合には成立しない。不相当に巨額の費用を要する場合も社会観念上不能であるといいうるのであろう」（浜田・前掲論文102頁）。なお末弘は、土地所有権に基づく原状回復請求権に関してではあるが、判例も「原状回復を許すによってえられるべき所有権の利益とこれによってこうむるべき侵害者の損失とを較量し、その他一般社会の受くべき利害得失等を参酌し、原状回復を許すことが社会観念上妥当と考えられるや否やを標準としてその許容を決せんとしている点において明らかに一貫した傾向を示」しているという（末弘・前掲書240頁）。

26）石橋一晃「北陸スモン訴訟判決の検討」法律時報50巻4号（1978年）。

た。

かくして、被害者のたたかいを通じて、賠償方法の基本理念は、金銭賠償から原状回復へと実践的に転換しつつあり、転換していかざるを得ないであろう。

現代の大量の深刻な人権侵害という不法行為の救済について、冷酷な計算ではじきだされた金銭よりも、血のかよった人間尊重の価値観のもとでの原状回復をめざして、賠償方法論が再構築（立法上であれ、解釈学上であれ）されること、そのことがいま望まれているといってよい。

第3節

スモンにおける大衆的裁判闘争

『公害における大衆的裁判斗争の発展のために〔団報臨時増刊号〕』
団報89号（1979年）63頁以下

1　雪より冷たい判決を得た苦しみのなかから

1978年3月1日の北陸スモン判決は、わが国で最初の薬害訴訟の判決となった。この判決は、製薬会社についての不法行為責任を認め、キノホルム剤についての製造承認を国の安全確保義務違反と判示した、基本的には被害者勝利の判決であった。

しかし、この判決は、キノホルム剤とスモンの因果関係を単一的に認定せず、ウイルスによってもスモンが発症することを併存して認め、科学的研究の到達点をねじまげるものであったばかりでなく、損害賠償額を大巾に値切り、不法行為論とは本来無縁であるはずの企業の社会的貢献論を導入した「政策的判決」の側面を色濃くした不十分さをものこしたものであった。

端的にいえば、北陸スモン弁護団やマスコミ筋の事前の予測を、かなり裏切るものとなり、患者にとっては、判決言渡当日の天候に象徴される「雪より冷たい」内容のものとなった。

率直にいって、スモン裁判とこの闘争に関与してきた私にとって、大変ショックなできごとであった。

私たちも、北陸スモン弁護団同様、賠償一時金とともに患者の要求する恒久補償を実現するためには、東京地裁の可部和解では不十分であるとして、これを拒否し、加害者の法的責任を追及する判決を当面かちとるしかないと考え、そのように行動してきたのであるが、その最初の判決が北陸スモン判決であったのである。スモン闘争のなかで、この段階では判決をとるしかないと考えてきた被害者・弁護団に対する回答として、なんと冷酷なものであったことか。

当然のことながら、北陸で判決をとったことが運動上正しかったのか、あるいは、条件を十分検討しないままでの先陣争いだったのではないか、といった批判が寄せられた。また、東京地裁の呈示した和解を単純に拒否したことが、対応として適切なものであったのか、という批判もあった。

スモン闘争に携わる弁護団は、悩みに悩みぬいたといっても過言ではない。私たちは、これらの批判がスモン闘争を心から心配してくれる方々の温かい助言だと受けとめて、自由法曹団レベルでの討論研究集会を組織し、参加し、分野の異なる経験のある団員との忌憚のない意見の交換をした。富山での5月集会でも、スモン裁判をめぐる激論が交わされた（本稿はその時の私の発言を後日まとめたもの）。団が、大衆的裁判闘争の見地から、スモン裁判を強化しようとして企画したものであり、このときの討論は、その後のたたかいの発展を促す重要な役割をになうものと信じられたし、実際、重要な役割をになうものとなった。

2　北陸スモン判決をきびしく総括して

金沢地裁で全国初のスモン判決をかちとった判断に、基本的な誤りはなかった。また、先陣争いでもなかった。

北陸でのスモン闘争の盛りあがりは、金沢地裁での結審、そして判決に至る時期をみても、全国各地のなかでは、当時は屈指のものであった。それればかりでなく、北陸スモン弁護団の力量と法廷活動をみても、金沢で最初に判決をとるのは、ごく自然であり、運動の必然の成り行きでもあった。

重要なことは、こうした大衆闘争の地域的な昂揚がありながらも——これが判決の積極性をひきだした原動力であったことは誰にも異論のないところであろう——どうして、この判決に示される消極的側面をのこすことになったのか、ということも、きびしく何度も総括し、新しいたたかいへの教訓にしていくことであった。

金沢判決のあった翌日、私たちは、大阪に本社のある製薬会社交渉に臨んだが、独占の壁は厚く、患者運動の力は、ついにシャッターを開けさせることもできず、患者ともどもみぞれまじりのなかに立たされることとなってしまった。

私は、この無念さのなかで、従来、四大公害訴訟で判決後には加害企業と直接交渉をし、大きな成果を収めてきたたたかいのパターンが、教条的・機械的には適用されないものであることを、いやというほど思い知らされたものである。

同時に、イタイイタイ病判決のときには、三井金属の本社のある東京で、何回も支援要請のオルグをして、本社交渉を成功させていたのであるが、北陸スモン判決のときには、率直にいって、東京でも大阪でもそれぞれ地元訴訟をかかえそこでのたたかいはしていても、金沢判決を患者全体の救済にかかわるものとして、みんなが腹の底から納得し、本気でたたかってきたのであろうか、ということを反省せざるを得ない状況であった。

スモン問題が全国的な問題となっているのに、全国的な視野でのたたかいを組むのに、実に未熟であったし、弱かったのである。また、司法の反動化が進行しているうえ田辺製薬がウイルス説の必死の巻きかえしをしているという情況や、東京地裁では和解が成立し、患者全体が分裂状況にあることなどもふまえて、これらを乗りこえる全国的なたたかいを組まなければならないものであった。

みぞれに頬を叩かれる武田本社前の集会で、梨木〈作次郎〉団員も同じ思いをしていたものであろう。梨木団員は、松川のたたかいを引用し、真実を裁判所に真実として認めさせるのに、いかに大きな国民的運動が必要であったかを訴えた。あいさつに立った私も、新潟水俣病のたたかいは、判決で明白にされた責任を基礎に、昭和電工との間でねばりづよい交渉を重ね、ついに判決水準を上廻る成果をかちとったことを紹介し、金沢判決の積極面を武器にして、スモンのたたかいを発展させていけば、必ずや値切られた賠償額を克服し恒久補償への道を開くことができるだろうと訴えずにはいられなかった。

被害者も弁護団も、金沢判決に示された消極面がなぜ生まれてきたのかをきびしく総括し、そのなかから教訓をひきだし、東京地裁の可部和解をのりこえた、患者救済と薬害根絶のたたかいを展望していったのである。

さしあたって、東京と大阪に、強力で広範囲な運動をつくっていくことを互いに固く誓い合い、その後の運動を展開しはじめたのである。

3　大衆的裁判闘争をお題目におわらせてはいないか

団のなかでは、大衆的裁判闘争という言葉がよく語られる。安易に使われすぎてはいないだろうか。そして、大衆的裁判闘争という語句を使うことによって、一面では、自己満足に陥り、他面では、大衆的裁判闘争を本当に組織していない弱点が生まれてきてはいないだろうか。

北陸スモン判決は、スモン闘争に関与する団員に、この問題を鋭く提起したといってよい。

よくいわれることに、「主戦場は法廷外に」とか「裁判闘争と大衆闘争を車の両輪に」とかいう、決まり文句がある。私は、これらの決まり文句は、大衆的裁判闘争の１つの、——重要ではあるが——教訓でしかないと思っている。これらの決まり文句をいくらお題目として唱えたとしても、具体的な個々の大衆的裁判闘争が発展し内容豊かなものとなっていくものではないと思っている。

大衆的裁判闘争とは何か。私は、こう考えている。それは、統一戦線の思想を基本にした裁判闘争の闘争形態であり、戦略とともに戦術をも貫くたたかい方である、と。

これをスモン闘争について具体的に検討してみたい。

第１に、被害者の要求を掘りおこし、これを集約して裁判闘争と結合し切っているかということである。

金沢判決後の厚生省交渉で、恒久補償に関する13項目を国に約束させたのであるが、例えば、その中で、厚生省は、緊急に入院しなければならない患者についてはベッドを用意すると約束したのであるが、患者の要求として組織的にどんどんあがってこない。要求として弱いわけではないが、組織されていない。被害者の要求を本当に組織し切れていなかったことを、私たちは反省した。もっともっと要求が集約され組織されていれば、裁判闘争も力強いものになっていたにちがいない。

第２に、裁判闘争を要求実現のたたかいのなかに正しく位置づけていくこと。和解問題に対する私たちの対応が適切であったかどうかについて色々議論はあるが、現段階では、判決をかちとる方向を志向したことは正しかったと考える。しかし、いうまでもないが、何が何でも判決でなければならないものではないから、そういう意味では、全体の力を結集しながら、法的責任を明確にした、金沢判決を武器に、どの段階で全面的解決を迫っていくか、もっともっと議論をつめていく必要があると思う。そして、ある判決をテコにし、あるいはいくつかの判決を積みかさねながら、全面的解決を迫るための力量をどのように組織していくか、そのことが私たちに問われている課題であり、この課題に応えることなしに大衆的裁判闘争の本当の姿はないのだろうと考える。

第３に、裁判闘争に重要な影響を与えるのは、法廷外のたたかい、情勢であることは、いうまでもないところである。

お題目におわらせてはいなかったのか、という反省は、北陸スモン判決をかちとった私たちの反省でもある。

前にも述べたように、東京・大阪に運動をつくるために、大阪でのオルグがはじめられた。そのなかで、おどろくべきことが判明してきた。すなわち、大阪における労働組合のなかに、スモン被害者の宣伝よりも、加害企業田辺製薬のウイルス説の宣伝がはるかに浸透していたということである。

この実践を通じて、法廷のなかで明らかにされている事実が、必ずしも社会的には十分浸透しているものではない、という冷厳な現実に遭遇したのであった。

評論家風にいえば、金沢判決は、全国的な視野で見た運動を、鏡のように投影していたのである。

金沢判決の弱点の１つをとりあげても、このような教訓を与えた。まして、スモンという全国的問題にふさわしい法廷外のたたかいを組織し得ていたかということを考えると、まだまだ、大衆的裁判闘争としては不十分さがあったことは否めない。

第４に、公害闘争では非常に重要な問題として、政策を常に対置していかなければならないということがある。

大阪空港や名古屋新幹線などのように、訴訟の進展のなかで、加害者やこれを代弁する国・自治体が、つぎつぎと微温的対策の手をうち、運動を鎮静させようとする。これは、被害者運動の前進の成果であるとともに、新たな困難を生みだすものとなっている。こうした状況のもとでは、被害者の要求を基礎にしながら政策を明らかにしないと、運動も裁判も発展しないのである。

厚生省が、薬害被害者の制度的救済を本格的に考え出したのはスモン闘争の前進のなかでである。ところが「責任をあいまいにしての救済制度」を構想しているのに、スモンのたたかいが、はたして、この悲惨な歴史的体験に根ざした制度要求を政策として対置し得ていたであろうか。

この点をも本格的に追求していくことが、大衆的裁判闘争を実質あるものにしていくのではなかろうか。

公害には、公害の特質に即して具体化された大衆的裁判闘争がある。弾圧反対闘争の歴史的教訓に学びながら、公害闘争における大衆的裁判闘争を創造的に発展させていくことが、私たちの課題であり、また、私たちの課題でなければならない。経験主義と教条主義は、厳にいましめられなければならないのである。

4　感動的交流のなかで急速に発展した運動

1978年5月。私たちの深刻な総括に基づく、新しい運動がはじまった。8月6日の東京判決をめざして、弁護団は、被害者とともに、東京と大阪に運動の拠点をつくるために、すべてをなげうった献身的な活動をしはじめた。金沢判決時と同じ程度の運動なら、司法の反動的状況は、和解に応じなかった被害者を和解にひきずりこむための政策的判決をもしかねない——こうして、私たちは、必要以上に事態をきびしくみつめて、労働組合、公害被害者団体、民主団体へのオルグの活動を行いはじめるに至った。

被害者や弁護団は、支援要請のオルグに赴く。すんなりとオルグできるものではなかった。組合のさまざまな会合を調べては出かけていく。その会合の最初から出席し、およそスモンとは関係のない議題の討議を３時間近くじっと聞き、そして、会合の終りの５分間で訴える。

被害者は、じっと聞いている数時間のなかで、やれ、国労の新幹線には職業病が多いとか、どこそこの組合では女性差別がこんなにも進んでいるとかを知りはじめた。そして、それらの問題がスモンを生み出した矛盾と同根であることを知るようになっていった。

被害者は、いつも、被害の原点に立って訴えた。同時に、自己の要求実現のための支援要請だけをしなくなった。「私たちのような患者に、何かできることはありませんか」とも訴えた。共闘の芽生えは、ここから生まれてきた。

スモン被害者は、大須事件のたたかいにも参加した。そして、最高裁の不当な決定により、いよいよ服役しなければならないという時期の集会に参加し、己れの苦しみを忘れて、ともに泣いた。こんな不当なことが許されてよいものかと。大須事件とスモンという、およそ私たちの想像を超えたところでの共闘が生まれたのである。大須にスモン患者は泣き、スモンに大須の被告人は泣いたのである。

また、スモン被害者は、国公共闘のたたかいにも参加した。スモン被害者は、「公務員の賃金をあげろ」とシュプレヒコールをした。重症のスモン患者を車椅子にのせて押した公務員は、眼を真赤に泣きはらして、車椅子を押しつづけた。スモンを知らなかった、若い公務員が。

丹下千代田区労協事務局長が、厚生省交渉のなかで、厚生省役人に泣きながら訴えた。「この患者たちは、いま、あなたたちの賃金をあげろと訴えているのだ」と。

東京総行動にも、千代田総行動にも、日本テレビの婦人交流会にも、スモンの被害者たちは、病苦をおして参加した。

こうした共闘を力強く発展させたのは、被害者との交流会であった。そして、再び薬害をくりかえしてはならないという被害者の訴えであった。

運動は心のひびきあいであると、橘〈ひさ子〉氏（千代田区労協）はいう。かつて、私も何度かその区労協に訴えに行ったが、訴えは訴えだけで終ってしまった辛い経験がある。しかし、交流会を通して、千代田区労協が燃えはじめ、支援する会を結成しようとするに至ったとき、私には、語るべき言葉がなかった。私は、絶句した。労働者の心の温かさ、連帯の心強さにうたれて。

いみじくも、鈴木堯博団員は「運動は音叉のようなものだ」といった。そうなのだということをいま実感せずにはいられない。

全金浜田との共闘、立中事件との共闘、日立メディコとの共闘など、あらゆる争議団との交流・共闘が進むなかで、スモンのたたかいは、労働者の中に根をおろしていったといってもよい。

そして、運動の発展は、労働者に教えられ導かれたものである。

5　法廷闘争は弁護士活動の限られた一部

本稿は、スモン闘争における金沢判決前後の局面を述べるにとどまった。

スモン闘争において、裁判における優位性をかちとるために、弁護団がどんな苦労をしたか、大衆闘争の発展のうえで弁護団がどんな役割を果たしたか、などについては、他の原稿を参照されたいし、私自身は別の機会に、具体的事実をもって叙述したいと考えている。

いずれにしても、法廷闘争は、弁護士活動の限られた一部にすぎない。大衆の要求を実現するうえで、裁判闘争は限局された役割しかにない得ないものであり、その裁判闘争に関与するだけでは、大衆的裁判闘争の限られた一面しか関与しなかったことになるのではあるまいか。

第４節

確認書調印とスモン闘争の到達点
――判決と確認書の意義を示し今後の課題を提示

前衛 444 号（1979 年）211 頁以下

1　はじめに

(1)　かちとった成果の数々

スモン被害者の早期完全救済と薬害根絶を求めるたたかいは、去る〈1979 年〉９月 15 日の晩の「確認書」調印によって、裁判上の全面的解決への基礎を固め、新しい段階を迎えることになりました。

この確認書は、スモンの会全国連絡協議会（略称ス全協）とこれに加入する各地スモンの会および各地スモン弁護団あわせて 41 団体が、被告国（厚生大臣）および被告製薬３社（日本チバガイギー・武田薬品工業・田辺製薬）との間で、全国各地の裁判所に係属するスモン訴訟を和解によって終了させるための基本方針を合意し、裁判所における和解条項の内容について相互に確認しあったものです。

この確認書の調印にさいし、いわゆる投薬証明のない患者の救済上の取り扱いと未提訴患者の救済手続についての「確認事項」と題する文書と、恒久対策について今後も協議をする旨の「確認事項」と題する文書にも、厚生大臣が署名をしてとり交わされました。

この確認書の調印に先立ち、すでに７月 26 日未明には、「提訴ずみ原告の年内解決の実現をめざす協議に関する議事録確認」が調印されて、個別患者の認定作業が長期化しないように、そして不当な患者切り捨てがなされないように、時期的、手続的な合意も成立しています。

また、８月 22 日の厚生大臣交渉のなかでは、重症者の介護費用（超々重症者については月額 10 万円、超重症者については月額６万円の介護費用が決められているが、それ以外の重症者についても介護が不可欠であるので、ス全協は月額３万円の介護費用を要求してきている）についても、「真剣に取り組む」との厚生大臣の決意が表明されています。

さらに、９月７日には、臨時国会で、解散直前に、薬事２法（薬事法改正案・医薬品副作用被害救済基金法案）が成立しました。

こうした一連の成果とあいまって、これらと一体となるものとして、９月15日の確認書、２通の確認事項の調印となったものです。

(2) 霞が関を揺るがした132日間

ここにみられるスモンの早期救済のための諸確認をかちとるたたかいは、短い期間のあいだに、非常に多くの成果をかちとることができましたが、それは、何といっても、切実な要求の実現をめざして、病苦をおしてたたかってきたスモン被害者とこれを支援する弁護団・支援団体による大衆的なたたかいが、９つの勝利判決をかちとった裁判闘争、薬事２法を成立させた国会闘争とも結合して効果的に進められてきたことによるものということができます。

とりわけ、５月７日から調印日の９月15日までの132日間の集中決戦が、大きな役割を果たしたことは、いうまでもありません。この132日間、スモン被害者は、各地弁護団、労働組合、民主団体、共産党をはじめとする各党の広範な支援のもとに、厚生省前をさまざまな行動の拠点にしながら、11回におよぶ波状的な大行動を展開してきました。

この時期までに、すでに金沢・東京・福岡・広島の各地方裁判所であいついで勝利判決をかちとってきており、これらの勝利判決によって、加害者が誰であるのかを明らかにし、スモン被害者の要求の正当性と解決の緊急性を社会的に浮き彫りにしてきていました。集中決戦の時期に入ってからも、ひきつづき、札幌・京都・静岡・大阪・前橋の各地裁で、これでもかこれでもかの意気込みで勝利判決をかちとり、被告らを追いつめてきました。運動の前進のなかで勝利判決を積みかさね、勝利判決の獲得によって、さらに運動を発展させてきたのです。

薬事２法をめぐる国会内外のたたかいも、このスモンのたたかいと結合して進められました。第87回通常国会に向けて、薬事２法を修正して成立を迫る請願行動はくり返し行われましたが、6月14日、自民党政府の航空機疑獄かくしの策動のなかで会期切れ廃案になりました。しかし、ひきつづき臨時国会へ向けて国会周辺にスモン患者の車椅子姿や松葉杖姿を見かけない日はないほど請願、陳情行動を執拗にくりひろげました。

また、4月26日から被告製薬3社との直接交渉がはじまりました。薬務局長との事前交渉は、連日のごとくに行われ、要求実現のためのねばり強い交渉が展開されてきました。

この期間にまかれたビラは、百数十万枚に達しました。そのビラも、毎日毎日、新しい動きを伝える日替りビラでした。マンガと写真を折りまぜ、時には詩の訴えをのせ、時には感想や意見をのせるなど創意工夫をこらしたものがつくられつづけたのです。薬害根絶の願いをこめた、色とりどりの風船が、霞が関の空にちりばめられたことも1度や2度ではありませんでした。また、朝、昼、夕と、「ノーモア・スモン」の歌声が霞が関にこだましたのです。

こうして、スモン闘争は、それまでのたたかいの発展を基礎に、宣伝活動を前面にすえながら、司法・立法・行政という国の三権と独占資本を向こうにまわしての集中決戦を挑んだのです。この期間は、まさに、「霞が関を揺がした132日間」であったといっても過言ではないでしょう。想像を絶するような、被害者のたたかうエネルギーに支えられて、前に述べたような成果があいついでかちとられていきました。

薬害スモンは、ふたたびくりかえしてはならない悲劇です。しかし、薬害スモンに呻吟してきた被害者たちが、幾多の苦難をのりこえてたたかいつづけ、そのたたかいのなかで人間として生きぬく自信と勇気を得ていったこのたたかいは、実に感動的なドラマでもありました。

薬事2法成立の日、徳島スモンの会の鎌田万寿雄会長は、

「闘えば勝てる自信を深めたり　喜びかみしめ　明日(あした)に真向う」

と短歌に託して、確信の一端を吐露しましたが、こうした確信は、132日間のたたかいに参加したすべてのスモン被害者に共通するものであったと

いうことができるでしょう。

以下、まず、薬害スモンの社会的特徴を述べ、ついで、今日に至るまでのスモン闘争の苦難の道のりをあとづけ、そして、9つのスモン判決と確認書に集約される到達点を明らかにし、最後に、きびしい情勢のなかで成果をかちとってきた運動の教訓にも触れつつ、スモンのたたかいがけっして落ち着きをみたのではなく、今後に残された課題が重要であることを明らかにします。

2　薬害としてのスモンの特徴

(1)　未曽有の薬害スモン

1964年5月、第61回内科学会シンポジウム「非特異性脳脊髄炎症」でスモンは、独立の疾患として確認され、Subacute-Myelo-Optico-Neuropathy（亜急性脊髄視神経症）の頭文字をとってSMONと命名されました。

この疾患は、1955年頃から散発的に発生し、1960年代に入り、釧路、岡山、徳島、米沢、埼玉県戸田など各地で集団的に発生するようになり、1965年からはさらに発生が年々激増しましたが、1970年8月、椿忠雄教授（新潟大）がキノホルム説を提唱し、同年9月8日、厚生省によってキノホルムおよびこれを含有する医薬品の販売を中止するなどの、行政措置がとられた結果、スモンの発生は終息するに至りました。患者数は厚生省が、特定疾患スモン調査研究班の調査を通じて掌握しているだけでも、1万1,000名余に及び、一般には2万名を下らないだろうといわれています。

スモンは、おおむね、神経症状に先立って、腹痛・下痢などの腹部症状からはじまり、そして、急性もしくは亜急性に神経症状が出現します。両下肢末端からしびれはじめ、次第に上向しますが、下半身、ことに下肢末端に強く発現し麻痺状態となり、とくに、「ものがついている」「しめつけられる」「ジンジンする」などといった異常知覚を伴い、歩行はもとより起立不能におちいる例も少なくありません。24%の患者に両側性視力障害（完全失明もかなりある）、8%の患者に脳神経症状が認められるという報告もあります。

こうして、スモンは、主として、神経症状に着目されていますが、看過できないことは、実は、キノホルムによる害作用が、肝臓、腎臓、膵臓、甲状腺などに及んでいるという報告（実験報告も含めて）がたくさんあることです。つまり、スモンは神経症状を主徴とするが、全身性疾患だということです。

スモンは、患者を身体的苦痛に叩きのめしてきたばかりではなく、職を奪い生活を根幹から破壊しつくしてきました。原因究明の過程で流布されたウイルス説は、患者とその家族を社会的に疎外する残酷さをももたらしてきたのです。

スモンは、その発生の規模においても、また、その被害の悲惨さにおいても、かつて人類が経験したことのない薬害であるといってよいでしょう。

(2)　安全性無視の原因

スモンが多発してきた1960年代から1970年代へかけては、ほかにも数多くの薬害が発生し、社会問題化してきています。サリドマイド（1961年）、キセナラミン（1962年）、アンプル入りかぜ薬（1965年）、クロラムフェニコール（1968年）、種痘、コラルジル（1970年）、アンジニン中毒、ストマイ聾、クロロキン網膜症、エタンブトール中毒、IDU点眼薬、トランキライザー中毒（1971年）などなど。ちょうど、公害が多発してくる時期に符節をあわせて、薬害もまた頻発してきているのです。

この時期に、なぜ、薬害が多発してきたのでしょうか。第1には自民党政府の高度経済成長政策のなかで、医薬品の安全性が無視され、「商品」として大量生産・大量消費させることによって莫大な利潤をあげてきた製薬企業の姿勢に原因があります。

「戦後の日本独占資本は、アメリカ帝国主義が引き起こした朝鮮戦争による特需を復活の足がかりとしたが、医薬品産業もまたこの特需を利用した。1950年の朝鮮特需は12億5,000万円にのぼり、その年の全生産高のほぼ4%にも達した。こうして体制をととのえてきた医薬品産業界は、1960年の新安保条約の成立とこれを土台として強行された池田〈勇人〉自

表1　医薬品生産額年次推移表

（キノホルム生産高指数）

年次	生　産　額（億円）	対　前　年 増加率（%）	昭和35年 基準指数	キノホルム 生産高指数
35	176,0	18	100	
36	218,0	24	124	100
37	265,5	22	151	142
38	341,1	28	192	177
39	423,2	24	240	168
40	457,6	8	260	181
41	507,1	11	288	177
42	563,2	11	320	278
43	688,5	22	391	266
44	842,5	22	479	263
45	1,025,5	22	583	354

民党内閣の『所得倍増政策』によって、驚異の高度成長をとげていった」（太田秀「医薬品産業の諸問題」『講座現代の医療5』〔日本評論社、1973年〕60頁）。「昭和36年から38年にかけて行われた大規模な設備投資を背景として、この期間の医薬品生産は、39年まで対前年比20%以上の高率で成長をつづけ、その結果、生産額において、39年にはアメリカに次ぐ世界第2位の地位を実現し」（二場邦彦「戦後の医薬品流通史（4）」医薬ジャーナル1972年8月号）、1970年には、1兆255億円に達する、「1兆円産業」にまでのしあがってきたのです（**表1**参照）。売上高を被告製薬3社についてみてみますと、日本チバガイギーの親会社チバ・ガイギー社（スイス）が1970年世界第2位、武田が同年世界第13位（わが国第1位）、田辺が1965年世界第35位（わが国第2位）であり、世界有数の地位にあるわけです。

この売上げのために費やされる広告宣伝費に比べると、研究費の支出は半分以下という水準でした。これでは、医薬品の安全性が確保されるわけがありません。武田薬品工業の研究者らはつぎのように述懐しています。「あまりにも安易に大量生産販売及び消費に結びつけたがゆえに諸種の弊風を招いたことを今や率直に認めなければならぬ」「キノホルムなど一連の副作用問題が社会及び政治問題化する素地があった」（島本暉朗ら「医薬品研究体制の今後の課題」医薬ジャーナル1972年9月号）と。

第2には、こうした製薬企業の営利主義に対し、国民にかわって医薬品の安全性をチェックすべきである薬務行政が、その行政的機能を果たしてこなかったことです。かえって、国民皆保険制度が医家向医薬品の需要を急増させ、この制度に寄生して製薬企業が利潤をあげているのに、厚生行政はこれをなんら改善もせず、医療のゆがみを深刻化させるとともに、「薬漬け」といわれるほど国民の医療を荒廃させ、薬害発生の土壌に肥やしをまいてきたのも同然でした。

「整腸剤」と銘打って高度経済成長政策のなかで売り出されたキノホルムは、もともと、わが国では、1939年、国が軍事目的のために国産化したものです。その結果、1936年すでに劇薬に指定されていたキノホルムは、国産化がはじまった1939年の戦時薬局方に収載されるとともに、まもなく、何の根拠もなしに劇薬から削除されてしまいました。侵略戦争のさなかに安全性をかえりみず国みずからが開発したキノホルムは、戦後の高度経済成長のなかで、ふたたび安全性が無視されて、「整腸剤」の装いのもとに許可・承認されてきたという点で、国には、二重のあやまちがあったものといわなければなりません。スモンには、侵略戦争の爪跡と、国民の生命を犠牲にしてかえりみない「高度成長」の爪跡が色濃く刻まれているのです。

3　スモン闘争の発展

(1)　運動への立ち上がり

――裁判提起までの甚大な被害に呻吟してきた時期（1955年頃―1971年5月）

スモンがはじめて学界に報告されたのは、1958年のことです。その数年前から散発的に発生したこの疾病は1969年をピークにして爆発的に全国各地で発生してきました（図、表2参照）。

長いあいだ奇病といわれ、1963年頃からウイルス感染説が提唱され、1970年2月、朝日新聞が「ウイルス感染説強まる」と一面トップで井上

図　キノホルム剤の年次別生産および輸入量（原末換算）とSMON患者の年次別発生数の関係

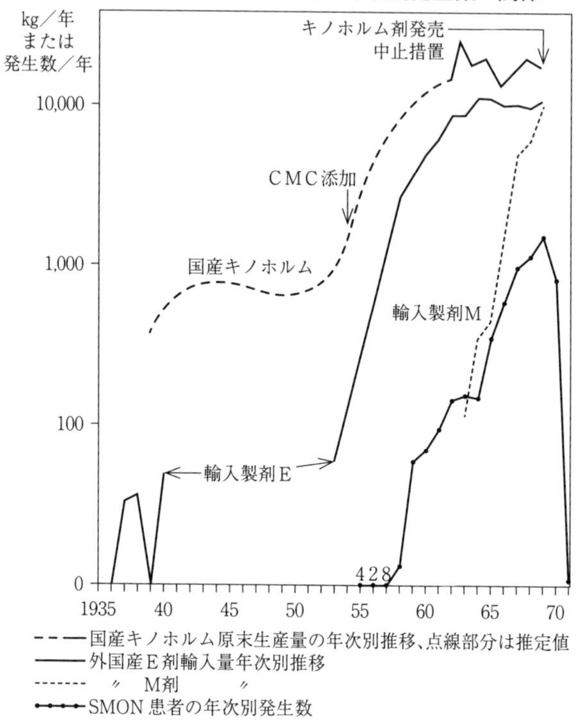

ウイルス説をセンセーショナルに報道するに及んで、スモン被害者の苦悩はその極に達するに至りました。

スモンによる肉体的な苦痛は、いうまでもないところですが、その入院治療のために、職を失い、離婚をよぎなくされ、縁談は破談になり、かさむ入院療養費のために経済的にもどん底に叩きおとされてきました。看護などのために、家族もまた塗炭の苦しみを強いられてきて、生きる希望を見出し得ない状況だったのです。こんな時期に発表された井上ウイルス説は、患者とその家族を奈落の底につきおとすものとなりました。

「“スモンと聞いたら皆こわがる”“近所の人は今でも嫌な眼で見る”“世間に知られたくない”“商売をしているので、あそこで買うとうつるということで客が減った”“スモンとわかったあくる日、大家から『家を出て

表2　患者現住所別・スモン患者数

報告県		人口10万対患者数	報告県		人口10万対患者数
1　北海道	450	8.6	26　京　都	339	15.7
2　青　森	36	2.5	27　大　阪	1211	17.3
3　岩　手	78	5.6	28　兵　庫	467	10.6
4　宮　城	62	3.5	29　奈　良	152	17.8
5　秋　田	135	10.7	30　和歌山	131	12.7
6　山　形	219	17.5	31　鳥　取	28	4.9
7　福　島	146	14.3	32　島　根	149	18.6
8　茨　城	56	2.7	33　岡　山	710	42.7
9　栃　木	64	4.2	34　広　島	440	18.8
10　群　馬	39	2.4	35　山　口	155	10.1
11　埼　玉	182	5.5	36　徳　島	414	51.5
12　千　葉	151	5.2	37　香　川	113	12.5
13　東　京	1052	9.4	38　愛　媛	140	9.8
14　神奈川	294	6.2	39　高　知	141	17.6
15　新　潟	369	15.4	40　福　岡	376	9.4
16　富　山	100	9.8	41　佐　賀	46	5.3
17　石　川	52	5.3	42　長　崎	73	4.5
18　福　井	131	17.5	43　熊　本	102	5.8
19　山　梨	43	5.6	44　大　分	108	9.2
20　長　野	240	12.3	45　宮　崎	37	3.4
21　岐　阜	234	13.6	46　鹿児島	33	1.8
22　静　岡	184	6.2	47　沖　縄	1	
23　愛　知	851	17.0	不　明	147	
24　三　重	228	15.0			
25　滋　賀	124	14.5	計	11033	11.0

くれ』といわれた”“スモンだから食品調理関係の仕事は一生だめだろう”“村八分のようなあつかいを受けていた”“近所の人が家の門前を通るのも嫌がった時期があった”“妹の縁談がことわられた”“夫と離縁になった”などなど」（『スモン調査研究協議会研究報告書No.5』68頁〈https://suzuka.hosp.go.jp/smon/archive/report/05.html〉）。必死にいきながらえてきた患者は、ウイルス説により社会的疎外を受け、生きる希望を失って自殺の道においやられた事例も少なくありません。下半身麻痺のために、自殺しようと決意しながら果たせなかった患者も実に多いのです。

この状況のなかで1967年頃から、米沢市、宮城、群馬などで、患者が互いに手をとりあうようになり、1969年11月、全国スモンの会が結成されるに至りました。病因究明、治療法の確立を求めて、運動に立ちあがったのです。

(2)　行政の怠慢

一方、国は、1964年、厚生省医療研究助成金による“下痢を伴う脳脊髄炎症の原因および治療の研究班”（いわゆる前川班）を発足させたのですが、初年度30万円、1965年度36万円、1966年度140万円というわずかの助成しかしなかったばかりか、1967年にはその助成を打ち切って、スモンの原因究明を放置してしまいました。前川班の報告書をみると、すでに薬物起因性に注目していた形跡があるだけに、行政のこの対応は、その後にスモン患者の発生が増大した要因をつくりだしたものとして、責任重大といわなければなりません。行政が放置するなかで、患者の発生は増大し、ささやかながら運動もはじまり、1969年、厚生省はふたたび研究者を組織し、「スモン調査研究協議会」として発足させることになりました。

こうして、1970年8月の椿教授のキノホルム説の提唱を契機に、この協議会の研究活動を中心にしながら、キノホルム原因説は急速に検証され確立されていきました。

(3)　分裂、そして大同団結へ
——患者運動の分裂のなかで訴訟をおこし
困難なたたかいを進めてきた時期（1971年5月—1978年3月）

1971年5月、スモン患者の2人が東京地方裁判所に、国と製薬3社を被告とする損害賠償請求の訴訟を提起しました。

原因が究明されつつあったこの時期になっても国は、患者救済の措置をまったくとりませんでした。まして、製薬会社が、すすんで責任を認めるようなことは考えられませんでした。スモン被害者は家族ぐるみで生活を破壊されていたため、この訴訟提起は、その当時としては、患者たちにたたかいの1つの方向を示すものとなったのです。全国各地の患者が、あいついで東京地裁への訴訟提起にふみきっていったのです。

しかし、まもなく、被害者組織の分裂という不幸な事態が生まれてしまいました。1972年7月、全国スモンの会は、経理不正などの問題で亀裂が生じ、分裂したのです。7月17日の読売新聞は、「スモン裁判もこれからが本番という時期にきて、危機に直面している」と報道していますが、この分裂騒ぎの記事の片すみに、横浜のスモン患者の自殺が報ぜられているのは、まことに悲劇的なことです。

全国スモンの会から離脱した各地スモンの会は、地元地裁に訴訟を提起する方針をとり、全国統一訴訟から各地訴訟へと流れが変わっていきました。分裂の事態をのりこえて、各地の被害者は、それぞれの地域での裁判闘争を強めてきました。筆者がこのたたかいに参加したのは、この分裂後のことですが、私どもが全国統一訴訟を傍聴して驚いたことは、口頭弁論手続によるのではなく、準備手続で患者原告すら傍聴しないですすめられていたことです。しかも、被害者の主張が「連続過剰投与」論で組み立てられていたため、被告らは、過剰量をめぐる量論争にもちこもうと企てて応訴している状況でした。私どもは、裁判所に口頭弁論手続によって審理を行うことを要求するとともに、「連続過剰投与」論から疫学的因果関係を前面に押したてた主張へと切りかえを図ったのです。

1973年6月から、東京地裁で本格的な審理がはじまるとともに、あいついで地元提訴をした各地の訴訟も、審理の軌道にのっていきました。訴訟を中心にした運動の展開ではありましたが、被害者の交流も促進し、1974年３月、スモンの会全国連絡協議会が全国スモンの会から離脱し、またもともと全国スモンの会へも加入していなかった、31都道府県のスモンの会（会員約3,500名）の大同団結によって結成されるに至りました。

⑷　裁判を前進させて

裁判では、被告らが必死の抵抗を試みました。スモンの研究をしたこともない多数の外国人証人を申請して、裁判のひきのばしを図ろうとしたことは、その代表的事例です。司法が全体として反動化している状況のもとで、裁判所の訴訟指揮も決して、被害者側の立場を理解したものとはいえませんでした。

各地の弁護団の献身的な努力が裁判上の困難をのりこえる鍵になってきたといっても過言ではありません。その努力は、第１に、徹底した事実の調査に向けられました。ウイルス説の証人を弾劾するために、キノホルムの危険性や国の行政の怠慢を明らかにする文献調査のために、調査研究した経過を述べるのには、あまりにも多くの紙数が必要です。薬害関係の図書館でスモン弁護団が足をふみ入れなかった図書館はないでしょう。1935年、すでにキノホルムによってスモン様症例が報告されているという文献も、東北大学の図書館で発見されたものでした。被害の調査のために、各患者の家庭を回ったのは、２度や３度のことではありませんでした。この調査によって次第に浮き彫りになってくる薬害スモンの悲惨で恐るべき全貌は、弁護団の活動の活力にもなるという相関関係にありました。努力の第２は、１つひとつの裁判期日における弁論で、優位性を保つことでした。証人尋問の準備はもちろんのこと、訴訟の重要な局面では必ず被害者自身とともに弁論を展開して、早期救済の必要性とその道理を明らかにし、弁論でも証人尋問でも被告らを圧倒してきたことです。もとより、司法反動のなかでは、裁判所の訴訟指揮が壁になることもありましたが、法廷での弁論や被害者を支援する大衆的なたたかいを組んでたたかい、法廷での優位性をかちとる努力をしてきました。そして、努力の第３は、裁判における成果をすみやかに被害者のなかに明らかにしていくとともに、裁判上の困難については、あるいは科学者の協力支援を得て解明をし、あるいは、世論に訴えて大衆的にたたかうということでした。

(5) 東京地裁の「和解」勧告

東京地裁で、因果関係と責任の審理が終わった1976年６月、被告製薬３社は、「因果関係と社会的責任を認めて適正な補償をする」旨の事実上の敗北宣言をしました。同年９月、審理が終結に熟し、東京地裁は、職権による和解の勧告をしました。

この直後、和解を申し出ていたはずの被告田辺製薬は、代理人を更迭して、掌をかえすように「ウイルス説」を主張しはじめ、なりふりかまわぬ暴挙をあいついで行ってきたのです。しかし、東京地裁は、1977年にはいって、東京地裁所見と和解案とを職権で呈示し、強引に和解による解決をしようとしてきました。

被害者の運動は、東京地裁の和解推進によって、混乱をまねき、和解を受諾する原告と東京地裁の和解では不十分であり判決を求めてたたかいつづけるという原告に、ふたたび分断されることとなってしまいました。

しかし、患者組織であるス全協は、和解を受諾するかどうかは個々の被害者の決断の問題であり、和解についての結論いかんにかかわらず、患者組織としての団結を強めて運営していくという方針を堅持し、分裂の危機をのりこえて、患者の団結を図ってきたのです。1976年８月にとりまとめた「スモン患者の恒久補償要求」を実現するために、和解をめぐる意見のちがいをのりこえてともにたたかう体制を強めてきました。

東京地裁が示した和解案は、①責任が明確になっていない、②恒久対策が不十分である、③早期救済の障害となりうる鑑定が、無条件で前提となっている、④田辺製薬が応じていない、などという不十分な内容をもっていましたが、それまでのスモン闘争の前進を反映した部分もあって、この時期における到達点を示す里程標でもあったのです（筆者「北陸スモン判決の意義」前衛1978年５月号参照）。

(6)　金沢勝利判決のもつ二面性と教訓
――被害者運動・支援闘争の高揚の時期（1978年3月―現在）

1978年3月1日、金沢地裁でわが国薬害裁判史上初の判決があり、薬害における製薬企業と国の法的責任を認める画期的な意義をもつ被害者勝利の判決となったのです。しかし同時に、この判決はまた、キノホルムとスモンの因果関係を単一に認定せず、ウイルス説をも肯定する、科学を無視した立場をとっただけではなく、損害賠償額を大幅に値切って、東京地裁の職権和解水準を下回る不当な側面をももつものでした（筆者前掲論文参照）。マスコミは、判決当日の北陸の天候にちなんで「雪よりも冷たい」判決と評したほどです。

東京地裁の職権和解には前に述べたような不十分さがあるとして、これを拒否して判決を求めてたたかってきた多くの被害者に対する最初の司法の回答は、きわめて冷酷なものだったのです。一方では、東京地裁が和解をゴリ押ししてくる、他方では、判決がウイルス説すら排除しないばかりか被害者の要求を大幅に値切ってくる。被害者運動を抑圧するための司法の対応ではないかと、被害者の多くが感じました。

自由法曹団は、被害者の意見を尊重し、広範な国民の支持のもとに裁判闘争を発展させる見地から、4、5月の2回にわたり、討論を組織しました。被害者団体・弁護団でも、たたかいのきびしい総括をしました。教訓の1つは、スモンが巨大な独占と国を相手にした訴訟でありながら、これにふさわしい全国的なたたかいが展開されてきていなかった、ことに権力の中枢東京と被告製薬3社の本店所在地（本拠）大阪での運動が決定的に弱かった、ここでの運動を強化することなしにスモンの勝利をかちとることは困難であろうということでした。

こうして、6月から首都東京と大阪を重点にして、被害者・弁護団は、徹底して支援を訴え、共闘のオルグをしてきました。労働組合・民主団体のなかに急速に運動を広めたのは、交流会でした。交流会のなかで、被害者は、これまで他人に話したこともなかった深刻な被害の真実を、泣きながら訴えはじめました。“薬害のこの悲惨さを少しでも理解してもらいたい”“ふたたびこんな薬害はくりかえしてほしくない”という心からの訴えは、労働者や市民の心を揺り動かしはじめ、さまざまなかたちでスモン問題をとりあげた運動が、目にみえてひろがりはじめていったのです（筆者「スモンにおける大衆的裁判闘争」自由法曹団団報89号〈本書1章3節〉）。総評、東京地評、大阪総評なども支援しはじめ、国労、全電通、国公共闘などの大単産もスモン問題をとり上げ、東京の千代田・中央・港などの区労協も精力的なとりくみをはじめましたし、大阪では、田辺製薬の労働組合が加入しているという困難な条件のなかで、大阪総評傘下の400を超える組合が支援決議をするに至りました。共産党をはじめ各党もこれまでにもまして積極的な支援をしました。

6月8日、岡原〈昌男〉最高裁長官が、「具体的な事件に対する裁判所の判断が、同種の紛争の帰すうや国の施策の立案にも影響を及ぼす場合があることを忘れてはならない」と訓示したのに対し、真っ先にスモンの被害者とその弁護団、全国公害弁護団連絡会議が抗議をし、判決の言渡しを2ヵ月後に控えた東京地裁に宛てた、裁判の独立を守れという要請葉書運動も、短時日のうちに大きくもりあがっていったのです。

(7)　全面解決のたたかいへ

こうした運動の新しい発展のなかで、同年8月3日の東京判決がかちとられました。東京判決は、国の責任にかんしては著しい不十分さをもつものですが、スモンの原因としてキノホルムを明快に認め、ウイルス説を排除したうえ、具体的事実と説得力ある筆致で被告製薬会社の責任をきびしく断罪しました（筆者「東京スモン判決と薬事行政」前衛1978年10月号）。

ひきつづく、11月14日の福岡判決は、これまでの金沢・東京両判決の弱点を払拭したうえ、法理論的にも前進した被害者全面勝利判決となったのです。判決文の格調の高さは、最高峰といえるものでした。あいつぐ3つの判決により製薬会社と国の加害者責任は、もはや動かしがたいものとなったのです。

こうして、被害者団体ス全協は、「当面の要求」7項目をまとめ、製薬会社と国が加害者としての責任をとり、これらの要求を実現して、訴訟上の全面解決を図るべきであると訴えはじめました。同年12月から全面解決闘争がはじまったのです。

1979年1月、広島判決を前にして、ス全協を中心に、弁護団、総評をはじめとする労働組合、民主団体などの支援団体が参加して、「スモン被害者の恒久救済と薬害根絶をめざす全国実行委員会」が結成されました。そして、2月9日の全国大集会では、被害者の掲げる「当面の要求」を実現するために総決起することが確認され、2月22日、広島地裁で4度目の勝利判決をかちとったその日に、国会では、厚生大臣に、全面解決の緊急性のあることを認めさせ、問題解決に全力をあげることを確約させたのです。

政府は、その重い腰を少しずつあげざるを得なくなりました。2月28日には、医薬品副作用被害救済基金法案を、3月31日には、薬事法改正案を、それぞれ国会に提出し、4月26日には、それまでかたくなに拒絶してきた被告製薬3社が被害者（ス全協）との直接交渉に応じるに至ったのです。

(8)　要求を堅持して集中決戦

5月7日から集中決戦のたたかいがはじまりました。当面の要求を実現して、全面解決へ――そのたたかいが展開されたのです。

通常国会のさなかの5月10日、札幌判決で被害者は5度目の勝利をかちとりました。

被害者は坐り込みを行うかどうかで活発な討議をし、そして坐り込みをやる以上はたたかいの拠点にしようときめ、千代田の労働者もやる以上はジメジメしたものではなく、互いに励まし合える明るい坐り込みにしようと援助をしはじめました。厚生省前を拠点にした大行動は、こうしてはじまったのでした。

政府提案の薬事2法に対する被害者側の意見がまとめられました。その意見の実現をめざした執拗な陳情が、各党、各議員に対しくりかえされました。5月21日、共産党議員団は、「現実にいま薬害に苦しむ人びとをとりあえず救済するための必要最小限の修正を行う」との立場から、修正案を公表して、スモンのたたかいを支援したのです。

ス全協は、要求実現のために、和解派グループと共闘歩調を強めるための努力をし、6月2日には、ついに健康管理手当についての統一要求書をまとめるところまで統一の努力を重ねてきました。

6月5日、衆議院で過去の薬害スモンも基金の行う救済事業のなかに含ませ、薬事法1条の目的条項に安全性の確保をおりこませるなど、被害者の意見を反映させた薬事2法の修正可決がなされましたが、航空機疑獄かくしの政府・自民党の国会運営のために、6月14日、薬事2法は参議院で時間切れ廃案となってしまいました。6月16日付「赤旗」主張は、つぎのように批判しています。

「たえがたい苦しみの日々を送っているスモン患者をはじめ薬害被害者は、その救済につながる薬事2法の成立をどれほど待ちのぞんでいたことか。同法案などの全会一致法案は、政党に良識の一片さえあれば短時間で成立させることができるものです。それを、大平内閣と自民党は、“疑獄隠し”という目的のために流産させてしまったのです。

いまや、われわれは、この政府と党の対応に、民主主義も国民のいのちと健康もないがしろにして恥じない、最悪の姿をみるほかありません」

しかし、6月14日には、物価スライドつきの終身年金としての性格をもつ健康管理手当として、月3万円の回答を得ました。被害者のたたかいへの意欲と確信は、かえって強まったのです。

7月2日には京都で、同月19日には静岡で、いずれも勝利判決をかちとり、スモンのたたかいは燃えあがっていきました。同月26日未明、冒頭に記した議事録確認の調印をさせ、同月31日の大阪勝利判決を契機に、全国解決への協議が本格化し、8月21日の前橋判決でいっそうのハズミがかかっていきました。8月22日、重症者の介護手当についての厚生大臣の確約があり、9月7日には、自民党政府が党利党略の解散を企てるなかにありながら、臨時国会でついに薬事2法の成立をかちとったのです。

被告製薬会社は、土壇場まで各地の地裁での和解を先行させるという各個撃破の方針で抵抗してきましたが、被害者・弁護団・支援団体の一致したたたかいのなかで、この策動を封じこめて、9月15日暁の調印をみたのです。

4　判決と確認書に集約される到達点

判決を志向してきた被害者は、しばしば「判決派」とよばれています。しかし、誤解のないように、「判決」と「確認書に基づく和解」との関係について、簡潔に整理しておくことにします。

大衆闘争の基本は、被害者大衆の要求をいかに実現するかにあります。裁判闘争は、裁判のもつ役割と限界をみきわめて、要求実現の大衆闘争のなかに、正しく位置づけられなければなりません。被害者のごく一部のなかには、確定判決をとることが目的であると主張するものもあります。しかし、いかなる条件のもとでも和解を拒絶するという意味での判決至上主義的考え方を被害者団体に押しつけることは、明らかに間違っているでしょう。

東京地裁の職権和解を拒否した理由は先に述べたとおりであり、この和解では、被害者の要求実現のうえでいくつかの不十分さがあると考えたからにほかなりません。そして、判決を求めてたたかったのも、加害責任を明確にすることによって、被告製薬会社と国を追いつめ、恒久対策を含む被害者の要求を実現するための道をきりひらくためでした。

スモン闘争は、9つの勝利判決とこれを武器にした大衆的なたたかいによって、被害者が納得する程度に要求を実現したその成果を確認書として集約するに至ったものです。

(1)　9つのスモン判決の社会的意義

そこで、つぎに、要求実現のうえで大きな役割を果した9つのスモン判決の社会的意義について明らかにします。

第1は、薬害スモンについて、被告製薬会社の加害者責任が社会的に定着したことです。

被告田辺製薬がしがみついてきたウイルス説は、東京地裁判決以降の8

つの判決で排除されました。ウイルス説は、学界でも支持を失って破綻しているのですが、８つの判決は、この科学研究の到達点を確認しました。そして「いまや、キノホルム説は不動の地位を確立したと評価し得る」（福岡判決）とされ、被告田辺のウイルス説による巻きかえしが、いかに科学的根拠のないものであるかを白日のもとにさらしたのです。

因果関係の確立とあいまって、製薬企業には高度の注意義務が課せられているのに、これを怠った責任があるとする裁判所の判断もほぼ共通のものとして確立しました。

会社の責任を問う法理は、スモン訴訟だけではなく、今後の薬害訴訟における被害者救済、ひいては薬害の防止に大きく貢献するものとなっています。とくに、福岡判決の責任論（消費者が副作用の主張立証をすれば、それだけでその医薬品の供給は違法であると推定され、推定が覆らないかぎり欠陥医薬品である。そして欠陥医薬品の服用によって消費者の生命・身体に副作用被害を及ぼしたことだけで、その医薬品を製造した者の過失が事実上強く推定されるという法理）は、消費者である国民の権利を確立するうえで、きわめて重要な意義をもっています。

第２は、薬害における国の法的責任も社会的に定着したことです。

国の法的責任を問うことは、スモン訴訟の最大の難関でした。伝統的な行政法理論が壁になっていたのです。訴訟では、国の行政上の怠慢がいかに酷かったか、その怠慢が被害の発生・拡大にいかに結びついたかを、事実をもって徹底的に追及したのです。学者の援助も受けて、理論的研究も積み重ねました。そして、この難関を突破してきたのです。

東京判決が国の法的責任を限定的にしか認めなかったのを除けば、他の８つの判決は、結論的には、国の法的責任を全面的に認めたのです。

元来、行政上の立場からしても、被害者を放置しておくことの許されない国が、法的責任をあいついで問われていくなかで、もはや責任を回避することができなくなっていってしまいました。国は、賠償金を負担し、薬事２法を国会に提出し、全面解決に応じざるを得なくなっていったのです。

国の法的責任を問う９つのスモン判決は、薬害被害者の救済と薬害の防止という国民的課題に対する行政姿勢の転換を迫るものとなってきたということができます。

第3には、恒久対策の実現を含めて早期救済の社会的必要性を浮き彫りにしたことです。

判決が言い渡されるつど、被害者の掲げてきた要求の正当性、緊急性が国民の前に明らかにされました。とくに、福岡判決は、被告らの姿勢をきびしく問いただすものでした。すなわち、「全国で1万人を越すとみられているスモン患者らに対し、被告らは未だ実習（ママ）的救済に立ち上っているとはいえない。殊に、被告田辺にいたっては、スモンの原因につきキノホルム説を真っ向から否定し、いわゆる井上ウイルス説を強固に主張しているのであるが、その道義性には疑問を禁じ得ない。原告患者ら家族を含め、全国多数のスモン患者らが、これまで多年にわたって放置され、又、スモン・ウイルス説等により、数々の仕打ちに涙してきたことを、改めて想起すべきであろう。原告らと家族もすべて、早期救済を口々に激しく、声を限りに迫りつづけている。被告らは、速やかにその叫びに答えるべきである」と。

第4には、「ノーモア・スモン」薬害根絶の要求を国民的課題にしたことです。

東京判決は、「昭和35年薬事法において、製造等の承認にあたっての審査基準、審査手続および審査機関、ならびに承認後における追跡調査制度および承認の撤回等、医薬品の安全性確保のための具体的諸規定が見事なまでに欠落しており」「薬事法の改正が必須とされる」のに、「業界は必ず行政指導に従うから法改正の必要なし」としてきた国の態度を「強弁以外の何物でもない」と批判し、「サリドマイド事件に即応したキーホーバー＝ハリス修正法より15年、英国薬事法の制定より9年、西ドイツ薬事法の成立よりさらに1年、被告国は、時代の要請に応えるための法規改正の努力を示さなかった」として、諸外国の法制に比べてわが国の行政がいかに立ちおくれてきたかを、国民の前に明らかにしたのです。

そして、福岡判決もまた、この「裁判の原点」は、「『もとの身体にかえせ』との叫びにみられる早期完全救済への当然の願い」と「『薬害根絶』との訴えにみられる道義性の高さ」の2点にあるとし、「薬害根絶という訴訟当事者の域をこえた国民的課題にどう答えるかが、今問われている」と判示したのです。

9つのスモン判決は、薬害の根絶という国民共通の希求を国民的な課題に位置づけ、今回、薬事法の改正をさせるうえでも、重要な意義をもつものとなったのです。

第5には、9つの判決が、きびすを接してあいつぎ、しかも内容上の前進をかちとりながら、言い渡されてきたことが、被害者運動と有機的に結びついて、運動の節となり、運動の前進のバネとなってきたということです。換言すれば、スモンのたたかいが、9つの判決を実にうまく位置づけ活用してきたといってもよいでしょう。

スモンのたたかいが、1つひとつの判決を確実に勝利させ、勝利した判決をバネにさらにたたかいを発展させてきたのです。もとより、司法反動の進行している今日、被害者にとってきびしい判決となる危険性もありましたが、しかし、反動的な判決が出たら、ちょうど薬事2法が廃案になった6月14日のように、かえって、厳しい怒りのなかで運動を発展させうる確信が被害者のなかに生れてきていました。それゆえに、全面解決闘争の段階に入ってからは、判決に一喜一憂して依りかかる心情ではなく、大衆的なたたかいを基本にすえ、勝利判決をたたかいの武器にしきってきたのです。

(2)　確認書の意義と到達点

これまで述べてきた9つの判決での勝利を武器に、スモン闘争は、ねばり強い交渉と大衆運動のひろがりのなかで、冒頭に記した確認書などの一連の成果をかちとってきたのですが、それでは、確認書などの意義は何なのか、その到達点は従来の東京地裁職権和解の水準と比べてどのように前進しているのか、明らかにしたいと思います。

確認書の意義は、まず第1に、スモン闘争の到達点を示すとともに、確認書締結後の新しい段階でのたたかいの武器となるものです。

確認書の内容は、9つのスモン勝利判決の重みにずっしりと貫かれており、しかも、病苦をおしてたたかいつづけてきたスモン被害者の共闘の歴史が

対　比　表

傍点は主な改訂内容、(国) は被告国、(会) は被告3社

項　目	東京地裁の「和解」	確認書による到達点
被害の多発		(会)　わが国において悲惨なスモンが多発したことを認める
因果関係	キノホルムがわが国((会)日本) において多発したスモンと因果関係があることを認める	キノホルムとスモンの因果関係を認める
責　任	(国)　スモンによって引きおこされた諸問題を解決すべき責任 (会)　スモンによって引きおこされた諸問題の解決を達成する責任	(国)　スモン問題についての責任 (会)　スモンについての責任
謝　罪	(国)　空前のスモン禍が発生するに至ったことを薬務行政の立場から深く反省し (会)　スモンによって起こされた深刻かつ悲惨な被害に対し、原告患者及びその家族に心から陳謝する	(国)　空前のスモン禍が発生するに至ったこと、その対応について迅速を欠いたことに遺憾の意を表明する (会)　スモンによってひきおこされ、さらに多年にわたる争いにより本和解によみる解決にいたるまで継続し深刻化した筆舌に尽くしがたい悲惨な被害について、スモン患者とその家族に対し、衷心より遺憾の意を表明するとともに深く陳謝する
薬害防止	(国)　国民の健康を維持増進すべき使命を再確認して、今後薬害を防止するため行政上の努力を重ねることを確約する (会)　日本における被告らの拡張宣伝が、大量販売、大量消費の風潮を助長したことを反省し、今後さらに医薬品の安全性の確保のため、その製造販売に万全を期し、副作用の発見及びこれに関する情報の収集に努め、必要かつ充分な資料を厚生当局に提出するとともに、副作用の重篤度に応じて可能なかぎり、医師に対してはもちろん、いわゆる大衆薬については、その使用者（服用者）に対してもこれを伝達して、薬害防止に全力を尽すことを確認する	(国)　安全かつ有効な医薬品を国民に供給するという重大な責務をあらためて深く認識し、今後薬害を防止するために、新医薬品の承認の際の安全確認医薬品の副作用情報の収集、医薬品の宣伝広告の監視、副作用のおそれのある医薬品の許可の取消など、薬害を防止するために必要な手段をさらに徹底して講ずるなど行政上の最善の努力を重ねることを確約する (会)　スモン被害者が強く訴えてきたノーモア・スモンの要求が極めて当然のものであることを理解し、これを機会に、医薬品の製造販売などに直接携わるものとして、医薬品の大量販売・大量消費の風潮が薬害発生の基盤ともなりうることを深く反省し、医薬品の有効性と安全性を確保するため、その製造販売開始時はもとより、開始後においても、副作用の発見および徹底した副作用情報の収集につとめ、それらに対する適切な評価や必要かつ充分な各種試験の実施をし、さらにそれらのデータを厚生省に提出し、医師や使用者にも副作用情報を提供し、効能や用法、用量に関しては、適正な宣伝、情報活動をなすなどし、薬害を発生させないための最高最善の努力を払う決意を、スモン被害者のみならず、国民全体に表明する

賠償一時金（弁護士費用）	症度に応じて基準金額を定め、年齢・超重症・一家の支柱・主婦などの修正要素による加算を行う〔一時金基準（別表）参照〕	同　左 但し既判決原告については別途協議する
恒久補償	（会）　介護費用 超々重症者　月10万円 超重症者　月6万円 （会）　スライド条項	同　左 重症者 （月3万円の要求に対し資料Ⅳの大臣回答） （会）　健康管理手当 全ての生存患者　月3万円 同　左 （健康管理手当、介護費用につき）
遺族弔慰金		（会）　健康管理手当を受けることなく死亡した患者　1人100万円
協議条項	治療方法の科学的研究その他原告らの福祉の向上に必要な措置を講ずることについて今後も裁判所を通じ協議検討を重ねるものとする	治療方法の科学的研究、スモン患者らの福祉の向上に必要な、いわゆる恒久対策の措置を講ずることについて、今後スモンの会全国連絡協議会と協議する
認定手続	鑑定方式	鑑定方式 但し (1)　年内に個別原告の所要の認定手続を終え一時金の支払を完了したい (2)　鑑定なしで判決を受けた原告については個別の問題として処理する (3)　疑わしきは救済するとの原則でなされると信じる (4)　鑑定資料としてカルテ、本人尋問調書は不要 (5)　スモン研究者の作成した診断書は尊重 (6)　月1回程度、認定作業の迅速化について協議する (7)　各地裁に担当者を派遣して国の立場を説明する
投薬証明のない患者の取扱		救済（内容・時期）において差別しない 財源負担問題を早期に解決する努力をする
未提訴患者の取扱		提訴によって迅速に処理する
請求放棄	その余の請求を放棄する	同　左
訴訟費用	被告らの負担	同　左

別表　一時金基準　　（単位・万円）

<table>
<tr><td rowspan="2"></td><td colspan="2" rowspan="2">症度
基準金額
基準金額に対する修正率</td><td>Ⅲ
超々、超、重</td><td>Ⅱ</td><td>Ⅰ</td></tr>
<tr><td>2500</td><td>1700</td><td>1000</td></tr>
<tr><td rowspan="6">修正要素</td><td rowspan="2">年令加算</td><td>30才未満</td><td colspan="3">20%</td></tr>
<tr><td>30才以上
50才未満</td><td colspan="3">10%</td></tr>
<tr><td colspan="2">超重症者加算</td><td>35%</td><td colspan="2"></td></tr>
<tr><td colspan="2">一家の支柱加算</td><td>30%</td><td>20%</td><td>15%</td></tr>
<tr><td colspan="2">主婦加算</td><td colspan="3">10%
（一家の支柱加算者は除外）</td></tr>
</table>

※既判決原告は別途個別処理。

弁護士費用 ｛昭52.7.1までの提訴者　上記一時金の　7.5%
　　　　　　 それ以降の提訴者　　　　　　　　　5.0%

刻みこまれたものとなっており、**対比表**（66、67頁）のように、東京地裁での職権和解の水準をはるかに超えたものとなっているのです。

第2には、この確認書に基づいて全国の各裁判所に係属しているスモン裁判は、いっせいに和解によって解決する道をきりひらいたということです。もとより、個々の被害者の患者認定問題、和解基準へのあてはめの問題はのこされていますが、誰が責任をとり、どのような内容の救済をさせるかという総論的部分は決着をつけたといってよいのです。

このことにより、スモン訴訟は早期救済への道が開かれ、スモン闘争は新しい段階に入ったわけです。

確認書による到達点と東京地裁の和解を対比しながら（**対比表**参照）、重要な前進をかちとった点について簡単に解説しておきます。

因果関係　東京地裁の和解で「わが国において多発したスモン」という表現をとってきたのは、とりわけ、多国籍企業である日本チバガイギーの市場対策によるものでした。つまり、チバ社は、今日でも諸外国でキノホルム剤を販売しているために、キノホルムとスモンの因果関係を一般的に容認すると、諸外国における市場に影響を及ぼすことになるからです。そのため、「わが国において多発したスモン」という表現を用いることによって、日本でスモンが多発したのは、キノホルムだけのせいではなくて、特殊日本的事情（プラス・アルファの原因）によるものであるかのような印象を与えようとしてきたのです。

今回の確認書は、9つの判決の成果に基づき、この限定修飾句を削除させ、全面的にキノホルムとスモンの因果関係を認めさせるに至ったものです。

責任　東京地裁の和解では、「解決すべき責任」「解決を達成する責任」となっていました。これは、スモンを「発生」させたことの責任を、被告らは頑強に争ってきたものです。

いうまでもなく、スモン被害を「発生」させたことに責任の根源があり、被害を発生させたがゆえに問題解決の責任を負うべきものでしょう。これが、加害者としての責任の構造なのです。

確認書は、この発生と解決のすべての責任を含むものとして、「スモンについての責任」「スモン問題についての責任」という表現をとり、「9つの判決を前提として」という前文を受けることによって、加害者責任を明確にしたものです。

謝罪・薬害防止　スモン闘争では、現実に、薬事法の改正をかちとったという点で、すでに、具体的な成果を収めています。条項上の表現をみても、対比表を一読するだけで確認書が著しく前進していることが明らかになるでしょう。

賠償一時金　死亡患者に弔慰金100万円を加算することにしたこと、すでに判決を受けている原告については別途処理することにしたこと、の2点で前進しています。

恒久補償　健康管理手当の獲得が、大きな成果となっています。この健康管理手当は、物価スライド制の終身年金たる性格をもつものであり、生活保護をのぞくその他の各種年金と併給されるものです。

たしかに月額3万円は、1人ひとりの患者にとってみれば、不十分なものですが、現価に換算すると、全患者の平均で、賠償一時金のほぼ25%

に相当するもので、今後、国の拠出によって上のせを図らなければならない課題が残っているとはいいながらも、たたかいの前進を示す特徴的な成果であるといってよいでしょう。

重症者の介護費用も、今後の課題の1つですが、厚生大臣が実現に向けての確約をしており、実現の見通しがあるところまで前進しています。

認定　水俣病の二の舞をくりかえしてはならないという固い決意のもとに、認定（鑑定）問題を重視してたたかってきました。福岡、広島、前橋判決では、鑑定ぬきで勝利をかちとりました。こうしたたたかいが反映して、7月26日議事録確認では、鑑定にいくつかの歯止めをかけることになったものです。

(3)　薬事2法の成立

東京判決の判示をまつまでもなく、わが国の薬事法制は、アメリカ、イギリス、西ドイツの法制に比べて、著しく立ちおくれてきていました。医薬品の安全性を確保する法体系の不備は、行政の怠慢の口実ともされてきたのです。

9月7日に成立した薬事法の主要な改正部分は、

①法の目的条項のなかに「有効性及び安全性を確保する」ことが明記されたこと
②製造承認について
　1薬局方収載医薬品も承認の対象にしたこと
　2審査項目に「副作用」も明記したこと
　3承認拒否基準を定めたこと
③新医薬品について承認6年後に再審査を、また、指定医薬品について再評価をそれぞれ受けるべき規定を設けたこと
④使用期限の記載を義務づけたこと
⑤販売の一時停止（緊急命令）、回収等措置、承認の取消などの規定を設けたこと
⑥製薬企業などの情報提供、医師などの情報収集の規定を設けたこと

⑦治験の取扱いにかんする規定を設けたこと

などです。

薬害を防止するうえではまだまだ不十分なものです。とくに、国（厚生省）がみずからすすんで医薬品の安全性を審査する体制・機構については、まったく手がつけられていませんし、同じことは、取引上の規制、薬価などの問題についてもいうことができます。日本弁護士連合会の公表した「医薬品安全基本法」（案）の考え方に近づけるように、今後も改善させていくたたかいが必要です。

しかし、サリドマイドの悲惨な体験をしながらも、もっぱら通達による行政指導で対処し、法改正に着手しなかった政府を、かなり重要な法改正にふみきらせたスモン闘争の役割は、実に大きなものがあるといっても過言ではありません。

また、医薬品副作用被害救済基金法は、民事責任の明らかでない場合の救済を基金によって行う仕組みを定めたものです。財源は、製薬企業の捻出によるものです。

薬害被害者の迅速な救済のためには、何らかの救済制度が必要です。成立した基金法は、救済制度のあり方からみてきわめて不十分なものであり、法制化がのぞまれている「薬害被害についての無過失責任」制も今回は見送られています。

被害者のごく一部には、基本法は加害者救済法だから廃案にすべきであるという動きを示したものもありました。しかし、ス全協は、スモン被害者を含む過去の薬害も対象にするよう修正すべきであるとして、強力な大衆運動を展開しました。結果的には、基金が、委託を受けて、スモンなどの過去の薬害被害者の救済事業も行うことができるという、付則６条の修正がかちとられたのです。

基金が、政府保証のもとに、借入した金員を加害企業に貸付ける付則の仕組みは、たしかに、加害者救済的色彩を帯びています。しかし、スモンという甚大な被害について、早期に救済せよというたたかいがなかったならば、このように仕組みも生まれてこなかったにちがいありません。そういう意味では、早期救済の世論に押されてつくられた側面が主要なものであり、運動の成果だということができます。

5　情勢をきりひらいてきた運動の教訓

(1)　きびしい情勢のなかで

スモン闘争をめぐる情勢は、決して生やさしいものではありませんでした。

政治情勢が全般的に反動化し、公害問題をとりあげてみても、政府自民党と財界からの熾烈な巻きかえしが行われ、とくに、公害健康被害補償法の指定地域解除の策動がきわめて執拗に行われるなど、被害者切り捨ての政策がすすめられつつある状況です。司法の反動化もすすんでいます。こうして、スモンをめぐる四囲の情勢は、端的にいって、大変にきびしいものでした。

しかも、たたかいの相手は、世界有数の多国籍企業であり、わが国の独占企業であり、国であるのです。

他方、たたかいの主人公は、病苦と経済的負担にうちのめされてきたスモン被害者とその家族でした。大衆闘争の経験がないどころか、ビラまき、カンパ活動すらもスモンになってからはじめて体験したという勤労市民でした。

そのうえ、患者組織が大きく２つに分裂していて、さらには、東京地裁の和解によって１つの会であっても亀裂を入れられているという状況だったのです。

そんなきびしい情勢と条件のなかで、どうして、今日のような局面がきりひらかれてきたのでしょうか。

(2)　前進をかちとってきた力

現在、大衆的な総括が行われていますが、ここでは、弁護士の立場からみた感想を述べておきたいと思います。

第１は、被害者が「当面の要求」を堅持し、この要求に基づいて団結を強めてきたことです。被害者組織が分裂していても、あるいは、東京地裁方式の和解を選択するかどうかの意見のちがいはあっても、ス全協の掲げた「当面の要求」は、被害者の共通の要求となりうるものでありました。

そして、この要求を基礎に、会内の団結を図るとともに、和解派原告団との共同要求の努力をし、6月2日の統一要求書提出まで発展させていったのです。

第2は、この要求の正当性・緊急性を大量に宣伝することを前面にすえながら、裁判闘争（判決）と国会闘争とを有機的に結合させた、集中決戦のたたかいを組み、この大衆行動に支えられながら、直接交渉がねばり強く展開されてきたことです。

この集中決戦のなかでは、さまざまなエピソードがありました。厚生省前から飛ばされた、薬害根絶の短ざくをつけた色とりどりの風船の1つが、隅田川を越えて、東京・葛飾区内の小学校のグランドに落ち、それを拾った小学生が、教師からスモンの話をきき、スモン患者を励ます手紙をみんなで綴って送ってきました。幼い子供たちのたどたどしい筆跡のこれらの手紙が、スモン患者たちをどんなに勇気づけ、元気づけたことでしょうか（9月15日付「赤旗」紹介）。このようなエピソードがたくさん生まれてくるほど、運動はひろがっていったのです。

第3には、共闘の輪が着実にひろがっていったことです。全国実行委員会の結成とこれを軸とする大衆闘争の展開に、共闘のひろがりをみることができます。世論形成のうえでも大きな役割をしました。

6月14日通常国会の異常な幕切れのなかで薬事2法も廃案となりましたが、「まかり通った“疑惑隠し”」「弱い者は泣かす、薬事法案流産」（毎日新聞6月15日付）などと批判したのです。そして、9月の臨時国会では、党利党略的な解散を企てた自民党政府も、薬事2法だけは成立させざるを得ない状況に追いこまれていったのです。

第4には、展望と政策をもって、先手先手のたたかいをすすめてきたことです。「スモン特別法（案）」をス全協が発表したのは1978年6月であり、政府が薬事2法案を検討している段階のことでした。そして、薬事2法の政府提案についても、要求に基づくス全協の現実的な考え方を示して、修正要求をしてきたことは前にふれたとおりです。

政策を対置した先手先手のたたかいがなかったならば、国会に向けての運動も説得力のある大きな力にはならなかったにちがいありません。

最後に、集中決戦のたたかいのなかで、スモン被害者が生きることに自信をもち、たたかうことに確信をもち、それがまたたたかいを発展させる原動力になっていったということです。支援の労働者の献身的な活動、各地弁護団の日夜わかたぬ努力も、たたかいを支える大きな力になってきました。１人ひとりみんながたたかいの主人公になり切ったたたかいでもあったといってよいでしょう。

6　今後の課題

スモン闘争は、確認書などの締結を経て、裁判上の大きなヤマに到達し、新しい段階に入りました。

しかし、被告らによる巻きかえしの策動は、依然としてつづけられており、いささかの油断もできない状況です。各地の裁判では、個別原告の認定手続とこの結論にもとづく和解手続を年内にも完了させる活動が、何よりも強くのぞまれております。確認書に基づく誠実な履行を求める法廷内外のたたかいを強化することによって、少しでも引きのばしを図ろうとする被告らの意図を封じていかなければなりません。

同時に、投薬証明のない患者の救済について、救済上の差別をしない旨の厚生大臣の確約がかちとられていますが、その賠償責任を誰が負うのか、未決着となっています。福岡判決などは、投薬証明のない患者に対する賠償金を国に支払うよう命じていますが、各判決が指摘するように、第１次賠償義務者は、製薬会社であるべきです。ところが、カルテの保存期間経過などによって投薬証明書がたまたま入手できない患者に対する賠償義務を製薬会社が免れてしまうことは、許されません。製薬会社と国とがすみやかに協議をして、内部的負担をきめるべきです。そのことを推進させるたたかいも必要なのです。

また、現在提訴している患者は約５千名に達しているとはいうものの、厚生省掌握の１万名余の半分にしかすぎません。潜在患者も含めて、すべてのスモン被害者に救済の手をさしのべられ、生活・医療などが保障され安心して毎日が送れるようにする課題がきわめて重要なこととしてのこされています。１人たりとも泣寝入りさせるようなことがあってはなりません。

さらには、厚生大臣がすでに確約している重症者の介護費用の支給を実現させなければならないし、国の拠出によって健康管理手当を上乗せさせること、治療方法の研究・開発を進めること、住宅改造、職業訓練施設、リハビリテーション施設の拡充など人間らしく生きるための諸措置をとらせることなど、国の行う恒久対策を実現していくことも、今後の緊急な課題となっています。

こうして、スモン闘争は、新しい段階での課題に対応した、これまで以上のねばり強いたたかいが求められている状況です。和解手続を推進する裁判闘争や、国の行政的措置を求める国会でのたたかいとの結合が、これまで以上に重要になってきています。

すでに10月15日、医薬品副作用被害救済基金が発足しました。この基金の行う事業活動を監視し、被害の救済に役立つよう働きかけていく必要があります。薬事法が改正されたとはいえ、欧米諸国に比べて10年の遅れがあります。医療の民主化、健康保険制度（薬価基準など）の改善などとあわせて、薬害を根絶するために努力を重ねていかなければなりません。

大きなヤマに到達したスモンのたたかいは、いま、これらの諸課題を着実に、しかし必ずやりきるという決意のもとに、これまでの運動の成果と教訓を基礎に、新しい峰に向かっての前進をしはじめています。

第5節

響け、ノーモア・スモン
――人間の尊厳をかけた史上空前の薬害スモン

高橋利明・塚原英治編『ドキュメント現代訴訟』
（日本評論社、1996年）82頁以下

1　ふみにじられた人間の尊厳

昭和46年5月、スモン患者の提訴がマスコミを大きく賑わした。当時、イタイイタイ病訴訟に取り組んでいた松波淳一弁護士と私は、報道の大きな活字とは裏腹に、この訴訟のなりゆきに危惧をいだき、この訴訟の見通しについて語りあった。松波弁護士が地元の患者から相談を受けている様子からして、患者団体がその総意で提訴したものではないと推測される事情が、2人の危惧を一層つのらせたのである。

案の定、翌47年、全国スモンの会は、分裂した。患者たちは、この分裂に先立ち、それぞれが弁護士を探し求めていた。昭和47年4月6日、私は、鈴木堯博弁護士と群馬県に居住する女性患者を訪ねた。彼女は自立歩行のできない重症患者であり、幼児をかかえていた。夜中、子どもが「水がほしい」と訴えると、彼女は、ビールのジョッキに水を入れ、その把手を口にくわえながら壁をつたい歩きして子どもにのませているという。何度転んだことか、と彼女は泣きくずれる。夫は、かさむ医療費のために、寝食を忘れて働かざるを得ない。私は、薬害のひきおこした人間の尊厳の破壊を目のあたりにして、この人権回復のためにたたかう決意を固めずにはいられなかった。

分裂した患者団体は、各地で地元提訴の方針をとり、各地地裁に提訴していった。私たちは、スモン東京弁護団（のちに東京地裁第3グループといわれる）を結成した。しかし、委任する予定の患者団体が、別途弁護団をつくり（のちに東京地裁第2グループ）、私たちは、「依頼集団のない弁護団」

のまま、研究と討論を重ねる日がつづく羽目となってしまった。提訴が最も早い東京地裁に、最も大量の原告が係属している現実からすれば、被害者の要求を実現するうえで、東京地裁の動向がやがて決定的に重要になる時期が必ずくるという思いは、各地提訴を進める患者団体のなかにも強かった。こうして、広島、徳島両スモンの会が、第3グループを支え、やがては、新しい大同団結（ス全協）の核になっていくのである。

2　未曾有の薬害スモン

昭和39年、第61回内科学会シンポジウム「非特異性脳脊髄炎症」で、スモンは独立の疾患として確認され、Subacute-Myelo-Optico-Neuropathy（亜急性脊髄視神経症）の頭文字をとって「SMON」と命名された。

この疾患は、昭和30年頃から散発的に発生し、昭和35年以降、釧路、岡山、徳島、米沢、埼玉県戸田など各地で集団的に発生。昭和40年からは、各地で激増していった。

昭和45年8月、椿忠雄教授（新潟大）がキノホルム説を提唱し、同年9月8日、厚生省がキノホルムおよびこれを含有する医薬品の販売を中止する行政措置をとったことにより、スモンの発生は終息した。患者数は、厚生省の特定疾患スモン調査研究班の調査によって掌握されているだけでも1万1,000名に及んでいた。

スモンは、おおむね、神経症状に先立って、腹痛・下痢などの腹部症状からはじまり、そして急性もしくは亜急性に神経症状が出現する。両下肢末端からしびれはじめ、しだいに上向し、「ジンジンする」などの異常知覚を伴い、歩行はもとより起立不能となる。両側性視力障害（失明）に至る例も少なくない。

スモンは、その発生の規模においても、またその被害の悲惨さにおいても、かつて人類が経験したことのない恐るべき薬害であるといってよい。

キノホルムは、わが国では、昭和14年、国が軍事目的のために国産化したものである。アメーバ赤痢に有効であるとして、侵略戦争の必需品となった医薬品であるが、それが、戦後は高度経済成長政策のもとで「整腸剤」と銘うって、安全性を何らチェックされないまま、大量に商品として市場に出まわることになった。

昭和45年、医薬品産業は、「1兆円産業」にまでのしあがる。被告会社は、チバ・ガイギー社（スイス）が昭和45年世界第2位、武田薬品が同13位（わが国第1位）、田辺製薬が昭和50年世界第33位（わが国第2位）という世界有数の地位を占めていた。

こうして、薬害スモンには、侵略戦争の爪跡と、国民の生命を犠牲にしてかえりみない「高度経済成長政策」の爪跡が、二重に色濃く刻まれていたのである。

3　弁護団の献身的な調査、研究

被告会社の過失責任をどう立証するか、被告国の責任をどう問うかが、裁判の焦点であったが、被告会社は破綻したウイルス説になおもしがみついて必死の抵抗をした。また、スモンの研究歴のない多数の外国人研究者を証人に申請し、裁判のひきのばしをはかろうともした。

ウイルス説の島田宣浩教授（岡山大）を弾劾するために東京・北陸の両弁護団は、現地に入って同教授の論文の基礎となっている個々の症例を検討し、同教授のウイルス説の誤謬を完膚なきまでに明らかにした。被告会社は、日本でのキノホルム説を否定するための「ハワイ会議」を企画したが、これも失敗に終った。

松波淳一弁護士は、類似した構造の医薬品が類似した有害作用をもたらすという、予見可能性の新しい理論をつくり出した。

また、キノホルムの危険性についての文献調査も徹底して行った。薬学関係の図書館で、弁護団が足をふみ入れなかった図書館はないであろう。菅野昭夫弁護士ら北陸弁護団の努力は、ついに、昭和10年代、グラヴィッツ、バロスらがキノホルムによってスモン様の症状が発生することを報告している文献をつきとめたのである。

被告3社と国は、裁判では、もはやその責任を逃れられないところまで、追いつめられた。

4　和解か判決か

昭和51年、東京地裁（可部恒雄裁判長）は、「通常の裁判所がこれだけのスケールの事件を担当した前例は、世界にもないものと思われる」「前例のない訴訟は、前例のない方法によって解決さるべきである」として職権で和解の勧告をした。和解を選択するか、判決をとるか、患者原告も弁護団も苦悩した。判決の見通しと解決への展望が、分水嶺となった。ス全協傘下の会のほとんどが判決の道を進むことにした。

昭和53年3月、金沢地裁で、薬害裁判史上最初の判決が言い渡された。しかし、判決は国家賠償法上の責任を認めつつも、因果関係論があいまいで、かつ賠償額は東京地裁和解案を大幅に下廻った。雪の降る北陸の地での「雪より冷たい」判決であった。判決を選択した患者・弁護団にとっては、冷酷きわまる司法の回答だった。

運動で負けていたのではないかというきびしい総括のもとに、この時期からスモンの本格的な運動がはじまった。患者たちは、人前で話したことのない被害の真実を涙ながらに訴えはじめた。ノーモア・スモンの運動は、東京・大阪を中心にまたたくまにひろがっていった。

こうして、昭和53年8月の東京地裁、同年11月の福岡地裁の各判決へとつながっていく。福岡地裁判決は、患者たちの期待に沿う内容の、格調高い全面勝利判決であった。これらの判決をテコに、同年12月から全国実行委員会を組織し、全面解決闘争へと突き進んでいく。

5　霞が関を揺るがした132日間

判決をテコに運動を前進させ、運動の前進のなかで次の勝利判決をとるという、スモン型の判決連弾によるたたかいが、死力を尽くして進められた。昭和54年、広島、札幌、京都、静岡、大阪、前橋と勝利判決を連弾でかちとり、5月7日から9月15日までの132日間、厚生省前座り込みを含む、11回にわたる波状的大衆行動を展開した。

政府は解決に向けて動きだし、6月、健康管理手当の支給決定、7月、年内解決をめざす議事録確認、8月、重症者への介護費用の支給決定、9月、薬事2法が国会で成立、そして9月15日未明、全面解決を内容とする「確認書」の調印に至った。暁の調印にさいし、橋本龍太郎厚相（当時）が、製薬会社の代表とともに、スモン患者らに深々と頭を下げた。

確認書は、因果関係と責任を明確にし、一時金とならんで恒久補償の仕組を確立し、被告らの謝罪と薬害防止努力を表明させたものであり、この確認書に基づいて各地の訴訟は、和解によって終結したのである。

沼田稲次郎教授（東京都立大学）は、スモン闘争を次のように評価している。

「私がこの確認書に感動を覚えるのは、その内容自体ではない。内容は当然のことを確認したにすぎない。感動的なのは、スモンの道義的責任を体制的に確認させるところまでたたかいぬいたス全協の団結、弁護団の奮闘であり、大きく支えたさまざまな人民集団の規範的自覚、そして地裁の裁判官の社会正義への感覚とヒューマニズムの健在である。これらの諸要因が連動し重畳し相互浸透して、スモン闘争を推進し、人間の尊厳という根源的な原理を日本の国民社会に打刻していったのである。そして底辺に噴出していたデモニッシュな力が、スモン患者の眼を覆わざるを得ないほどの深刻な苦悩と怒りであったことを見のがしてはならないのである」。

この人権闘争に参加した全国各地26弁護団、常任352名の弁護士たち1人ひとりの顔を思い出しながら、これらの弁護士集団の人権闘争を歴史に銘記したいと考えずにはいられない。

第2章

水俣病のたたかい

第1節

第2章解説
——豊田誠弁護士と水俣病

水俣病は未曾有の産業公害である。チッソは有機水銀をふくむ廃液を多年にわたって垂れ流しつづけた。不知火海一円の魚介類が汚染された。魚介類を毎日の主食としていた膨大な数の住民たちに深刻な人体被害がうまれた。この人体被害が水俣病と呼ばれる。原因物質である有機水銀化合物は、日本の復興期に不可欠とされたアセトアルデヒドの製造過程で生成された。戦後日本が国家をあげて経済の高度成長に走った時期に、住民の生命と健康がないがしろにされて発生した「公害の原点」である。

水俣保健所が最初に症例を把握した公式確認は1956年5月のこと。わずか3年後の1959年には熊本大学研究班によって原因物質が有機水銀であることが解明された。それにもかかわらず、政府が公害認定をしたのは、それから9年後の1968年9月であった。同年5月にすでにチッソはアセトアルデヒド生産を停止していた。それまで国は被害と責任の隠ぺいを図るチッソを終始かばいつづけたのである。1973年水俣病第一次訴訟判決でようやくチッソの法的責任が確定した。

一方、行政による水俣病認定制度は、1971年事務次官通知により被害者が幅ひろく救済されるかにみえた。ところが、国は1977年に認定基準を改悪し、患者切り捨て政策を強行していく。現に水俣病の被害に苦しみながら、「ニセ患者」のレッテルを貼られ、被害者は二重の苦悩を背負わされることとなった。1979年水俣病第二次訴訟判決で被害者らが勝訴し、判決は国の認定基準を厳しく批判した。しかし、国は、「司法判断と行政判断は別」と強弁して患者切り捨て政策を強行しつづけた。

1980年5月、水俣病第三次訴訟が熊本地裁に提起された。チッソのほか、国および熊本県をも被告とし、行政の国家賠償法上の責任を真正面から問うた訴訟であった。

1984年5月、東京地裁に訴訟が提起された。その年、熊本、新潟、東京の被害者原告団と弁護団が水俣病全国連絡会を結成。その後、京都地裁、福岡地裁でも水俣病訴訟が提起された。豊田弁護士は、水俣病全国連の事務局長として、全国のたたかいを牽引した。東京から水俣現地調査団を編成して水俣の現地調査を実施し、スモンの支援者たちを水俣病の支援者に変えつつ支援者の層をひろげ厚くしていった。九州の一地方の問題とされていた水俣病のたたかいは、東京でもたたかいの拠点をもつことになり、さらに全国的なたたかいへと発展していった。100万人署名運動は国会宛と国連本部宛の両方について取り組まれ、実際に90万余の署名が集められ大成功を収めた。さらに、国連に対して人権救済申立てを行い、ニューヨークの国連本部を訪れて国際世論に訴えた。「終わった」と思われていた水俣病が未解決であり、大勢の被害者が埋もれていることが社会的に明らかになっていく。

1995年に解決が実現した。同年12月、水俣病全国連は、村山富市首相の謝罪会見とともに、政府解決策を引き出した。首相の謝罪談話を発表させたのは、公害問題では初めての画期的な出来事であった。従来の行政認定が3,000名に満たなかったのに対し、約1万2,000名の被害者が救済対象になった。約2,000名の被害者をかかえる水俣病全国連の奮闘が、政府の大量被害者切り捨て政策を転換させ、原告団の枠をこえて広範な被害者救済を実現したのである。

それでもなお、すべての被害者の救済ではなかった。行政が不知火海沿岸住民の本格的な健康調査を怠ってきたために被害の全貌が明らかにされないままだからである。今もなお多数の被害者が行政から切り捨てられて司法に救済を求めている。ノーモア・ミナマタ第一次国賠訴訟を経て、2013年6月にはじまったノーモア・ミナマタ第二次国賠訴訟が熊本、大阪、東京、新潟の各地裁でたたかわれている。

（白井　剣）

第2節

水俣病とチッソ子会社の責任

法と民主主義192号（1984年）38頁以下
※豊田誠弁護士および尾崎俊之弁護士による共著

1　公害裁判ではじめての主張
――「法人格否認の法理」

水俣病東京訴訟は、被告として、国や熊本県の責任を問うだけではなく、加害企業であるチッソ株式会社と並んで、チッソの子会社であるチッソ石油化学、チッソポリプロ繊維、およびチッソエンジニアリングの責任をも問うものである。法人格否認の法理によって、チッソの子会社の責任を追及するものとして、公害裁判では、はじめての新しい課題をになっている[1)]。

親会社、子会社、関連会社の各概念は、「財務諸表等の用語、様式及び作成方法に関する規則」（昭38・11・27大蔵省令）8条3、4項によれば、つぎのように定義されている。

すなわち、

「この規則において『親会社』とは、他の会社の議決権の過半数を実質的に所有している会社をいい、『子会社』とは、当該他の会社をいう。親会社及び子会社又は子会社が他の会社の議決権の過半数を実質的に所有している場合における当該他の会社も、また、その親会社の子会社とみなす」（8条3項）。

1）豊田誠「水俣病闘争の新しい段階――水俣病東京訴訟の意義」法と民主主義191号（1984年）。

「この規則において『関連会社』とは、会社（当該会社が子会社を有する場合には、当該子会社を含む）が、他の会社の議決権の100分の20以上、100分の50以下を実質的に所有し、かつ当該会社が人事、資金、技術、取引等の関係を通じて当該他の会社の財務及び営業の方針に対して重要な影響を与えることができる場合における当該他の会社をいう」(8条4項)。

親会社であるチッソの損害賠償責任を、子会社の法人格を否認することによって、子会社にも親会社と同様の損害賠償責任を負わせるべきであるとするのが、主張の骨子であり、新たに提起された問題の核心である。

2　子会社の責任を問う意義

(1)　言うまでもなく、現代における企業活動は、主体の形態でみてみると、実に多様である。

巨大な資本が、多くの事業部門をもち相対的に独立して事業活動を営みながらも、１つの法人である場合もあれば、また、巨大な資本が、子会社、関連会社に資本を分割して、複数の法人による事業活動を営んでいる場合もある。

そして、企業が、従前の事業部門に加えて新規の事業を営みはじめる場合にあっても、必ずしも子会社を設立して新規の事業分野に進出していくとは限らない。１つの法人の一部門として活動しはじめていく場合もあるからである。

また、当初は、１つの法人の一部門として出発した部門が子会社として設立されることもあれば、逆に、子会社で新規事業に進出したあと親会社がその子会社を吸収合併して一部門にしてしまうこともある。

このように、現代における企業活動の主体の形態は、実に多様であるが、経済的実質において共通していることは、会社の部門という形態をとる場合であれ、子会社または関連会社という形態をとる場合であれ、親会社を頂点とする企業活動の総体にあっては、何らの差異もないということである。

そして、チッソについてみれば、石油化学の分野に進出するにあたって、チッソ石油化学という子会社を設立せず、チッソの石油化学部門として進出して事業活動を行うこともできたはずである。同様に、ポリプロピレン繊維の製造にあたっても、あるいは、化学工業設備の計画設計事業にあたっても、チッソポリプロ繊維、あるいは、チッソエンジニアリングという子会社方式をとる必要性は、まったくなかったのである。

親会社チッソを頂点とする企業活動の総体にあっては、子会社を通じて事業活動を行おうと、チッソの一部門として事業活動を行おうと、経済活動の実質にあっては何らの差異もないといってよい。

(2)　子会社を設立してその法人を通じて事業活動を行うか、あるいは、親会社の一部門として事業活動を行うかは、親会社の企業活動の自由の領域であろう。子会社によって新規の事業分野に進出すれば、経営に失敗した場合の危険を分散することができ、親会社にとっては、深傷を負わずにすむメリットを享受できる。しかし、危険の分散を図るということは、同時に利潤と資本の蓄積の分散を図るということでもある。

チッソが、子会社方式によって事業活動を行ってきた結果として、どのような事態が生まれてきているであろうか。

チッソの経営は、昭和58年3月31日（第59期決算）の段階で、未処理損失金が735億9,300万円に達しており、危機に瀕している。こうした経営の苦境のなかで、昭和53年6月13日の水俣病対策関係閣僚会議では、チッソに対する金融支援措置（県債の発行）がきめられ、熊本県は、県債の発行によって調達した資金をチッソに貸し付け、その額は昭和58年6月までに236億4,400万円にのぼるに至っている。

チッソは、県債による借入金を水俣病被害者の救済にあてているだけで、経営再建のための格別の施策をとっておらず、再建努力を放棄さえしているといわれている[2)]。

汚染した海の復元はもとより放置し、水俣病被害者の救済すらも県債に委ねたままで、「いまでは、かつて“君臨した城下町”から半ば抜け出しかかっているようである。そこには、いわば『後は野になれ山になれ』の無責任態勢しかみられない[3]」のである。

しかも、他方では、チッソは、チッソの子会社の事業活動によって、子会社には、利潤と資本の蓄積とを図ってきているのである。

このような不正義が、許されてよいものであろうか。水俣病被害者の万余にのぼる住民がいまなお救済されておらず、汚染した環境の復元問題もこれから先のことである。これらの諸問題の解決にあたって、チッソは、総資本ぐるみで責任を果たすというのが、法の正義に合致するものであろう。法人格否認の法理により、チッソおよびその子会社が、水俣病の責任を問われる所以は、ここにある。

3　法人格否認の法理
——二人格共同責任論

(1)　法人格否認の法理（二人格共同責任論ともいわれる）は、古くから、学説でも論じられてきている。

かつて、大隅健一郎教授は、つぎのように問題を提起した。すなわち、

「法人の本質についていかなる見解をとるにしても、その法人格が法によって与えられたものであることはいうまでもない。法人なる制度は、人間以外のものを人間と同じく権利能力者たらしめ、これによりそのものを中心として生起する法律関係を明確かつ単純化するための法技術である。法人格づけられる実体は、人の団体又は一定の目的に捧げられた財産の集合として社会的実在であるが、法人格そのものは一つの法技術であり、思想的仮設物であって、その意味で法の擬制ともいえる。そして、法が特定の社団又は財団に法人格をみとめ、これを法人とするのは、

2）宇沢弘文「県債とチッソの経営姿勢」日本環境会議『水俣・現状と展望——第４回日本環境会議報告集』（東研出版、1984年）。
3）小林直樹「公害の原点にかえれ」日本環境会議・前掲書注２）。

それが社会的に価値ある有用な機能をいとなみ、かくすることが公共の便宜と利益とに合致するからにほかならない[4]」。

「解散命令の制度は、法人の法人格を全面的に剥奪し、その法人としての存在を一般的に否認するものであるが、しかし、必ずしもこのような措置がとられない場合においても、法人がその法人格を与えられた目的の範囲をこえて不法に法人格を利用しているとみとめられるときは、特定の法律関係につきその法人格を否認し、法人格あるところに法人格なきと同様の取扱をなすことがみとめられなければならない[5]」。

こうした基本的見解に至って、アメリカにおける判例学説を検討したあと、会社を利用して法律の禁止を潜脱する場合、会社を利用して競業避止の義務を回避しようとする場合、債務者が債権者を害することを知って法人を設立した場合につき、法人格否認の法理の役割を解明し、大隅教授は、つぎのように結んでいる。

「法人の制度が濫用されるその他の場合においても、同様にこの法理は問題の解決につき重要なよりどころを与えるであろう。（それは）法が特定の社団又は財団に法人格を与え、これを法人とするのは、それが社会的に有用な機能を担当し、そうすることが公共の利便に適するからにほかならない。従って、法人格がこの法の目的を逸脱して不当に利用される場合には、その法人の存在を全面的に否認しないまでも、特定の事業に関する限りその法人のヴェールを剥奪し、法人格あるところに法人格なきと同様、その実体に即した法律的取扱をなすことが、法の当然の要請であるといわなければならない。それは権利濫用の禁止と同様の

4）大隅健一郎「法人格否認の法理」大隅健一郎『会社法の諸問題——商法研究Ⅰ』（有信堂、1962年）1頁。
5）同前。

趣旨に出ずるのであって、格別の論議を要しないところである[6]」。

(2)　法人格否認の法理を適用した下級審裁判例は、少なくない。

そして、最高裁昭和44・2・27第一小法廷判決（民集23巻2号511頁）もまた、この法理を肯定しているのである。すなわち、

「およそ、法人格の付与は、社会的に存在する団体についてその価値を評価してなされる立法政策によるものであって、これを権利主体として表現せしめるに値すると認めるときに、法的技術に基づいて行なわれるものなのである。従って、法人格が全くの形骸にすぎない場合、またはそれが法律の適用を回避するために濫用されるが如き場合においては、法人格を認めることは、法人格なるものの本来の目的に照らして許すべからざるものというべきであり、法人格を否認すべきことが要請される場合を生じるのである」。

この最高裁判例は、「わが国における法人格否認の法理発展の基礎をきずくものとして、その意義が高く評価されているのは当然であり、今後この種の判例の積み重ねによってこの法理の適用範囲があきらかにされることがのぞまれる[7]」と位置づけられている。

こうした学説・判例の基本的考え方に立脚し、以下に述べるような具体的な事案のもとでは、チッソ子会社の法人格は、水俣病被害者に対する損害賠償義務との関係ではそのかぎりで否認されるべきものと考えられる。

6）同前。
7）正亀慶介・解説（ジュリスト臨時増刊456号『昭和44年度重要判例解説』79頁）。

4　チッソと子会社の関係

(1)　チッソの意思による子会社の設立とその支配

チッソは、自らの事業活動を伸張させるために、現在、子会社として

チッソ石油化学

チッソポリプロ繊維

チッソエンジニアリング（いずれも被告）

のほか、

九州化学工業（株式保有率70％）

チッソ開発（同90.6％）

チッソプラスチックス（同100％）

日本エステル化学工業（同75％）

など20社、また関連会社として

チッソ旭肥料（50％）

など6社をもっている。

被告とされた3社の設立時期、資本の額（発行済株式数）、チッソの株式保有率、事業目的は**表1**のとおりであるが、これらの3社が被告として選択されたのは、設立の経緯、チッソの株式保有率、事業規模などを総合して検討した結果であり、他の子会社の責任を免罪するものでないことはいうまでもない。

表のように、チッソは子会社の株式を100％ないしはそれに近い割合で保有し、子会社3社を完全に支配している。

また、チッソと子会社とは、子会社設立以来現在に至るまで、チッソの主要な役員が子会社の役員をも兼務していて、その人的結合はきわめて緊密である。

昭和59年3月31日現在のチッソの役員が、子会社の役員をどのように兼務しているかは、**図1**（92頁）のとおりである。

経営の首脳ばかりではなく、チッソ子会社の従業員は、チッソから派遣され、新規採用は、チッソ本社で一括して採用しているものであって、ここでは法人格の独自性は事実上失われているのである。

表1　子会社3社の創立時期、資本額、株式保有率、事業目的

子会社名	時　　期	資本の額（株式数）	保有率	事業目的
チッソ石油化学（株）	昭37・6・15（設立）〜 現　在	20億円（20万株）	100%	各種石油化学製品の製造並びに売買
チッソポリプロ繊維（株）	昭38・5・18（設立）	3億9200万円（3万9200株）	当初　85%	ポリプロピレン繊維の製造加工並びに売買
	昭44・3・19	4億2200万円（4万2200株）		
	昭44・3・29 〜 現　在	8億4400万円（8万4400株）	昭52・10以降 100%	
チッソエンジニアリング（株）	昭40・2・8（設立）	750万円（750株）	100%	化学工業設備の計画及び設計 化学機械装置の設計、製作、修理及び販売 化学工業設備の施工およびその監督、試運転、運転指導並びに保全 化学プラント、各種機器、装置の輸出及び化学工業に関する技術輸出 土木、建築、機械、電気、計装、管の工事に関する設計、施工及びその請負
	昭41・2・10	3000万円（3000株）		
	昭43・11・15	1億2000万円（1万2000株）		
	昭52・2・1 〜 現　在	2億4000万円（2万4000株）		

ちなみに、チッソには、チッソ労働組合と、合化労連新日本窒素労働組合の2つの労働組合があるが、前者のチッソ労働組合は、チッソの従業員だけでなく、チッソ子会社の従業員をも組織した単一組合であって、労働組合のこの組織形態は、チッソ子会社の法人格が少くとも、社内的には消去されていることの反映とみられる。

(2)　事業活動における一体性

チッソは、チッソ子会社らの製造した製品を一手に買い取り、これを販売する会社となってきている。

チッソとその子会社との取引関係は**図2**（93頁）のとおりである。

チッソエンジニアリングは、チッソおよびチッソ石油化学など子会社関

図1　チッソと子会社3社との人的結合　昭和59.3.31段階

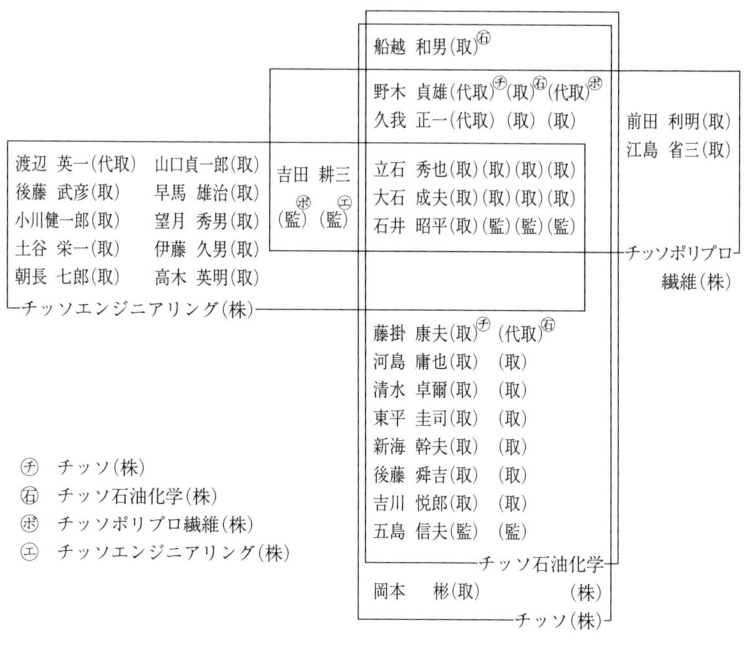

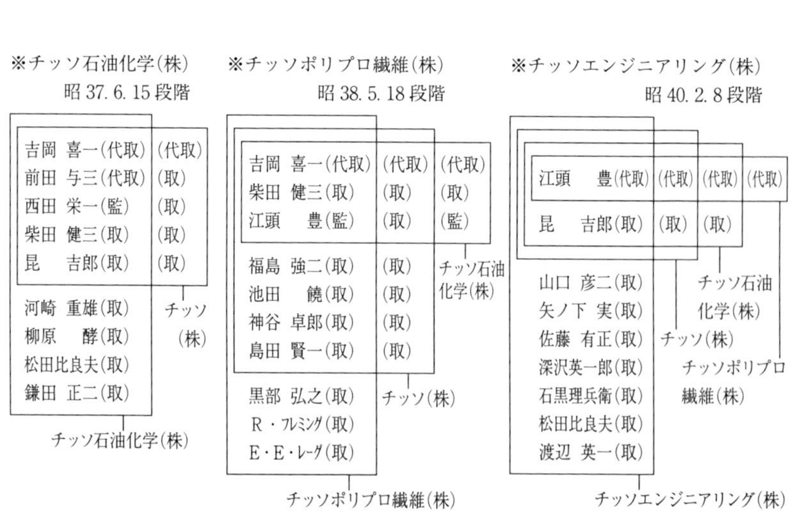

図2　チッソと子会社との取引関係

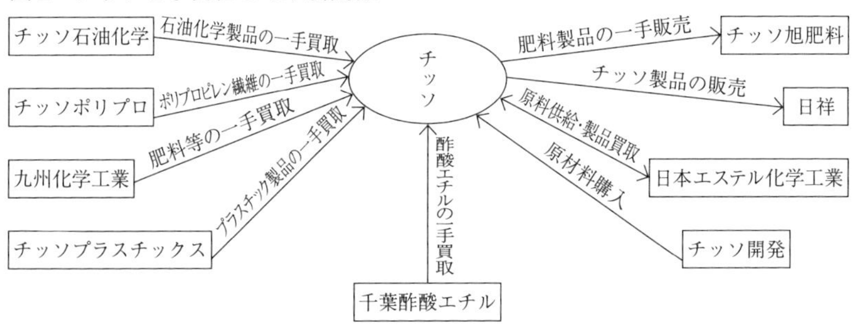

係の化学工業設備、化学機械などの設計・製作などの事業を営んでいるものである。

ところで、「子会社設立以来、売り上げ高は製品と商品の2つから構成せられ、チッソの製品については、製品売り上げ、子会社製品は商品として仕入れの形態をとるため商品売り上げとされている」「ところが、その後、子会社（投資）の増大に応じて商品売り上げは急速な上昇をみせ、67年（昭和42年）3月期には製品売り上げ97億円に対し、商品売り上げは85億円にまで接近し、同年9月期にはついに逆転して、製品売り上げ74億円に対し商品売り上げは83億円となった。この期は売り上げ高全体が減少した期間であるが、これを境にして商品売り上げの優位は圧倒的となり、70年（昭和45年）3月期には、ついに製品売り上げ73億円に付し、商品売り上げは約2倍にあたる142億円と決定的な格差をもたらすまでになった。このことは、何を物語るかといえば、59年（昭和34年）9月期以来約10年間で商品売り上げ――いわゆる子会社投資の増大による子会社製品の売り上げ――は約24倍の上昇を示したのにたいし、水俣工場の地位をしめす製品売り上げはほとんど停滞状態をしめしているということであり、しかも両者の関係は完全に逆転して、いまや主役の座は商品売り上げにとってかわられた[8)]」ということである。

8）成田修身「チッソ株式会社の実態分析」月刊合化1971年5、6月合併号328頁。

こうして、チッソは、チッソ子会社と一体となって、その事業活動を営んでいるのであって、子会社の実質は、チッソの一部門となんらかわりがない。

(3) 資本蓄積の不法な意図

チッソは、チッソ子会社に対する投資をすることによって、子会社を介して資本蓄積を図ってきている。

さきに述べた売上高の構成の変化は、子会社への設備投資を重点的に行う反面、チッソ水俣工場への積極的な設備投資を行ってこなかったことの反映でもある。事実、チッソは、その水俣工場への設備投資をほとんど行わず、施設は老朽化の一途をたどっている。

ちなみに、昭和30年9月期から昭和45年3月期までの15年間に、チッソが子会社に投資した総額は、239億5,000万円の巨額に達すると指摘されている[9]。

さらに、「子会社に直接・間接的にかかわりをもつものをあつめれば、およそ400億円には達するものと思われる。もしそうだとすると、資金需要全体のうち60%に近い資金が、直接子会社のために、何らかの形で使われたことを意味する[10]」ともいわれるのである。

水俣工場の地位を低下させることによって、その歴史的な役割を意図的に終熄させようとするのは、まさに、チッソの計画的な経営政策にもとづくものである。同時に、水俣工場の終焉によって、チッソは歴史上類例のない環境破壊と人体被害を、水俣の地にのこしたまま、その責任をとることもなく、チッソ子会社に化身して生きながらえていこうとするものである。

チッソ資本のこのような不法な意図を、法が許容してよいものであろうか。

9）同前339頁。
10）同前341頁。

(4) 金融資本を媒介とする強固な結合性

チッソの最大の株主は、株式会社日本興業銀行であり、780万9,000株（発行済株式総数に対する割合5.00%）を所有している。そして、同行から派遣された石井昭平が、チッソの専務取締役として、経理、財務、事務管理部門、関連会社管掌の任務をになっている。のみならず、石井専務は、チッソ子会社3社の監査役をも兼任し、日本興業銀行の目付役となっているのである。

チッソの主要取引銀行には、興銀のほかに株式会社三和銀行がある。三和銀行は、チッソの株主としては、4位の大株主（221万5,000株、1.42%）である。三和銀行から派遣された立石秀也は、チッソの常務取締役（第一事業本部長）であるとともに、子会社3社の取締役を兼務している。

昭和58年3月31日現在、チッソは日本興業銀行から長期借入金113億8,700万円を、また三和銀行からは、62億300万円を借り入れている。また、昭和57年3月31日当時で、チッソ石油化学が日本興業銀行等から借り入している185億1,500万円、チッソポリプロが日本興業銀行等から借入している7億2,400万円、およびチッソエンジニアリングが三和銀行から借入している1,200万円について、チッソはいずれも連帯保証をして、資金面でも子会社を支えてきた。

こうして、チッソおよびその子会社は、日本興業銀行、三和銀行という金融機関を媒介として、金融資本に組み込まれた強固な結合性をもっているのである。

5　チッソの不法なねらい

チッソ資本は、チッソという法人格を死滅させ、子会社に化身して生きながらえようとしている。この経営政策は、水俣病問題を契機にしてつくりだされた不法不当なものである。

チッソは、戦前においてすら、水俣病の漁業被害について補償をさせられてきた。そして、昭和27年頃から水俣湾周辺で猫の狂死があいつぎ、やがてこの被害が人間に及んでいることが明らかにされる。昭和31年4

月22日、チッソ水俣工場の附属病院に脳症状を主訴とする6歳の患者が現われたからである。

このあと、水俣病問題は、日を追うごとにそのひろがりと深刻さをましていった。そして、昭和33、4年の時期には、チッソの排水が広汎に環境を破壊し、地域住民の健康を侵害している事実が明らかになっていく。とくに、昭和34年10月には、附属病院長細川〈一〉医師の猫400号実験で猫に水俣病酷似の症状が出現し、チッソはその責任をのがれられないところまで追いつめられたのである。

そして、チッソは、原因究明の研究活動を妨害するとともに、昭和34年12月には、被害住民に対し「見舞金契約」を押しつけ、あくまでも「水俣病の原因は不明である」との立場を貫いた。こうした横車を強引に押しながら、石油化学への転換を子会社方式によって図っていったのである。

見舞金契約が公序良俗に違反するという第一次水俣病訴訟の判決は確定しているが、自らの責任を回避するためには、あえて公序良俗に違反する法律行為まで行うチッソの企業姿勢からすれば、新規事業（といってもチッソにとっては主要な事業である）を別個の法人に営ませることによって、将来チッソ資本を背負って立つチッソ石油化学などの主要子会社には、水俣病の責任を逃れさせようとしたであろうことは、容易に推量しうるところである。

チッソ資本のこのねらいは、もたらす結果が広汎な地域住民の深刻な健康被害の救済の放置という、人道上の問題であるだけに、きわめて不法なものというほかない。チッソは、チッソ子会社の背後にあって、その行動を規定しこれを支配しているものとして、子会社の法人格を濫用しているものであって、チッソとともに、チッソ子会社もまた、水俣病責任を共同して負担すべきものと考えられるのである。

第3節

水俣病問題
——解決の方向

文化評論311号（1987年）148頁以下

1　1987年と水俣病

1987年は、水俣病闘争にとって重大な分岐点に立つ年になる。

87年3月30日に判決言渡期日が指定されている熊本地方裁判所の判決で、水俣病被害者らが確実に勝利をおさめることができるかどうか、そして、加害企業であるチッソ㈱とともに、水俣病を発生・拡大・放置してきた国(行政)の責任を問う判決をかちとり、それらの責任を追及して被害者の即時全面救済の道をきりひらくことができるかどうか、——これらの課題が、この年のたたかいにかかっているからである。

言うまでもなく、今日の司法反動の深まりのもとで、裁判で確実に勝利をかちとること自体、けっして容易な事業ではない。また、公害健康被害補償法の指定地域の全面解除を策動している公害行政の非人道的な動向の1つをとってみても、この逆流にうちかち、企業と国の責任を追及して抜本的解決を迫っていくことは、至難の課題であるようにもみえる。86年11月28日、国鉄分割・民営化法案が成立したあと、中曽根〈康弘〉首相は、「これだけの大法案がこんなに順調に通るとは、1年前には夢にも思わなかった」と語ったという（12月6日付毎日新聞)。

しかし、国民に犠牲を強いる政治と国民との矛盾は、いっそう避けがたく激しくなっていくことは必然であろう。私は、ここ1年の水俣病闘争の発展のなかにも、「1年前には夢にも思わなかった」変化が確実に生まれてきていることに確信をもつ。この確信を広く共有して、どうたたかうかが、1987年の水俣病闘争の課題となっているように思う。

2　抜本的解決を展望して

水俣病が公式に発見されて30年を経た。この30年の歴史のなかには、いくつかの節目となる時期があった。

その1は、1959年、被害住民が見舞金契約に涙をのまされた時期である。この年、有機水銀説が確立して、誰が水俣病の責任をとるべきかが明らかになったのに、加害企業チッソは、化学工業界と行政の援護のもとに、被害者の窮乏に乗じて見舞金契約を押しつけて、責任をあいまいにしてしまった。国もまた、水俣病問題を社会的に封じこめることによって、第二期石油化計画という高度経済成長政策を推進してきたのである。こうして、不幸にも、「水俣病は終わった」という社会的風潮がつくられてしまった。

その2は、1973年、第一次水俣病訴訟勝利の時期である。四大公害訴訟に象徴される、公害反対の国民的世論に支えられて、チッソの法的責任が社会的に確定し、補償協定書（73年協定書という）が結ばれる。苦渋のあゆみに終止符が打たれるかにみえた。

しかし、第三、第四水俣病が「シロ」だと判定されて社会的に消しさられていくのと歩調をあわせて、財界・政府から公害・環境行政の巻きかえしが図られる。四大公害訴訟の終結とオイル・ショックにより、ふたたび、「水俣病は終わった」かのように宣伝されていく。こうした逆流のなかで、73年協定書の総論的解決は、個別救済手続（行政上の「認定」）を通じて、患者の大量切り捨てが図られ、空洞化させられていった。行政によって、「水俣病ではない」とされた患者が、万余に及び、今日に至っている。

今日の水俣病闘争は、この30年の長きにわたり、苦渋と前進の弁証法的展開のなかで、営々とつづけられてきた運動を継承発展させて、いまこそ水俣病問題の抜本的解決をめざしたたたかいを組む段階に、際会しているのである。

ところで、今日緊急に解決しなければならない水俣病問題とは、なにか。第1は、有機水銀によって破壊された不知火海一円の環境のもとで生活しつづけている住民の健康を、いかに保全するかという問題であり、第2は、生活と健康を奪われた被害住民をいかに早く全面救済するかという問題であり、第3は、二次汚染を十分監視・防止しつつ、いかにすみやかに、破壊された環境を復元するかという問題であり、第4は、水俣病問題によって疲弊した地域をいかに再生していくかという問題である。そして、これらの具体的諸課題の解決を図っていくために、また、解決を図っていくことを通じて、ノーモア・ミナマタ、公害根絶の世論をいかに昂揚させていくかということである。

これらの課題のなかで、とりわけ緊急の人道上の問題となっているのは、第2の、被害者の即時全面救済を、誰の責任において、どのように解決していくか、ということである。この課題を中心にすえて、水俣病問題を早期に全面的に解決するたたかいを展開することが、被害者運動の本来の使命であり、中心的任務である。

もとより、自分たちの救済を叫ぶだけでは、社会的支持はひろがらない。自分たちの被害を赤裸々に訴えつづけるとともに、健康被害が顕在化していない地域住民もまた、底知れぬ不安のなかで生きており、経済、社会、文化、教育などの生活上のすべての分野で、水俣病問題の犠牲を払っていることに思いを致さなければならない。第1の地域住民の健康保全、第3の環境復元、第4の地域再生などの諸問題は、地域住民の共通の切実な要求であり、地域住民との連帯の輪をひろげていかなければなるまい。

そして、地域ぐるみのたたかいが、国民的支持を得てひろがっていったときに、水俣病問題の抜本的解決の展望を、きりひらくものになるであろう。

3　被害者救済の全面解決を

被害者勝訴の判決であっても、裁判には、裁判のもつ機能と限界がある。

加害者は、判決の効果を、判決を受けた原告患者のみに抑えこもうとする。勝訴判決をかちとっても、加害者のこの策動に負けてしまうならば、全被害者を救済するためには、全被害者について、面倒なことながら、判決をとらなければならないことになる。それが、救済の遅延をもたらすことは必至である。

そうではなくて、勝訴判決の社会的効果を、判決を受けた原告患者のみにとどめず、全被害者の救済につながるよう一般化（ルール化）しなければならない。換言すれば、判決をテコに加害企業と国に解決させるということである。

もとより、判決の成果を運動上活用して、原告外の患者の救済にもつなげていけるかどうかは、運動の力量、彼我の力関係など、社会的諸条件によってきまってくる。

こうして、水俣病闘争において、被害者救済の全面解決をめざすたたかいは、熊本地方裁判所第三次訴訟の勝訴判決をテコにして、73年協定書をのりこえて、被害の実態に見合った「新しい協定書」（解決のルールとなる）をかちとろうとするたたかいである。加害企業チッソと、その子会社を含むチッソ総資本（チッソはこれを「オール・チッソ」と呼んでいる）と国の責任において、有機水銀による健康被害者（これを水俣病という）のすべてを、その被害者の実態に即して、早期に全面的に救済するルールをつくりあげるたたかいである。

その実現のためには、つぎの4つの条件を運動によってつくりあげていかなければならない。

第1は、熊本地裁の3月30日の判決で、確実に勝利をかちとること。司法反動の新たな深まり、逆流にうちかって、たたかいの武器となりうる内容の判決を現実に掌中におさめることである。

第2は、被害者を先頭にした運動が、地域ぐるみに発展し、かつ国民的世論を広範にまきおこすこと。

第3は、国会内外の運動によって、加害企業と政府に水俣病問題の決着を迫る具体的な運動をもりあげることである。

第4は、熊本、鹿児島、新潟、東京、京都の被害者・弁護団で組織されている「水俣病被害者・弁護団全国連絡会議」に結集する被害者団体の力量を徹底的に高めることである。この点ではこれまで国民的支持を得るうえで重大な障害となってきた、川本輝夫水俣病センター相思社理事長、「水俣病を告発する会」グループの実力闘争の運動をきびしく批判し、これを凌駕する主体的力量を構築することである。

1987年、水俣病闘争は、天王山にさしかかろうとしている。

第4節

国の責任を裁いた水俣病第三次訴訟判決の意義

法と民主主義218号（1987年）8頁以下

1　司法反動の新たな深まりのなかで迎えた3・30水俣病判決

〈1987年〉3月30日の熊本地裁の水俣病第三次訴訟判決〈熊本地判昭62・3・30判時1235号3頁〉（以下単に本判決という）は、水俣病やさまざまな公害に苦しむ被害者にとってはもちろんのこと、多くの国民の期待に応えた画期的なものであった。公害裁判史上も特筆さるべき判決となったのである。

司法の反動化が指摘されて、すでに久しい。しかも、ここ1、2年の裁判内容の反動化は、新しい徴候を示してきている。その端緒となったのは、大東水害最高裁判決（昭59・1・26〈最一小判昭59・1・26民集38巻2号53頁〉）であるといってよい。多摩川水害訴訟弁護団の一員である私は、大東水害最高裁判決が、各地で係属している41件の河川水害訴訟に与えるであろう影響の大きさに、身ぶるいを感じるとともに、この最高裁判決の思想が、公害・災害等の事件にも波及してくるであろう影響に、不安をかくさなかった。

公害事件にあっては、それまで、「公共性」の論理によって、差止請求上の違法性が否定される傾向が根強かった。しかし、国家賠償法上の請求は、昭和53、4年の一連の薬害スモン訴訟判決でも、また、食品公害のカネミ油症事件判決でも、被害者の請求が認容されてきていたのである。

昭和58年3月、第二臨時行政調査会が「最終答申」をまとめ、「肥大化し硬直化した財政の再建が緊急の課題」であるとし、「行政の責任領域の見直しと簡素化」などを提言した。いわゆる臨調「行革」のこの動向が、司法の分野にどのようなかたちであらわれてくるのか、そういう危惧感を現実のものとして示したのが、大東水害最高裁判決であったといってよい。この判決は、国賠法上の違法性を限局し、さらには否定していく嚆矢となった。

法学者の論文も、この判決の思潮をきびしく批判してきた。この判決の影響力につき、池田恒男大阪市立大学〈現大阪公立大学〉助教授は、こう指摘している。

「水害のみならず、各種の災害・公害事件における国の責任を論ずるうえで、新たなリーディング・ケースとしての意味である。

本判決は、論理的筋道をそれなりにすっきりと一貫させており、それだけ普遍性を帯びているので拡大適用される可能性を有している。しかも、その内容は、現在国政上神聖視されこの国を席捲しつつある、いわゆる臨調行革イデオロギーの水害訴訟版というような趣きがある。したがって、本判決は、行政庁の実務面を中心として大きな波及効果を持つ可能性がある[1)]」

果たせるかな、昭和61年に入り、反動的内容の判決があいつぐ。3月19日の家永教科書検定訴訟の東京高裁判決、4月9日の厚木基地騒音公害訴訟の東京高裁判決、5月15日のカネミ油症第二陣訴訟の福岡高裁判決、とあいついで1審判決を逆転させ、住民側が敗訴させられていく。この動きは、昭和62年に入っても、3月5日の岩手靖国訴訟での盛岡地裁判決に示されるように、住民側に対する司法のきびしい対応となってひきつづくのである。反動的判決の潮流は、臨調「行革」路線、中曽根〈康弘〉内閣の「戦後政治の総決算」路線のイデオロギーの系譜を源流とするものとなっ

1）池田恒男「水害と国家責任」法律時報31巻4号（1959年）。なお、一連の反動判決をどうみるか、これとどうたたかうか、実務家の間でも論議が展開されはじめてきている。自由法曹団が昭和61年8月に「裁判問題研究討論集会」を開いており、これが「自由法曹団団報No.127」にまとめられている。

てきている。司法反動の新しい徴候の特色をここにみることができる。

そのような情勢のなかでの3月30日の熊本地裁判決は、ひときわ、さん然と輝き、司法に対する国民的期待をつなぎとめるものとなったのである。

2　特筆さるべき2つの意義

水俣病第三次訴訟の熊本地裁判決は、第1に、行政が「水俣病ではない」として切り捨ててきた患者たちを、「水俣病である」として救済すべきことを認めたことに、第2に、これらの水俣病患者について、加害企業チッソとともに国にも損害賠償の責任があることを認めたことに、この判決の重大な意義がある。とくに、国の損害賠償責任を肯定したことは、法理論的にも画期的なものであるとともに、社会的には、政府そのものの公害行政の責任を問うたものとして、公害裁判史上特筆すべき重大な意義をもつものといってよい。

もともと、公害行政は、地域住民の健康保全の問題として、厚生省が主管してきたものであるが、昭和46年の環境庁の発足後は、環境庁の主管するところとなった。

しかし、公害は、行政のタテワリとは無関係に、人びとを襲ってくる。公害の発生原因が企業の事業活動にあるという点では、通産省の通産行政が深くかかわり、原因物質が環境中にばらまかれ、魚介類を汚染するに至った点では、農水省の水産行政が深くかかわることになり、また、これらの魚介類が市場を通じて食卓に上ってくるという点では、厚生省の食品衛生行政が深くかかわってくる。つまり、行政権限の「タテワリ」の仕組みでは、公害問題に対応し切れないものであり、関係行政庁の総力をあげた対応がなければ、公害の発生・拡大・解決の実をあげることができない。本判決は、この視点に立って、水俣病の発生・拡大・解決について、関係行政庁すべての法的責任を断罪したものとみてよいのである。

この意味において、私は、本判決の問う、あれこれの関係行政庁の責任を単なる集積として把握するのは、狭きに過ぎるのではないかと考えている。本判決は、公害発生の社会的メカニズムとこれに関与する行政庁の関係を総体としてとらえ、形式上の判示のうえではあれこれの行政庁の責任としているものの、これらの行政庁全体を統括する「政府」そのものの水俣病責任を実質的には問いただしているものと理解している。

そこで、本判決の意義について、判決内容にもふれながら、さらに突っこんで解明していきたいと思う。

3　患者の全員救済への道を開く

(1)　切り捨てられてきた患者も水俣病被害者

本判決の患者原告は、70名である。うち、訴訟の係属中に、行政が「水俣病である」と認定した原告は5名。のこり65名を、全員水俣病患者であると認めたところに、本判決の第1の意義がある。

もともと、これら65名の患者原告は、公害健康被害補償法に定める認定申請手続で、行政によって「水俣病ではない」として申請を棄却され、あるいは、「水俣病であるかどうかわからない」として申請に対する処分を保留されている患者である。つまり、行政が救済を拒否している万余の被害者集団の一部なのである。それが、本判決により、司法の手によって「水俣病に罹患している」として救済を受ける道がきりひらかれることになったのである。患者原告65名に対する本判決は、同じように水俣病に苦しみながらも、行政によって救済を拒否されている万余の患者たちにとっても、生きる曙光となったものであり、それゆえに、本判決のもつ社会的意義の第1をこの点に見出すことができるのである。

(2)　切り捨て行政の展開

水俣病問題はすでに終った過去のことと思っている人も少なくない。

そこで、本判決のもつ第1の意義を鮮明にするために、水俣病における患者切り捨て政策の展開過程にふれておきたい2)。

水俣病が公式に確認されたのは、昭和31年5月。34年7月、有機水銀説が発表され、加害企業チッソは、同年12月、被害者との間で見舞金契約を結んだ。社会的には終息したかにみえた水俣病問題は、有機水銀による広範な海域汚染を通じて、地域住民の健康を蝕みつづけてきていた。こうして、四大公害訴訟の１つとして、ふたたび水俣病問題は再燃し、社会問題となってくるのである。

昭和48年3月、水俣病訴訟で、被害者は全面勝利判決をかちとり〈熊本地判昭48・3・20判時696号15頁〉、加害企業チッソの法的責任は確定した。そして、この確定判決に基づいて、被害者団体とチッソとの間で「協定書」が締結され、公害健康被害補償法上の認定を受けた患者は、協定書に定める一時金、年金、医療費等の補償を受けることができるという仕組みができあがった。この時期までは、四大公害訴訟に代表される嵐のような攻勢的な住民運動に支えられ、水俣病をめぐるたたかいも、前進につぐ前進をしてきたといってよい。

協定書の締結は、水俣病患者を救済する道を開くものとして、重大な成果であり、たたかいの到達点であった。しかし、この到達点は、新しい課題の出発点でもあった。水俣病の「認定」問題は、総論で敗北したチッソ、これを援護する行政にとって、各論での巻きかえしを図る糸口になったのである。水俣病の認定基準をきびしく改悪することによって、個々の患者を「水俣病ではない」として救済を拒否していく策動がはじまるのである。

昭和48年のオイル・ショックを契機に、わが国の公害情勢は急転回していく。経済的不況を口実にして「公害は終った」という、組織的・系統的なキャンペーンがはられてくる。そして、49年3月、有明海沿岸のいわゆる第三水俣病、同年7月の山口県徳山湾周辺での第四水俣病が発見され、水銀パニック状態となるが、環境庁は、いずれも「シロ」判定をして、第三、第四水俣病を社会的に抹殺してしまうのである。こうした環境行政の姿勢の後退のなかで、昭和52年7月、環境庁は、企画調整局環境保健部長通知「後天性水俣病の判断条件について」を発し、翌53年7月には、

2）豊田誠「水俣病闘争の新しい段階」法と民主主義190号（1984年）、豊田誠「水俣病問題の現局面と課題」経済263号（1986年）、宮本憲一ほか「特集・水俣病問題の現在と課題」文化評論311号（1987年）参照。

環境庁事務次官通知によって、この「判断条件」のもとに認定業務の促進を図ることとした。患者切り捨て行政がはじまったのである。

実際、昭和53年から、認定者数が激減し、棄却者数が激増していく。

(3) 司法判断にもひらきなおる行政

行政上の認定手続では「水俣病でない」とされた患者たちが、司法救済を求めて立ちあがった。

これが水俣病第二次訴訟といわれている。昭和54年3月、被害者勝訴の判決があったが〈熊本地判昭54・3・28判時927号15頁〉、行政は、「司法と行政とはちがう」とひらきなおって、患者切り捨て政策を踏襲しつづけた。昭和60年8月、福岡高裁は、この第二次訴訟控訴審判決〈福岡高判昭60・8・16判時1163号11頁〉のなかで、

> 「昭和52年の判断条件は、いわば前記協定書に定められた補償金を受給するに適する水俣病患者を選別するための判断条件となっているものと評せざるを得ない。従って、昭和52年の判断条件は、広範囲の水俣病像の水俣病患者を網羅的に認定するための要件としてはいささか厳格に失しているというべきである」

と、判示した。この判決は、チッソが上告を断念し確定した。

高裁段階の司法判断が確定したにもかかわらず、環境庁は、同年10月18日、水俣病の判断条件に関する医学専門家会議（座長・祖父江逸郎）の結論に基づいたとして、判断条件を変更しないことを明らかにした。どのような被害を救済すべきかということについての司法判断を排斥し、環境庁は、あくまでもきびしい認定基準である「判断条件」に固執をして、水俣病患者切り捨て政策を改めようとしなかったのである。

(4) 3たび断罪された切り捨て行政

第三次訴訟の本判決は、こうした環境行政の現在の施策を3たび批判する内容となった。すなわち、

「被告らが主張する『判断条件』のような各種症候の組合わせを必要とする見解は、狭きに失するものというべく、右組合わせを要件とすれば、単に精神神経科、内科、眼科、耳鼻咽喉科等の各専門分野において、メチル水銀曝露の事実を軽視もしくは無視した各単科的医学的判断が示される傾向を招来し、右事実の存否との有機性のない単科的医学的見解を単に無機的に集合したに過ぎないような結論を導き易い弊害が懸念され、さらに右組合わせに含まれる特徴的な症状を示さない慢性型もしくは不全型の水俣病に罹患しているかの判断をするのは、極めて困難とならざるを得ない」。

と、判示し、環境庁の「判断条件」になにゆえ依拠できないかを説示したのである。

司法が行政に対し、同一の問題で２度も３度も批判した前例があるであろうか。２度も３度も司法の批判にさらされながら、行政がこのまま居直ることを許しておいてよいものであろうか。

本判決は、水俣病患者のすべてに救済の道を開くものであり、水俣病をめぐる患者切り捨て政策の根本的転換を迫るものとなっているといってよい。

4　産業公害についてはじめて国の責任を裁く

(1)　公害と国の責任

この判決のもつ意義のもう１つは、水俣病という産業公害につき、わが国ではじめて、その発生・拡大の責任を、国についても認めたことである[3)]。

産業公害にあっては、企業の事業活動を直接的な原因として広範な被害

3）国の責任を認める意義について、牛山積「水俣病における行政の責任」日本環境会議『水俣・現状と展望――第４回日本環境会議報告集』（東研出版、1984年）、豊田誠「公害訴訟における国の責任」同前、全国公害弁護団連絡会議編『公害と国の責任』（日本評論社、1982年）を参照。

が発生するものであるから、原因者たる企業が、その公害責任を負うべきは当然のことである。しかし、わが国の戦後の高度経済成長と公害多発の社会的実態をみるとき、行政は、経済の発展を推進するあまり、住民が公害病に苦しんでいる現実を前にし、法令を適用すればその拡大を防止し得たのに、あまりにも無為無策、怠慢であったことを知ることができる。企業と行政の双方が、深刻な公害を広範に発生せしめてきたとみてよい事実の集積がある。水俣病はまさにその典型というべき公害被害であった。

これまで、公害問題で国の責任を追及する裁判は数多く存在してきた。これを類型的に分けると、大阪国際空港公害事件のような、直接加害型の訴訟では、住民側は国賠法上の責任を問うことに成功してきた。しかし、行政の不作為の作為義務違反を問題にする、行政怠慢型の訴訟では、住民側は、法理論上も困難を強いられてきた。それでも、一連のスモン訴訟判決にみられるように、行政怠慢型の国の責任を問うことに成功した事例が生まれてきており、この動向は、スモン（薬害）からカネミ油症（食品公害）に拡大して定着するかにみえたが、冒頭で述べたように昭和61年5月の福岡高裁判決によって、カネミ油症における国の責任は、否定的方向に固まってしまったのである。

(2)　国の責任の構造

薬害スモンでは、薬事法14条の薬の製造承認という行政の行為が介在しており、焦点をここにしぼって、国の責任を論じればよかったのであるが、産業公害としての水俣病については、原因物質の排出、海洋の汚染、魚介類の流通という、公害被害発生の順路に沿って、行使すべき規制権限の主体（行政庁）が異なり、規制権限の根拠法令がちがってくるという複雑な構造をもっている。行政上の規制権限が各行政庁にタテワリに帰属して分掌させられている行政機構の仕組みのなかにあって、水俣病の発生・拡大の防止という視点で、分掌させられている規制権限を総合的・全面的に行使すべきであったとする論理をどう構築するかが課題の１つとなってきていたのである。

第三次訴訟の本判決は、直截的に、「本件における被告国・同熊本県の責任は、一私企業である被告チッソが行った加害行為及び被害の発生を適切な行政措置を講ずることによって防止すべき義務が存在したにも拘わらずこれを防止しなかったことにある。行政庁は、国民の生命・健康が企業の活動等によって重大な危険にさらされることがあるときには、このような危険の防止と国民の生命・健康の安全確保の責務を負っていることはいうまでもない」と判示したうえ、いわゆる裁量収縮の理論をとりいれて、水俣病問題については昭和32年9月頃から遅くとも昭和34年11月頃までには、裁量収縮の5要件が充足する事態にあったとした。

そのうえで、

①魚介類の捕獲販売等の禁止の措置

②水俣工場廃水の浄化又は排出停止の措置

を、とるべきであり、この措置をとりうる法令上の根拠として、食品衛生法、漁業法、熊本県漁業調整規則、工場排水規制法、水質保全法などの各条項をあげ、これらの規制権限を行使しなかった、熊本県知事、厚生大臣、通産大臣、経済企画庁長官（現在環境庁長官の所掌）、内閣、自治大臣、農水大臣など、関係行政庁すべての責任を肯認したものである。

本判決は、先にも述べたとおり、関係行政庁の責任の総和としての政府の責任を問うているとみるべきである。政府は、あげて水俣病問題の解決にあたれ――本判決の真意を、そのように読みとるべきであると思う。

5　水俣病30年の歴史に転換をもたらすもの

本判決は、水俣病闘争が、苦節30年の末に獲得した歴史的な偉大な成果であるということができる。

司法反動の新たな局面のなかで、どうして本判決をかちとることができたのであろうか。

それは、第1に、行政の怠慢を示す具体的事実が、あまりにも多く集積していたということであり、広範で深刻な人間被害の現実を前にして、これらの事実を看過することができない状況を生んできているということである。

第２には、水俣病に苦しむ被害者たちが、被害の実相をなまの言葉で訴え、「ニセ患者」論の風評をのりこえて、続々とたちあがり、たたかいつづけてきたことであり、この被害者とともにたたかう弁護団、医師団の献身的な活動があったからである。

第３には、新潟や、東京周辺・関西に転出してきた被害者たちが、新潟、東京、京都の各地域に、あいつぎ、国をも被告にした訴訟を提起し、水俣病問題が、熊本・新潟の被害の現地のたたかいから、首都東京を含む、全国レベルのたたかいへと発展する様相を示してきていることである。

そして、第４には、「やれることは何でもやり切ろう」という合言葉のもとに、宣伝、集会、デモ、署名などのさまざまな運動に取り組んできた支援の人びとを中心に、国民的な世論を巻きおこしつつある状況をつくったことである。

これらの要因を通じて、本判決がかちとられたといってよい。

本判決は、行政がかたくなに固執する患者切り捨て政策の「現在の」誤謬を３たび明らかにするとともに、水俣病の発生・拡大の過程にあって、経済の高度成長の推進のみを図り、地域住民の生命・健康をないがしろにしてきた政府の「過去の」誤謬をもきびしく問いただしている。水俣病30年の発生・拡大・被害者放置の責任が、加害企業チッソとならんで国にもあることを宣明した本判決は、水俣病30年の苦渋の歴史に転換を迫るものとなっている。

本判決をかちとった水俣病闘争が、さらに広範な国民的支持を得て前進していくならば、本判決を武器として、被害者の早期全面救済を実現することも、遠い将来のことではないと思うのは、私１人ではあるまい。

第5節

水俣病問題の全面的解決

水俣病被害者・弁護団全国連絡会議編
『水俣病裁判 全史——第五巻総括編』
（日本評論社、2001年）674頁以下

1　あまりにも遅すぎた救済

公害の原点といわれてきた水俣病問題は、公式に水俣病が確認されてから40年目にして、ようやく、患者救済に根本的な政策転換が図られ全面的解決を図ることとなった。

1995年12月15日、政府は、関係閣僚会議での申し合わせ、閣僚会議での閣僚了解・閣議決定という一連の手順を経て、水俣病に関する解決案（以下政府解決策という）と「水俣病問題解決に当たっての内閣総理大臣談話」を決定して発表した。

これを受けて、最大の被害者団体である水俣病被害者・弁護団全国連絡会議（水俣病全国連、新潟水俣病も含めて訴訟原告2,215名を組織）は、5月19日、加害企業チッソとの間で、水俣病未認定患者に対する被害補償とこれにともなう全国各地での訴訟終結を骨子とした協定書の調印をし、22、23の両日にわたり、3高裁、4地裁で、被告チッソとは和解をし、被告国、熊本県に対する訴えを取り下げ、2月に終結した新潟水俣病訴訟にひきつづき、集団による水俣病国家賠償訴訟を終結させた。

水俣病は、「水俣奇病」として公式に確認されてから40年。行政によって「水俣病ではない」と切り捨てられ、救済を拒絶されつづけてきた、いわゆる未認定患者の救済について、政府解決策の決定と首相の謝罪により、加害企業に補償させる解決への道筋が開かれることとなった。

このことは、公害裁判を軸にし、これを広範な大衆運動で包みながら、水俣病に関する政府の責任とその「患者切り捨て政策」の転換をもとめてくりひろげられてきた水俣病のたたかいが、ついに政府を動かし、政策のコペルニクス的転換をかちとる地点に到達したことを意味するものである。

それにしても、あまりにも長期の、あまりにも遅すぎた救済である。加害企業や行政の担当者は、何代にも及んでかわってきた。しかし、水俣病患者たちは、30年余にわたって片時も水俣病の苦痛から解放されることなく、患者でありつづけなければならなかった。行政が公害健康被害の補償等に関する法律（以下公健法と略称する）に基づく認定で「水俣病ではない」としたことにより、未認定患者たちは、司法救済の道を選択するほかなかったのであるが、「ニセ患者」、「そんなにしてまで金が欲しいのか」という、いわれなき中傷、誹謗を浴びせられるなかで、裁判をたたかいつづけざるを得なかった。公害患者が自らの人権を主張するのに病苦に加えて社会的差別を受けるなどの二重苦を背負わされてきたのである。あまりにも酷い。解決（救済）を拒みつづけてきた加害企業の無責任さ、行政の非人道的対応が、40年目にして、ようやく、転換の時を迎えることとなった。

2　公害問題ではじめての総理謝罪

医薬品の許認可行政を司る厚生大臣は、薬害スモンやHIV訴訟では、被害者に謝罪をしたが、公害問題で関係大臣が謝罪するということは、これまでなかったことである。まして、行政の長である内閣総理大臣が被害者に謝罪するということは、およそあり得ないことであった。

しかし、水俣病では、政府が閣議決定の手続をふんだ「水俣病問題解決に当たっての内閣総理大臣談話」による首相謝罪を発表したのである。

「首相談話」は、「苦しみと無念の思いの中で亡くなられた方々に深い哀悼の念をささげますとともに、多年にわたり筆舌に尽くしがたい苦悩を強いられてこられた多くの方々の癒しがたい心情を思うとき、誠に申し訳ないという気持ちで一杯であります」と述べ、被害者たちに謝罪した。

そして、「水俣病問題の発生から、今日までを振り返る時、政府としてはその時々においてできうる限りの努力をしてきたと考えますが、新潟での第二の水俣病の発生を含め、水俣病の原因の確定や企業に対する的確な対応をするまでに、結果として、長期間を要したことについて率直に反省しなければならない」、「また、このような悲惨な公害は、決して再び繰り返されてはならないとの決意を新たにしているものであります」として、水俣病患者に対する行政の対応が遅れたことへの率直な反省と、ふたたびくりかえしてはならないとの決意を表明した。

この「首相談話」の評価について、マスコミ各紙は、「首相が謝罪」（日経・南日本・京都）、「首相が陳謝」（朝日・西日本）、「率直な反省」（毎日・読売・熊本日日）、「遺憾の意」（毎日・産経・東京）などと、その見出しで微妙なくいちがいをみせた。

官邸前座り込みを決行してたたかった患者たちのなかにも、「総理自らが患者に直接謝罪すべきであった」、「国の責任の具体的内容をもりこんで、もっとはっきり謝罪すべきであった」、「手足のしびれや心の痛みがなくなるわけではないんです」などなど、不満の残る面があったことは否定できない。

しかし、橋口三郎・水俣病全国連代表委員が、「本日の政府の決定と謝罪は、政府の『対策』の方針転換を内外に誓約したものであり、これまでの運動が国を動かし、総理の談話につながった。心から喜びを感じる」と述べ、国の責任を追及してきた全国連の運動が情勢をきりひらいたことの確信を披瀝したが、これが被害者に共通するものでもあった。

大局的に考えてみると、国の政府の長である首相が、個人的な感慨としてではなく、閣議決定の手続を経た「総理談話」という形式で、すべての水俣病未認定患者に対し「誠に申し訳ない」と謝罪の意を表明したことは、水俣病の長い歴史のうえではもちろん、どの公害・環境問題でも、かつてなかったことであり、水俣病の発生から今日まで結果としてその責任を果たしてこなかったことについての反省を表明したことも、かつてなかったことである。

1973年3月、胎児性患者や劇症性重篤患者たちが加害企業チッソに対する損害賠償訴訟で全面勝訴の判決をかちとったとき、当時の島田賢一社長は、土下座して謝罪した。しかし、そのときにおいてすら、当時の三木武夫環境庁長官は「1日も早くこういう悲惨な状態を解決するため、市役所といわず、会社といわず、国といわず、一体となってこの問題と取り組みたい」と述べたにとどまった。公害水俣病に関して、国は、自らの行政姿勢を少しも顧みることがなかったのである。

首相談話の内容は、一国の行政の長が、被害者に対し謝罪し、その謝罪の内実として、政府解決策によってこれまでの患者切り捨て施策の転換を内外に誓約したことは、水俣病の歴史に画期的な転換をもたらす出来事となったといってよい。

3　解決策の意義

(1)　解決策の内容と意義

政府解決策における救済対象者は、①現に総合対策医療事業の対象者である者（総合対策医療事業の対象者であった者で既に死亡したものにあっては、その遺族）、②申請受付再開後の総合対策医療事業において熊本県知事又は鹿児島県知事が判定検討会の意見を聴いて対象とした者（①以外の死亡者にあっては、総合対策医療事業と同様の手続により、その判定検討会と同一の委員によって構成される判定委員会が、総合対策医療事業の対象者と同等の者であると判断した者の遺族）とされる。

この政府解決策は、基本的には、これまで公健法上の「認定」手続で、「水俣病ではない」として切り捨てられ「その救済の必要がない」とされてきた、いわゆる未認定患者を一気に救済するというものである。それゆえに、後述するように、1978年の関係閣僚会議での政府方針を、事実上、転換するものであるということができる。しかも、重要なことは、「未認定患者」の救済という、公健法の枠組みを超えた救済を実現したことである。したがって、原告として訴訟を提起した約2,200名の患者集団にとどまらず、訴訟を提起していない患者も含めて約1万2,000名に救済される道が開かれたという点では、訴訟原告団の犠牲と献身の上に築かれた成果であることは明らかである。

(2) 患者救済基準

ところで、水俣病40年の歴史は、己に何の罪科もなく患者とさせられてしまった被害者たちにとって実に凄惨な歴史でもあった。水俣病公式確認後の当初の数年は、当時の高度経済成長政策の時代背景のなかで、非科学的な「原因論争」のるつぼに巻き込まれ、その後の30年は、被害者を被害者であると認めさせることへの苦難の道のりとなってきたからである。

政府が水俣病を公害病とする見解を表明したのは、1968年9月26日のこと。そして、71年、環境庁は、大石武一環境庁長官時代に、水俣病の認定基準（以下昭和46年通知という）を定めて、有機水銀による健康被害を幅ひろく救済していく施策を示した。

昭和46年通知によれば、水俣病の認定基準は、「水俣病は、魚介類に蓄積された有機水銀を経口摂取することにより起こる神経系疾患であって、……四肢末端、口囲のしびれ感に始まり、言語障害、歩行障害、求心性視野狭窄、難聴などをきたすこと」、「上記の症状のうち、いずれかの症状がある場合において、当該症状の全てが明らかに他の原因によるものであると認められる場合には水俣病の範囲に含まないが、当該症状の発現または経過に関し、魚介類に蓄積された有機水銀の経口摂取の影響が認められる場合には、他の原因がある場合であっても、これを水俣病の範囲に含むものであること」と定められたのである。

1973年、四大公害訴訟の1つといわれた水俣病訴訟で勝訴した患者集団は、加害企業チッソとの間で補償協定書を締結した。この協定書は、幅ひろく救済する昭和46年通知の認定基準によって、行政上の認定を受けた患者を救済するという仕組みとなっていたのであるから、水俣病患者の補償問題は、このスキームによって解決していくかにみえた。

(3) 患者切り捨て政策の遂行

しかしながら、1973年暮れのオイル・ショックを契機に、企業の対応に、公害「対策」上の顕著な変化が生まれた。高度経済成長政策の破綻でもあった。財界は「経済的不況」を口実にしながら「公害は終わった」というキャンペーンをはり、環境行政は後退につぐ後退をする。こうした動きは、枚挙に暇がないが、水俣病に関しても、74年3月有明海沿岸での第三水俣病、同年7月徳山湾での第四水俣病につき、いずれも「シロ」判定がなされ、第三、第四の水俣病は社会的に抹殺されてしまうのである。

第三、第四の水俣病を切り捨てたその刃は、水俣病そのものにも向けられた。1977年環境庁は、「昭和46年通知」の認定基準を大幅に改悪した「後天性水俣病の判断条件について」（以下「昭和52年判断条件」という）を発表する。「昭和52年判断条件」について、行政は、昭和46年通知を改悪したものではなく、それと一体をなすものであると弁解するが、昭和52年判断条件は、症候の組み合わせ論を必要条件としたものである。

そして、1978年6月16日、政府は、水俣病関係閣僚会議において、患者大量切り捨ての政策（「判断条件」という認定基準を次官通知に格上げ）をとりつつ、一方で、切り捨て促進の手続法として「水俣病認定業務促進臨時措置法」を立法化し、他方では、チッソ金融支援として県債を発行することを決めるのである。

この政府方針は、水俣病の発生・拡大の過程では、住民無視、企業擁護でのぞんできたその姿勢が、不幸にも被害者を救済すべき過程でも貫かれたことを意味するとともに、水俣病関係閣僚会議で決めたという点では、権力を背景に水俣病問題を社会的に終息させるという、政治的意図のあらわれでもあった。

この時期を境に、審査会は、四肢末梢の感覚障害を認めつつも、運動失調を否定することによって「判断条件に該当せず」とし、また、四肢末梢の感覚障害の存在そのものにも目を閉ざす、患者切り捨ての審査の方向に流れていった。

(4)　たび重なる司法判断

未認定患者の救済を求めた最初の訴訟は、熊本水俣病第二次訴訟である。第一審判決（熊本地裁昭54・3・28〈判時927号15頁〉）では、14名の未確定患者のうち、12名について水俣病に罹患しているとして、請求を認容した。その後、行政上認定された9名をのぞく5名につき、第二審判決（福岡高裁昭60・8・16〈判時1163号11頁〉）が言い渡され、4名が水俣病と認められた。

第二次訴訟第一審判決は、行政が水俣病ではないとして切り捨ててきた患者たちにつき司法上の救済を命じたわけであるから、未認定患者たちは、行政が認定基準を変えて、救済する姿勢に転じることを期待した。しかし、環境庁は、「司法と行政とは違う」とひらきなおって、未確定患者たちの期待に応えなかった。

やむなく、翌1980年、未認定患者は、大量に、国及び熊本県をも被告とする国家賠償訴訟に立ち上がる。そして、82年以降、大阪地裁（いわゆる関西訴訟）、新潟地裁（新潟水俣病の未認定患者による）、84年には東京地裁、その後京都地裁、福岡地裁へと水俣病国賠訴訟があいつぎ提起されていく。

水俣病未認定患者の救済が、次第に社会問題として注目を集めはじめた1985年、前記の第二次訴訟福岡高裁判決が言い渡された。判決は、次のように判示している。

「昭和52年の判断条件は、昭和46年の認定要件が水俣病にみられる主要症状としての求心性視野狭窄、運動失調、難聴、知覚障害のうちいずれかの症状があればよいとしたものを、水俣病にみられる症状は、一般に感覚障害に運動失調、求心性視野狭窄など中枢神経障害の症状が複数組み合わさって発症をみることが多いとして、感覚障害に他の症状が複数組み合わさっていることを水俣病の症状として要求する内容のもので、少なくとも認定審査の運用上水俣病の認定要件を厳しくしたものということができる。」「昭和52年の判断条件は、いわば前記協定書に定められた補償金を受給するに適する水俣病患者を選別するための判断条件となっているものと評せざるを得ない。従って、昭和52年の判断条件は、前叙のような広範囲の水俣病像の水俣病患者を網羅的に認定するための要件としては、いささか厳格に失しているというべきである。」

未認定患者の救済を命じる司法判断は、判決の論理に多少の違いはあっても、大局においては、その後の判決（昭62・3・30第三次訴訟一陣熊本地裁判決、平4・2・7東京地裁判決、平4・3・31新潟地裁判決、平5・3・25第三次訴訟二陣熊本地裁判決、平5・11・26京都地裁判決、平6・7・11大阪地裁判決）でも踏襲され定着してきた。しかし、行政は姿勢を変えて、未認定患者を救済しようとしなかった。

(5) 解決勧告の連弾

東京地裁は、判決に先立って、1990年9月28日、当事者双方に対し、解決の勧告をした。司法のこの動きは、各地に波及し、10月には、熊本地裁、福岡高裁、福岡地裁が、11月には、京都地裁が、いずれも解決勧告をするに至った。被告熊本県とチッソは勧告を受諾したが、ひとり、被告国のみは、勧告を拒否した。被告国に対する世論の厳しい批判が集中するなかで、環境庁は、ようやく、中央公害対策審議会に総合的な対策の検討を求めざるを得なくなった。

1991年8月7日、福岡高裁は、「公健法の認定基準に該当しない者でも、一定の疫学条件を充たし、四肢末梢に感覚障害を有する者を、本件和解上の救済対象とする」旨の所見を示した。この福岡高裁所見は、従前の司法判断が定着したことを示すものであると同時に、昭和52年判断条件が、水俣病の救済基準としては被害者救済上の機能を喪失し、完全に形骸化したことをも意味するものであった。

こうした司法の動きを受けて、同年11月26日、中央公害対策審議会は、「今後の水俣病対策のあり方について（答申）」をまとめた。

中公審答申は、「メチル水銀汚染に関連した」「四肢末端の感覚障害が広範に認められる」とし、はじめて、公害被害の広がりを認知するとともに、四肢末梢の感覚障害を有する者に対し、「環境行政において積極的に対処することが求められる」とし、具体的な施策として、医療費、療養手当を支給する総合対策医療事業などの対策を新たに講ずべきであると答申した。

(6) 救済対象者の位置づけ

政府解決策は、こうした歴史的経緯をたどりながら、未認定患者らによる裁判闘争の成果（判決の積み重ねと、国抜き和解案の提案などの蓄積）と、中公審答申を土台にして、自由民主党、日本社会党、新党さきがけの与党

3党合意（1995年6月22日）という政治的決断を受けて、作成されたものである。

しかし、政府解決策は、「公健法の認定申請の棄却は、メチル水銀の影響が全くないと判断したことを意味するものではない」から「救済を求めるに至ることには無理からぬ理由がある」として、公害による被害者性を認めはしたものの、患者たちが強く望んできた「水俣病と認めよ」という要求には真正面から応えていない。このことは、3党合意のプロセスでも大激論となった論点の1つであるが、公健法の執行を主管する環境庁の思い切りの悪さが色濃く反映しているといわざるを得ないのである。

もともと、水俣病という概念は、昭和52年判断条件の要件を充たした疾患（公健法上の水俣病）に限るという狭いものではない。1968年水俣病を公害病と認める政府見解が表明された後、69年には「公害に係る健康被害の救済に関する特別措置法」が制定され、これを受けて、「公害の影響による疾病の指定に関する検討委員会」は、病名、定義、診断上の留意事項をまとめた。専門家によるこの検討委員会は、「政令におり込む病名として『水俣病』を採用するのが適当である」とし、「水俣病の定義は、魚介類に蓄積された有機水銀を経口摂取することにより起こる神経疾患とする」とした。つまり、魚介類に蓄積された有機水銀を経口摂取することにより起こる神経疾患（水俣病の概念）のうち、公健法適用上、どの範囲までを「公健法上の水俣病」とするかを定めたのが昭和52年判断条件であり、そこには救済範囲に一線を画すという政策の選択がある。それゆえ、昭和52年判断条件に該当しなければ水俣病ではないという論理は、医学的判断からは生まれてこないのである。

実際、前記の中公審答申も、「四肢末端の感覚障害は、メチル水銀汚染に関連したものであることから」「これまでの水俣病関係訴訟の判決では、水俣病と認めるかどうかについて、幾つかの考え方が示されている。一例をあげれば、原告がメチル水銀に曝露した可能性が、原告の家族に水俣病患者が集積していることから極めて高度なものと認められるときは、四肢末端の感覚障害の所見しか得られない場合であっても、その症状が他の疾患に基づくことの反証がない限り、水俣病と事実上推定するのが相当であるという考え方を示したものがある」とし、「裁判官は、個別の事例について法的判断を加えつつ法的因果関係を認定することができる」と述べている。救済の認定基準を判決が示したという点では公健法上の水俣病よりも認定基準を幅ひろく採用した判決上の水俣病といってよい。

私は、こう考えている。水俣病とは、魚介類に蓄積された有機水銀を経口摂取することによって起こる神経系疾患を主徴とする健康被害である。水俣病の概念に二義はない。しかし、救済の制度、仕組みのうえから、公健法上の範囲と司法救済上の範囲が二重円になることがあってもよい。公健法第一種地域の大気汚染公害とは違って、公健法上の範囲を、行政が著しく小さな円にしてしまったところに、水俣病問題の行政の非人道的姿勢が示されている。

なによりも重要な事実は、裁判のなかで、被告国側の証人が等しく認めたように、「四肢末梢に感覚障害を有する者が一定の限られた地域に、3～4,000名もいるという事実は、これまでの世界の医学史上かつてなかった知見である。」水俣病にみられる感覚障害が、どんなに非特異的だと弁解してみても、糖尿病などによって、限られた地域に大量の神経疾患が発生するということは医学上考えられないことであるから、この大量発生を説明しうる要因はただ1つ、それは有機水銀による影響でしかない。

政府解決策で救済対象となる総合対策医療事業該当者が、「メチル水銀汚染に関連したもの」（中央審答申）で、「メチル水銀の影響が全くないと判断したことを意味するものではなく」（政府解決策）「ニセ患者ではない」（大島環境庁長官発言）というのならば、すっきりと水俣病と認めて然るべきであった。

4　水俣病の責任

(1)　水俣病の責任の内容

政府解決策は、行政の行うべきこととして

①　国及び熊本県は、水俣病問題の最終的かつ全面的な解決にあたり、

遺憾の意など何らかの責任ある態度を表明する（この評価は前述のとおり）。

② 医療費、療養手当を支給する総合対策医療事業を継続し、既に打ち切っていた申請受付を再開する。

③ 国及び熊本県は、チッソが未認定患者に支払う一時金の支払が確実に遂行されるようチッソ支援策を講じる。

④ 国及び県は、総合対策医療事業の非該当者のうち、四肢末梢優位の感覚障害以外の神経症状を有する者に対し、はり・きゅう及び温泉療養について一定の金額の補助を行う。

⑤ 国及び県は、地元での検討もふまえつつ、保健対策の充実、インフラ整備の施策を行う。

ことを定め、これにより、未認定患者については、国家賠償請求訴訟につき、請求の放棄又は訴えの取下げ、公健法上の認定申請、行政不服審査請求、行政訴訟の各取下げを求めている。

また、政府解決策は、加害企業チッソについて、

「企業は、自らが排出したメチル水銀が水俣病を引き起こしたことの責任を重く受け止めた上で、判決など企業の排出したメチル水銀と個々人の健康障害との因果関係の有無を確定させる方法によらず、汚染者負担の原則にのっとり、本問題が生ずる原因となったメチル水銀の排出をした者としての社会的責務を認識して、一時金を支払うものとする」

とし、救済対象者に１人当たり260万円の一時金と、特定の団体に所属するこれらの者に関しては、団体ごとに一定金額を加算して支払うべきものと定めた。

(2) 水俣病と行政のかかわり

水俣病の発生・拡大についてのチッソの責任に論及するまでもなく、被告チッソは、訴訟上も水俣病の責任を自認してきた。それにしても、環境

汚染と企業姿勢のあり方を問う今日的教訓が、水俣病問題には無数にある。とりわけ、チッソの「ネコ400号の実験結果」の秘匿は、犯罪的ですらある。細川〈一〉博士のネコ実験の結果が、1959年10月の段階で公表されていれば、水俣病の悲惨な被害は、今日ほどに拡大されてはいなかったに違いない。情報公開の重要性を再確認させられるとともに、歴史の痛恨事というほかない。

加害企業だけではない。行政の責任もまた重大であることを水俣病の教訓は示している。

1956年4月21日、チッソ水俣工場付属病院で、小児マヒ様の5歳の女の子が受診したのをきっかけに、同様の患者が多数確認され、同病院の細川一院長は、5月1日、水俣保健所に対し「原因不明の中枢神経疾患が多発している」と報告した。水俣病が公式に確認された日である。この公式確認後の水俣病40年の歴史は、厳しく問いただされなければならない歴史でもあった。

奇病と呼ばれたこの疾患は、当初は、感染性が強いと疑われ、患者たちは隔離された。荒れ放題の伝染病隔離所は、奇病患者たちの地獄絵となっていた。「若い女の患者が寝たまま板壁に手を打ち付けて暴れていた。髪を振り乱して、足をばたつかせ、狂いまわった」「患者は絶叫するような声をあげ『アーア、アーア、アーア』、なかば開いた口から、絶えずヨダレをたらして顔のまわりの敷布がびっしょり濡れていた」(NHK記者首藤留夫『生ける人形の告発——水俣病15年の記録』〔労働旬報社、1969年〕)。人類が経験したことのない水俣病の悲惨さは、短時日のうちに、水俣地域の住民を、恐怖と不安のどん底におとしいれていったのである。

そして、この奇病の原因は、原因物質まではっきりと認められないにしても、水俣湾の魚介類にあることが、これまた短時日のうちに判明する。1957年7月、熊本県が、食品衛生法を適用して、水俣湾の漁獲禁止措置をとろうとしたが、国の行政（厚生省）は、「水俣湾内の魚介類のすべてが有毒化しているという明らかな根拠が認められないので、食品衛生法を適用することはできない」として、有害魚介類から住民の生命、健康を守ろうとはしなかった。58年9月、チッソは、それまで水俣湾に放流してきていた工場排水を、水俣川河口から不知火海に放流しはじめ、被害は一気に不知火海沿岸一円に拡大するに至った。監督官庁の通産省は、工場排水が当初から疑われていたにもかかわらず、何らの調査もしようとしなかった。同省の行政指導で設置された廃水浄化装置は、水銀除去には何の役にも立たないものであり、「社会的解決の手段」として、偽装された事実が、後日明らかとなっている。

1959年7月、熊本大学研究班は、原因物質が有機水銀であることをつきとめる。そして、同年11月、食品衛生調査会水俣食中毒部会は、厚生大臣に対し、「水俣病の原因は、有機水銀化合物」であると答申するが、なぜか、その翌日、この水俣食中毒部会は解散させられた。鰐淵部会長が強硬に存続を主張したが、受け入れられなかったのであるから、政治の上層からの黒い魔手が部会を解散に追いこんだものなのであろう。水質2法の適用ができたにもかかわらず、主務官庁は、水質2法によって、住民の生命・健康を守ろうとはしなかった。患者家族や漁民の生活は、水俣湾周辺の漁業に依拠していたから、水俣病の拡大、深刻化は、直截的にその生活を窮乏に追いこんだ。

「チッソ城下町」といわれるほどチッソに支配されていた水俣で、チッソに弓を引くことは、容易なことではなかった。がしかし、1959年夏頃から漁民たちは黙ってはいなかった。漁民たちは、チッソに対し「完全浄化施設完了まで操業を中止すること」等を要求していたほか、政府に対しても「政府は速やかに、水俣病の発生原因を究明して発表するとともに、これによって生じた漁民の被害に対して抜本的救済対策を講ずること」を求めていた。

11月2日の「漁民一揆」といわれる騒動をピークに、怒りは爆発した。同じ時期、国会現地調査団（松田銀藏団長）が水俣市に来たが、熊本県の対応を叱りつけるだけで、行政の具体的施策には何ら結実しないものであった。同年12月、窮乏のどん底にあえぐ患者家族に「見舞金契約」が押しつけられ、水俣病は社会的に終わったとして幕引きされてしまったのである。

こうして、チッソは、第二期石油化計画という高度経済成長政策の波に乗り、生産につぐ生産をはかり、不知火海一円に有機水銀を放流して未曾有の水俣病患者を発生せしめてきたのである。政府が、水俣病を公害病と認めたのは、1968年9月のこと。この時期には、チッソは、千葉県五井に工場を移し、水銀を触媒としない製法に転換をとげていたのである。政府は、製法の転換を見届けたうえで公害病認定に踏み切ったものであり、換言すれば、有機水銀に汚染された魚介類を不知火海周辺の住民が食べつづけることを放置するというきわめて非人道的姿勢をとりつづけてきたのである。行政の無策は、不幸にも、新潟に第二の水俣病を引き起こすという悲劇を生むに至った。犯罪的ですらあるといわずして、何というべきであろうか。

(3)　国の責任の内実は何か

国家賠償訴訟の判決は、地裁段階ではこれを認容した判決（昭62・3・30第三次訴訟一陣熊本地裁判決、平5・3・25第三次訴訟二陣熊本地裁判決、平5・11・26京都地裁判決）と否定した判決（平4・2・7東京地裁判決、平4・3・31新潟地裁判決、平6・7・11大阪地裁判決）とに二分したが、しかし、国賠責任を否定した東京地裁判決ですら、被告国の政治的責任に言及した事実に鑑みれば、水俣病における行政の責任については、法的責任があるか、少なくとも政治的責任があるとするのが、司法の潮流であったことは否めまい。

私たちが悩んだことの1つは、国賠責任を断固追及してもなお、賠償額に一定の社会的基準があり、国の責任が賠償額にはねかえってくればくるほど、それだけ加害企業の賠償額が減少していくという矛盾であった。国賠責任の内実は何かという議論をつみかさねた結果、①水俣病未認定患者に謝罪すること、②水俣病未認定患者をすみやかに救済して解決すること（政策の転換）、③一時金はチッソが支払うこととし、その支払源資を確保するために、国が所要の金融支援措置をとること、④恒久対策として総合対策医療事業を行政の責任で継続すること、⑤水俣病の悲劇をくりかえさないための行政施策をとることであるとの結論に到達し、これらの責任を行政が果たせば、国家賠償法上の責任を果たしたと評価しうるとの方針を打ち出したのである。

こうした私たちの国賠責任追及の方針に照らして考えると、政府解決策は、国において、①被害者に対する謝罪、②支払能力のない加害企業チッソの260億円の補償源資について「金融支援措置」をとる（事実上、国が責任をとって、肩代わりしたに等しいことである）、③総合対策医療事業（医療費、療養手当の支給）を継続する、④地域再生・復興の施策を行う、ということによって、事実上、国に責任を果たさせたということができると確信する。

また、チッソの責任について、チッソは、全国連との協定書のなかで「自らが排出したメチル水銀が水俣病を引き起こしたことの法的責任が昭和48年3月20日判決で確定したこと、並びに未認定患者については昭和60年8月16日福岡高等裁判所で原告4名についての法的責任が確定したこと、及び確定はしていないがその後の一連の地裁判決で勝訴原告に対しての責任が認められてきたことを厳粛に受け止め」、「問題発生以来今日の解決まで長期間を要したことなどにつき、原告ら及び水俣病発生地域に居住する住民並びに広く社会にお詫びをする」と明記して、訴訟原告らに対する補償一時金を支払った。汚染者負担の原則に基づいて260億円もの一時金を支払うという政府解決策の構造、枠組をこえて、水俣病全国連との間で、チッソは、その企業責任をとらされるに至った。

(4)　責任に関する批判について

政府解決策は、国、チッソの責任があいまいであり、未認定患者たちを正面から「水俣病」と明記していないとの批判がある。

しかしながら、未認定患者たちが、裁判と大衆運動のなかで、首相に謝罪させ、患者切り捨て路線の転換をはかったということの歴史的意義は、どれだけ強調しても強調しすぎることはない。

私たちは、政府解決策には、国家賠償責任をはるかにこえた内容の国・熊本県の責任が含まれていると考えている。

第1は、政府が、患者切り捨て政策の転換をよぎなくされたことである。行政が「患者ではない」としてきた未認定患者を、訴訟原告に限らず、大量に救済対象としたことである。この政策の転換こそが、行政が責任をとらされたことの何よりの証左であろう。

第2は、先に述べたとおり、政府を代表して、村山〈富市〉首相が「誠に申し訳ない気持ちで一杯であります」として被害者たちに謝罪し、「原因の確定や企業に対する的確な対応」を反省する談話を発表したことである。

第3は、すでに1,500億円余の赤字を抱えた加害企業に、国が260億円を融資し、ほかに地域振興のために40億円を拠出するなど、国が身銭を切ったことである。

そして第4は、政府と関係県とが共同して、総合対策医療事業により医療費と医療手当を負担することにしたことである。この負担総額は一時金補償額を超えるものとなる。

重要なことは、言葉の字面がどんな表現になっているかではなく、国、企業が何をさせられるに至ったかである。未認定患者たちは、闘って闘って闘いぬいて政府解決策をかちとり、これを受け入れることを決断したのである。責任があいまいであるなどと論じることは患者たちの生命がけのたたかいを知らぬ者の評論家的解釈であるとのそしりを免れえまい。

⑸　解決の方式

私たちは、裁判所における和解手続によりすべての未認定患者の救済を実現する、いわゆる「司法救済システムの確立」を提唱してきた。これは、未認定の個々の患者について診断書を提出し、被害者側のもつ審査会資料とあわせて裁判所が一定の救済対象者を定めるという、すでに薬害スモンで確立された救済方式である。

3党合意に至る過程で、環境庁が最も強く抵抗した論点の1つであった。これは、中公審の指摘するように、裁判所では、個別の因果関係が明確になることを恐れたからなのか、あるいは、司法には解決の主導権を渡さないという行政官僚の決意の表れだったからなのか。

政府解決策は、救済対象者の個別の判断を「判定検討会」の総合判断によるものとした。結果は、2,215名中2,124名が、一時金及び医療費、療養手当の支給を受けるものとして、訴訟上の和解をした（不当にも除外された92名については、全国連の組織内で患者として処遇した)。

ともあれ、水俣病の解決方式は、公健法上の行政的救済制度がありながら、3党合意によって行政的色彩を反映した救済制度の二重構造ができあがったという点で、このことは、公健法上の行政的救済制度の破綻・失敗を如実に示しているのであり、掘り下げて考えれば、法治国家における、行政による救済制度の根本的あり方、行政と司法との役割分担のあり方など議論すべき課題をのこすことになったといってよい。

(6) 今後の課題

水俣病がなぜこんなにまで拡大したのか、なぜこんなにまで解決が長びいたのか、この歴史のなかで、行政がなぜ、拡大防止と救済の責任を果たせなかったのか、こうした課題は、今後行政のあり方との関連で社会科学的に明らかにされなければならない。水俣病全国連は、環境基本法の制定にあたって、1993年3月8日、「水俣病の経験にもとづく環境基本法意見書」を政府に提出し、公害・環境法制のあり方を提言した。この提言も素材にしながら、公害と行政のかかわりのメカニズムをさらに解明するという点での国の責任の課題はのこっている。水俣病国賠訴訟の6判決は、国の責任を社会的に究明するうえで多くの素材を提供し、この究明に道を開いたといってよい。

第3章

「公害・人権」裁判と法律家の役割

第１節

第３章解説
――人間豊田誠がのこした言葉

人間豊田誠は、薬害スモン、水俣病などをはじめとした数々の公害裁判に取り組みながら、個別事件のたたかいにとどまらない論稿や講演録を残している。そこでは、大衆的裁判闘争とは何か、弁護士の果たすべき役割は何か、これからの司法はどうあるべきか、裁判を手段とした政策形成と被害の根絶、といった大所高所からの達観した知恵と法律家のあるべき姿を問題提起している。

第３章は、「公害・人権」裁判と法律家の役割というテーマで、９つの論文や講演を取り上げて、法律家が公害・人権裁判にどのようなスタンスで向き合うべきかについて豊田弁護士の確固とした立場をご紹介する。

豊田誠の一貫した信念は、「公害をはじめとした人権裁判は被害にはじまり被害に終わる、被害の事実から法理論を組み立てる」、「司法がいかに反動化し裁判官の官僚統制を強化しようとも、どんなに厳しい情勢の中にあろうともそれを乗り越える広範な国民のたたかいを組織し、公正・中立な判決をかちとる条件をつくっていく」、「法律家自身が諦観に陥ることなく強い確信を持つこと」、である。

「大衆的裁判闘争と弁護士の役割」の論稿の中では、判決で勝っても職場復帰できない労働者、判決に負けても現場のたたかいで職場復帰を勝ち取った労働者のたたかいが紹介されている。当事者にとって裁判は手段であり、目的ではない。国民自身のたたかいこそが勝利の扉を切りひらく。そのためには、①まず弁護士自身が、目の色を変えて本気で取り組まなければならない、②その弁護士の本気の姿を見て、当事者たちも変わっていく、人は変わるということを確信にもつ、③統一した行動を組むことは、我慢のし合いであり、小異を捨てて大同につくことで大きなたたかいのうねりを作り出し、巨大な敵を倒すことができる、と豊田は説く。

東弁人権賞受賞の際の特別講演である「人権は人間の証明」では、水俣病患者がたたかいに立ち上がり人間として成長していく姿と、その姿に感銘して弁護士が奮い立つ過程が克明に語られている。

公害をはじめとした人権闘争は、常に大きな壁が私たちの前に立ちはだかる。「公害裁判と人権——公害弁連25年のたたかい」では、足尾鉱毒事件以来の伝統を引き継いだ公害被害者とそれに寄り添ってきた弁護士の活動、1972年1月の公害弁護団連絡会議結成とその後の活動の意義が俯瞰されている。今の時代をどう乗り越えていくかを示す道しるべといえる論稿である。

豊田弁護士の取り組んだ公害、薬品・食品公害には、常に裁判での敗訴、国や相手方企業の巻き返し、たたかう組織の分断、など必ずや乗り越え難い困難が到来する。そのたびに豊田弁護士は、態勢を立て直して巨大な敵に立ち向かう。その姿に接して感じるのは、困難に直面することが真剣にたたかっている証左なのだ、ということを教えてくれていることだ。

この微動だにしない牢固とした豊田の姿勢こそが、被害者と支援者を勇気づけ被害者自らが成長し飛躍を遂げ、数々の勝利を導いてきたことは間違いない。

他方、豊田は、集会に歌や落語を取入れるなど、明るく楽しいたたかいを、と呼びかける楽観主義者でもある。

第3章では、その他に、薬品・食品公害と弁護士活動、「えひめ丸」事件が問いかけたもの、「原発と人権」など、豊田弁護士の幅広い人権活動に触れる論稿を掲載したほか、司法問題やこれからの弁護士の果たすべき役割など、まさに我々はどう生きるか、弁護士はどうあるべきか、を問いかけている。

本章の論稿集は、今をたたかう人々が教訓とすべき豊田誠の宝玉の言葉に溢れている。

（原 和良）

第2節

大衆的裁判闘争と弁護士の役割

青年法律家協会34期修習生部会
『今日における法律家の課題』(1982年) 3頁以下

1　はじめに

(1)　今日の話は……

ただいまご紹介いただきました豊田です。実はこの間、皆さんのお世話をされる方々と打合せをしまして、「スモンにおける大衆的裁判闘争」という非常にむずかしいテーマを与えられたわけですけれども、率直に言って、スモンだけの話をするというのは、私自身の中にまだ躊躇があるんですよね。これは、打合せの際にも申し上げましたけれども、修習生の方々に私はこれまで何年かにわたってイタイイタイ病の話を何べんも何べんもしてきたわけですけれども、その感想を聞きますと、イタイイタイ病というのは、社会的にも昂揚した時期に、公害の非常に悲惨な被害のたたかいとして、あれは特殊だったんだ、私たちがこれから弁護士をやっていく場合に、ああいう特殊な大事件だけを聞かされたのでは、はたして弁護士として実務家として後に立つのだろうか。あれはやはり例外じゃないんだろうかというそういう感想が意外とあるんですね。そういうことがあって、今回の打合せの際にもスモンにおける大衆的裁判闘争ということで話してくれということがありましたけれども、できるだけスモンの問題に触れながら話していきたいとは思いますが、もっともっと身近な刑事事件の問題、国選などで出くわすそういう身近な問題も含めながら、弁護士がどういう役割を担わなければならないのかということについて、今日は話をさせていただきたいと思います。

⑵　大衆的裁判闘争とは

これから話をする内容は、２年くらい前に自由法曹団という法律家団体の新人弁護士の学習会で話したものです。さて、「大衆的裁判闘争」という言葉、それは修習生の皆さん、あまり聞き慣れない言葉だろうと思います。ところがこれが弁護士になって、いわゆる民主的な法律家といわれる人たちと交流するとすぐ大衆的裁判闘争という言葉が出てくるんですね。ところが大衆的裁判闘争とは何なのか、ということになると、それぞれが描いているイメージが違うんですね。この概念は、松川のたたかいの中で生まれてきているわけです。当時松川事件を献身的にたたかった弁護団が、１審で、自分たちは法廷の中で完全に無罪を立証したつもりでいたわけですね。ところが、ご承知のとおり、死刑を含む有罪判決が言い渡された。この真実を裁判所で明らかにするのにどうしたらいいかというところから、法廷では完全に優位に立って検察官を圧倒したつもりでいた弁護団が、そこから悩みはじめた。そして真実を明らかにするのには、単に裁判所の法廷だけではなくて、法廷の外でも真実を明らかにする国民的な運動が必要ではないかということに気がついたわけです。そこから被告人たちが獄中からその知り合いだとか、いろいろな民主団体、労働組合に対して手紙を出す運動がはじまり、そして、そういう運動に共鳴した、例えば作家の広津さんが、松川事件について書くというようなかたちで国民的な規模で真実を明らかにするたたかいがはじまっていった。そういうことから、例えば主戦場は法廷の中ではなくて法廷の外にあるんだ、というようなことも言われますし、真実を明らかにするのにはやはり被告人が中心になって法廷の中だけではなくて法廷の外に向けて訴えていかなければいけない。そして国民的なたたかいの中で事実を明らかにしていく必要があるのではないか、といったようないくつもの教訓を集大成してそれを「大衆的裁判闘争」と呼んでいるわけです。

私たちはスモンのたたかいをやる時にも、別に大衆的裁判闘争などとむずかしい言葉を使ったわけではないけれども、真実を明らかにするのには法廷の中だけではだめだ、法廷の外でもやっていかなければならないんだということを感じていたのです。ところが本気でそう考えたのは実はスモンがはじまってからずっと後の時期なんですね。頭の中ではそういうことを理解していながらも本当に自分たちがその気になったのは、実は最初の金沢判決が出た昭和53年3月からなんです。そういう意味ではこの大衆的裁判闘争という言葉、皆さんの中には検察官や裁判官になる方にはこれは無縁の言葉であり、あるいは嫌な言葉かもしれませんが、弁護士になっていく方々、そして民主的な弁護士活動をされる方々の場合にはこういう言葉はしょっちゅう聞くと思いますけれども、それはやはり1つひとつの具体的な事件に当てはめながら国民と一緒にたたかう裁判というかたちで理解をしていただいて。その形はいろいろあるんだということを予め申し上げておいた方がよいのだろうと思います。

(3) ありふれた弁護士として

先ほどご紹介がありましたように、私は、13期、昭和36年に弁護士になりました。当時25才、まだ独身でちょうど皆さんぐらいで、今頭の髪が少なくなっていますけれども、その頃はバサバサと髪がいっぱいで、ベレーをかぶったりして頭の髪をとめていた状況なんですね。弁護士になりたての頃は、まだ独身でしたので、離婚事件の女性から相談されるのが一番いやだったんですね。もう顔が赤くなっちゃってどこまで聞いていいのか、これ以上聞くとなんか独身なもんだから不謹慎じゃないかと思われはしないかという、特に離婚事件の場合には顔がほてるような思いをして事件を処理してきたことがあります。それから、報酬を請求するのが、一番苦手ですね。弁輩士会の報酬基準によればこれ位という基準が決まっていますけれど、弁護士になればわかりますが、あの基準どおり弁護士がお金を請求していたらこれはえらいことになって弁護士はどんどん堕落していくんじゃないかと思うんです。とにかく、基準はあるんだけれどもなかなかその報酬の額を言い出せない、随分それで悩んだ記憶があります。そういう意味では特殊な弁護士というよりも本当に普通の弁護士として、弁護士になりたての当時は西も東もわからないそういう未熟な時代を過ごしながら今日まできたんです。21年間いろいろな仕事をやってきましたけれども、やはり弁護士を育ててくれるのは、私は労働事件とか公害事件を主にやってきましたけれども、公害被害者の人たちの生きざまであり、あるいは労働者の生きざま、そういったものに心を打たれながら、心の支えにしてやってきたというのが、今日の状況だと思います。そういう意味では、私がこれから話をする内容は、決して、まったく普通の弁護士のごくありふれた話になろうかと思います。

(4) 弁護士の心を支えた患者たちの生きざま

スモン。昭和47年からかれこれ9年やってきたわけですけれども、これは実に大変な裁判でした。被告も、国とか製薬3社で巨大です。そしてこの巨大な相手に対して、スモンの裁判ではたして勝てるかということについて言えば、私どもは勝たなければならないとは思っていたけれども必ず勝てるという確実な見通しがあったわけではないわけです。勝たなければならない、この被害者は救済されなければならないと思いつつも、しかし、本当に勝てるかというとそれは国については勿論のこと、製薬会社についてすら予見可能性でどこかの時期できられるのではないかという思いをしながらやってきました。そういう弁護士を奮いたたせた、かれこれ9年間、非常に苦しい中で頑張り通させてきたのは、なんといってもやはり私は被害者の生きざまであったと思います。公害の患者というのはどこへ行っても、どんな人に会っても、みな悲惨です。イタイイタイ病もそうですし、水俣もそうだし、今度、〈1982年〉3月29日に判決の出るカネミ油症の患者もパッと裸になると身体中斑点だらけで、とにかくそれは見るも無残な悲惨さです。しかし、スモンも勿論そうですけれども、私たちは被害の悲惨さに心を打たれましたが、それだけではおそらく9年間頑張り通すことができなかったのではないか。そういう苦しみの中で被害者の人たちが、人間として生き抜こうという、その姿が私たちの心を打ったんだと思います。これは後でまた詳しくは話しますけれども、例えば、当初の時期に街頭に出てカンパをやろうじゃないかということを被害者の集会に行って訴えますと、被害者の人たちは、だいたいスモンの患者というのは学校の先生の奥さんとかそれから薬剤師関係とかいういわゆるホワイトカラー的人たちが多いわけですけれども、街頭に出てカンパを訴えるなんてそんな乞食みたいなことはできない、ということを私たちは再三言われました。しかし、そう言っていた患者たちが弁護団の姿を見て、あるいは、裁判での会社や国の不当な態度を見て自分たち自身の怒りを燃えあがらせて自分たちからすすんで街頭に出はじめていく。そういう変っていく姿に私たちは非常に強く打たれて、そしてこの人たちとやはり一緒に頑張っていかなくてはならないんだなという気持にさせられてきたことが、この９年、かれこれ10年のたたかいを進めるうえで弁護士の気持を支えてきたことではないだろうかと思うんです。スモンで静岡へ実態調査に行きました。その時に、私が行ったのは浜名湖のちょっと北側の方ですけれども、そこであるおばあさんに会ってスモンの事情聴取をしました。その事情聴取をした時に嫁さんもそばで笑っていろいろ聞いておったわけですけれども、帰ってきてから、そのおばあさんから手紙をもらったんです。何が書いてあるかというと、先生、私は裁判やらなくてもいい、先生が来て、スモンの話をして実態調査をしてくれたおかげで、うちの嫁さんが私に対する見方を変えた。今までは、嫁さんは、うちの婆ちゃんは怠け者で仮病をつかって痛い痛いといっている、たしかにスモンは外見上なかなか見えにくい、そのために、怠け者なだけと家族の中でも蔑視されてきたのが、先生方が来て、スモンの話をされて、スモンとはこういう病気なんだ、という話をされて、うちの嫁さんもやっとわかった。で、それ以来、家の中に嫁と姑の冷たい関係がなくなって私は今、姑として心安らかに毎日の生活を送ることができるようになっているという趣旨の手紙をもらいました。もう裁判なんかやらなくてもいいから本当によかったという手紙をもらいました。その時に私は弁護士の仕事というのは単に裁判で勝つだけではなくてやはり生きている人間の心を少しずつ少しずつ変えることができるんだなと、そういうかたちでも変えることができるんだなと、そういう具合にも思いました。そういった感動がいっぱいいっぱい積み重なってきてこの９年間、飽きもせずこの苦労の多いたたかいをつづけてきているんだと思っているわけです。

2　事実の調査の重要性

今日お話したいことは、3つ。1つは、いつも、口癖のように言っているんですけれども、事実の調査の重要性という問題について。それから2つ目には、裁判をどう位置づけるか、なぜ裁判をたたかうのかという問題について話して、そして3つ目には、裁判を本当に国民的な規模でたたかううえで弁護士はどのような役割を果たすのか、弁護士がどのような心構えでたたかう必要があるのか、ということに話を進めていきたいと思います。

(1)　言うほど易しくない「事実の調査」

事実の調査の重要性の話についてまず最初にお話したいわけですけれども、どんな弁護士でも事件を受任する以上、事実を調査するのは当り前のことです。これは皆さんもよく研修所で言われていると思いますけれども、反対尋問を準備する場合に事実を調査しなければ、反対尋問はできません。調査に裏付けられない反対尋問は空論のやりとり、理屈のやりとりになってしまうわけです。そういう意味では、反対尋問を本当に成功させるのにはきちんとした事実の調査によって裏付けられなければならないことは言うまでもないことです。皆が、弁護士であれば誰でも、そういうことを思うんです。しかし、大事なことは、実際の訴訟活動においては、事実の調査は重要だ重要だと言いながらもいろいろな制約があってなかなかその調査ができない。そういうことを、これから皆さんも経験していくことになると思います。そして、何年か経ちますとその事件はこういう具合にみるもんだ、あの事件はだいたいこういう筋なんだ、何といいますか、経験主義のようなものに陥って、そしてそれがあたかもキャリアのある弁護士の識見というような錯覚に陥ってしまうわけですね。あれは敵性証人だからだめだよ。あの証人はこうこうこういうことだからだめだよとかね、この事件はこうだからだめなんだというような経験主義に必ず皆さんも陥るだろうと思います。しかしながら、事実を調査し、その事実の上に立って法理論を展開することは国民から信頼される弁護士の活動の基幹をなすものだと思います。事実の調査ということについていろいろ言われてますけれども、具体的な事件になりますと、経験主義にわざわいされ、あるいは忙しさに紛れてそういうことができなくなる。どういう観点でどういう角度から事実を調べるか、そう簡単にいかないことが多い。

(2) コロンブスの卵

私がこれから話すのは１つの失敗談です。石川県の加賀温泉に山代温泉という温泉街があります。この山代温泉で昭和36年11月、ちょうど私が弁護士になった年ですけれども殺人事件がありました。それは、どういう状況の殺人かというと、カウンターのあるバーで３人の男が酒を飲んでいた。２人の男は暴力団なんですけれども、同じ形の、さやも刃渡りもほぼ同じ、そういう日本刀をそれぞれ１本ずつ持っていた。で、飲んでいるうちに口論になって、その２人がもう１人の男を外に呼び出して刺し殺したという事件なんですね。人が死んだわけですけれども、バーテンはカウンターの中で酒をつくっていて、３人が外に出た後は見ていない、その２人が警察に逮捕されて、そのうちの１人、Ａといいますが、そのＡの方が私は絶対に刺していない、警察段階から検察段階まで、一貫して自分はやっていないと頑張ってきたんですね。ところが、もう１人のＢは、Ａがやっていないというならあるいは俺かもしれない、俺もやっていないような気がするけれども、しかし、Ａがやっていないというなら俺かもしれないという非常に曖昧な供述をしたわけです。検察庁は共謀で殺人で起訴すれば問題ないわけですけれども、あいつがやっていないんならばあるいは俺かもしれないと言ったＢを殺人罪で起訴した。そして絶対やっていないと言ったＡを銃砲刀剣不法所持で起訴したわけです。勿論、捜査段階で、刀の血液鑑定、血痕反応も調べられましたけれども、事件後、刀を洗っているもんですから、とうとう反応が出なかった。そして、その供述をもとにして公判が展開されていったわけです。私も弁護士になってまもなくの頃でしたので、まず、バーテンは見なかったのか、通行人はいなかったのか等々現場へ行っていろいろ調べたんですけれども、とうとう手懸りがない。公判になってから殺人で起訴されたＢは、俺はやっていないと否認しはじめたんですね。で、勿論、銃砲刀剣でやられた方も俺は絶対やっていないといって頑張った。何回も未決で接見をして、何か手懸りはないか、いろいろ打合せをしたのですがとうとう何もなくていよいよ裁判が終わりの段階まできてしまう。やがてもう弁論がはじまるというそういう時期になってハタと気がついたんですね。ちょっとまてよ、さやの中はどうなんだろう、ということをその段階で初めて気がついたんです。そしてこの発想には裁判所も非常に興味を示したとみえて、さやの鑑定をやったわけです、さやの鑑定をやって被害者の血痕が、被害者と同じ型の血液型が出るかどうかという鑑定をやった結果、絶対刺していないと言ったＡの刀のさやからは被害者の血痕の反応が出てきた。そして、Ａがやっていないのならばあるいは俺かもしれないと曖昧な供述をしたＢの刀のさやからは血痕の反応が出なかった。判決は証拠不十分で無罪になりました。これは今聞いていて、あまり能力ないなと皆さんは思われたかもしれませんけれども、事実の調査の重要性ということを口では、いくら言ってもですね、１つひとつの事件で見ていけば決して容易なことではないということなんですね。事件が終わってみて、さやに気がついて鑑定をやって彼は証拠不十分でシロになったということになってはじめて、なんだそんなことだったのかということがわかるくらいで、いわばコロンブスの卵みたいなものなんです。とくに、事件につっこみはじめますととにかく何といいますかはたから見ていると、どうしてこんなことに気づかないんだろうかということがよくあるんですね。とくに、１人で事件をやっている時というのはそうです。集団でやると集団でいろいろ討議しますから、この角度からどうかという意味での英知が結集されるからこういう誤りというのはあまりないんですけれども、どうしても葦(よし)の髄から天井のぞくようなそういうかたちになりがちなんですね。そして、皆さんはそういうことはないとは思いますけれども、有罪判決が仮に出れば、あれは裁判所が悪いんだと、まあ司法が反動化しているというかどうかは別として、無実の者を有罪にしてしまったといって弁護士はそれで自分の立場を正当化できるんですね。東京法律事務所の弁護士の坂本修さんなんかもよく口にすることなのですが、東京地裁で労働事件が負ける、敗訴率が高くなる、それはたしかに裁判所が反動化しているからなのですが、だけれども、その反動化している状況の中で本当に弁護士が労働者やあるいは被害者やあるいは被告人のために人権を守るために全力を尽してたたかいきっているかという反省もしてみなければいけないと思うのです。そういう意味では事実の調査ということを簡単に言ってもそれはそう簡単にはいかない。とくに事件に没入してしまった弁護士の場合にはなかなか気がつかないということがありうるわけです。そういう意味で、視野を広げていろいろな角度から事実を調べていく必要があるだろうと思うわけです。裁判所が事実調べをやりたがらない風潮が強まっている今日の状況の中では、1つひとつの事件を本気で勝ち抜いていくためには、やはり具体的な事実の積み上げがどうしても必要だろうという具合に思うわけです。

(3)　重要な「初動の対応」

もう1つ別の話をします。能登半島の突端に蛸島という町があります。珠洲市といいますけれども、そこで昭和40年に小学校5年生の子どもが殺されて高倉彦神社という神社の神殿の床下にロープでゆわえられていたという事件がありました。その事件も私は担当しましたけれども、弁護人が5、6人でやってきた事件です。その事件が起きた時に警察はいわゆるローラー捜査といって、軒並み住民のアリバイをずっと調べる。狭い地域ですからそれが可能だったんですね。ところが被疑者が出てこない。子どもが殺されているということもあって地域の住民は早く犯人を捕まえろという要請を警察にどんどん出す。ところが警察はそのローラー捜査をやってもなかなか犯人をつかめないという状況が生まれてたまたま何か月かした後、16才のちょっと知能の低い少年が逮捕されたんですね。その少年は、捕まってから1週間後に殺したという自供をはじめるわけです。私はその少年が逮捕されて自供をはじめてまもなくその被告人のお父さん、これは大工さんをやっているんですけれども、お父さんから依頼があって、七尾の拘置所に接見に行くわけですけれども、その七尾の拘置所で私が面会した後、1週間くらいずっとつづけてきた自供がぴたりと止んでしまうんですね。黙秘に変わる、そういうことがあったために検察官が論告の中で「被告人は一貫して自供してきたけれども弁護人の豊田が面会に行った後、黙秘に変わっている。それは弁護人が黙秘をそそのかしたのであって、被告人の自供は真実である」というそういう論告をしたわけです。そういうことを言われた手前、私もひとこと反論に出ていかざるを得なくなって、金沢地裁七尾支部まで弁論の際に出掛けていったわけです。

弁論要旨をちょっと紹介しながら、どんな状況かというのを話しておきます。「私がその少年と接見したのは同日午後5時30分頃より七尾拘置所に於てである。接見指定時間は20分であったが、事実上55分間にわたり彼と話し合う機会をもつことができた。ところで私は接見する以前に、この少年の父母や兄など身内の人たちと直接話し合う機会がなかったので七尾拘置所へ赴く時には本当に冤罪事件だろうかという疑問を持ちながら出かけたのである。何回か検察官に電話をした挙句、私の接見の指定がなされるに至った。拘置所で金網ごしに接見した時に私はまず私が弁護士であること、弁護士は警察にいじめられている人を救うことが仕事であること、そして私の所属する事務所は警察が間違っている時にはぜにかねにかまわず困っている人のために仕事をする事務所であるということ、そういったことをその知能の低い少年に話したわけです。それは、もし彼が虚偽の自白をさせられているとするなら真実を打ち明けさせるためには彼の信頼をかち取らねばならないと考えたからである。こんな話の中でその少年が私を信頼したことは『俺は本当は殺してない』とどもりながら述べたその言葉によって完全に証明された。私は彼の『本当は殺していない』という言葉に事態の重大性と責任の重さを一度に感じさせられた。」

云々云々とずっと書いてきているんですが、実は私が面会に行く前にもう1人、別の弁護士が接見しているわけです。もう1人別の弁護士が接見していながら、その弁護士と接見した後、被告人は黙秘に変わったわけでもないし、否認に変ったわけでもない。つまり警察が捜査に行き詰って能力の低い少年を引っ張ってきて犯人に仕立てあげようとした。その少年にしてみれば弁護士と警察と、検察官、裁判官が区別がつかないんですね、そこで私が言ったのは、先ほどもちょっと弁論で紹介したように弁護士というのはどういう仕事をするものかというところから話しをはじめて、そして彼の本音をその場で引き出した。そういう意味では、いったん自供させられて、その自供させられたことによって、どのようなことになっていくかということについて必ずしも見通しのない、そういう能力の低い少年と会う場合に、弁護士としてどういう話をしなければならないのかということがおわかりだろうと思います。この事件で、検察官は論告の中で私の悪口を言ったために私はたまたまその頃東京に戻っていましたけれども、また弁護の準備に出掛けて行った。弁護団が私に弁論を準備させた目的は、おまえが接見をした後、黙秘をそそのかしたために被告人は黙秘になったんだと検察官が言っているから、そのことについて十分どういう状況だったかということを明らかにすべきではないかということであったわけです。それと同時に、別件でこの少年は逮捕されているわけですけれども、その別件逮捕の違法性について述べてくれということで、実に気軽に弁論をやることになったのです。ところが、実際に最後の弁論を準備するために私は金沢で記録を再度読み直してみましたけれども、記録を調べていけばいくほどいろいろなおかしいことがたくさん出てくる。判決はもう確定してますけれども、別件とされた窃盗罪、これはレコードのドーナツ盤を盗んだという疑いなんですけれども、その窃盗罪のレコードのドーナツ盤の被害届が別件逮捕の数日前に作成されて、しかも盗まれたレコード屋のおかみさんの話だと、盗まれたことに気がついていないという供述が別にある。ということだとか、別件で捕まえられたその日にポリグラフにかけられているわけですが、それが殺人の容疑でポリグラフにかけられている。等々これは話せばきりがないんですが、そのようなことがずーっと明らかになってきて、別件逮捕の見込み捜査だということがきわめて明らかになって、裁判所はついに別件も含めて殺人に対しても無罪の判決をした、というのがこの事件です。ここで私が言いたいのは、事実の調査といってもいろいろな段階があるわけですけれども、とくに刑事事件の場合には弁護人がその初動の対応をどれくらいやるかということが、かなりその事件の帰趨に影響するということだと思います。とくに大衆的裁判闘争とかという言葉と合わせて刑事事件における黙秘の問題というのが、これも弁護士の間でいつも議論になります。

例えば、住所・氏名まで黙秘する必要があるのか、あるいはもうしゃべらせて出した方がいいんじゃないかと、これは現場で弁護士をやると必ず出くわす問題ですけれども、しかし、やはり黙秘でたたかうというのは、刑事事件の1つの要になるということをこの事件を通じて私は感じましたし、そういう意味では、先輩の弁護士たちが教訓として残してくれた刑事事件のたたかい方の法則みたいなものは、非常に重要なんだということを思います。それとあわせて、例えば別件逮捕の違法性の問題について、その当時、私どもの認識としては、とてもとても裁判所で通る理屈ではないという具合に思っていたわけです。しかしながら、今日はあまり詳しくお話しすることはできませんでしたけれども、その調べていった別件そのものがおかしい、そういう見込み捜査がやられてきた。そして被告人がいかに暴力を受けながら長時間の取調べをされてきたかというその事実を積み上げることによって裁判所は遂に別件逮捕そのものが違法だと、別件逮捕中に収集した証拠能力を全部否定してしまう。これは、金沢地裁七尾支部の判決としては著名な事件だとは思いますけれども、それも最初私たちがあきらめて、この事件はこうなるんだ、そういう理屈を言っても裁判所は通らないんだという具合に、もしあきらめていたとすれば、これはやはりそこの壁を突破することができなかったんだ。そういう意味では、事実を調べて法理論を展開していく場合に、最初から負け犬根性であきらめてしまうというのはどうだろうかと思うわけです。

(4) 調査に裏づけられた法理論の展開

ちょっとスモンの方に話を引き戻しますと、裁判を提訴した段階で、まず国に対して国家賠償で勝てるということを言ってくれる学者は都立大学の下山〈瑛二〉先生しかいませんでした。あとはどの行政法の学者に聞いて歩いても、「いや、だめだよ」とか、「弁護団、何を考えているんだ」という解答が冷たく返ってくるばかり。それから製薬会社の予見可能性の問題についても、キノホルムは昔からあった薬で、具体的にスモン様の症状が出たのは昭和42年なんですね。それが学会で報告されたのは42年ですから、それ以前はまず無理だ、だから製薬会社に勝つにしてもある時期を区切られるに違いない、ということを言われました。そういう状況だったんですけれども、この裁判で被害者を救済しなければいけないし、勝たなければいけないという、その気持だけは持っていた。で、それじゃあ、とにかくキノホルムは昔から使われている薬なんだから、どういう使われ方をしてきてどういう副作用報告があるかを徹底して調べようじゃないかということを全国の弁護団が申し合わせて、これはちょうどお互いに競争するようにして、各大学の図書館、医学部の図書館を駆けめぐりました。スモンの弁護団がおそらく門をたたかなかった図書館というのは、日本の中ではないんじゃないかと思いますね。医学部、薬学部関係で、私は毎日、その時期には、慶應の図書館と東大の図書館に入りびたりでした。なにしろ文献といっても日本の文献じゃだめなんですね、英語とかフランス語とかドイツ語とか時にはスペイン語とかで書かれている。そうするとどういう探り方をしたかというと、キノホルム、むこうではキノホルムとはいわないんですが、クリオキノールというその単語を中心にして、英語でもドイツ語でもフランス語でも、もう何が書いてあるか全然わからないですよ、それで、インデックスで引っ張ってきて論文をだーっとコピーしてきて、学者に読んでいただいて、なんか関係ないか、とこういう手さぐりだったんですね。一見すると無駄なことをやったと思うんですわ。でも、もうそれしか手の打ちようがないんです。まあ、英語ならね、まだおおよそ何が書いてあるかくらいはわかるけれども、フランス語とかドイツ語になったらもう全然わからない。だから、そのクリオキノールならクリオキノールという単語をもとにしてインデックスを頼りにして、インデックスといっても１つじゃなくていっぱいあるんですよ。世界の医学文献をまとめたインデックスをもとにしながらいろんな文献を引っ張ってくる。そしてそれで最後に金沢の弁護団が東北大学でみつけたんです。これは有名な、バロスとグラビッツの文献というのがそうなんですね。それによると、昭和10年に、アルゼンチンでキノホルム剤を使ったらスモンと同じような下半身麻痺の症状が出たというような報告がなされているんですね。その文献が見つかった時に、私たちは、これはこの裁判に絶対勝てると思いました。その文献が見つかるまでの間は、どういう理論的な支えをしていたかというと、皆さんの中に知っている方もいるかもしれませんが、構造活性相関の理論といって、これは金沢の松波〈淳一〉弁護士が考え出したんですが、類似の薬品は類似の作用をするという単純な理屈を考え出して、キノホルムと構造的に似た物質がどういう副作用を起こすかというのを全部調べて、したがってキノホルムと似た物質がこういう副作用を起こすならば、キノホルムについてもスモンのような症状を起こすのは当たり前ではないか、それからクロロキンが最近問題になっていますけれども、クロロキンまで調べて、そして類似の物質は類似の作用を及ぼす。したがってキノホルムそのものによってスモン様の症状が起こらなくても、同じ物質で同じ作用が出るんだという法則からすれば、これは予見できたはずだという理屈で考えてきたわけですけれども、先ほど言ったような努力の中で「バロスとグラビッツ」の文献が見つかって、それで製薬会社の予見可能性については大きく突破することができたということができます。それから、国についてもですね、さっきも言ったように行政法の学者でいえば下山先生ぐらいが、私たちの理屈を支持してくれる状況で、これは行政法の中ではごく少数派なんですね、そういう理屈で、私たち、準備書面を書いて裁判所に出しますと、当時の可部〈恒雄〉裁判長は、あの人も行政法学会にはいっている、「いや、それはわかる」と、「こういう説を言っている人もあるけれども、それは多数説ではない」、「あなたたち、こんな理屈で裁判に勝てると思ったら大間違いだ」ということまで言われました。それで私どもは、国に対して勝つのにはどうするかということで、これは、1つのポイントはですね、薬事法上、国が今までどういう行政措置をとってきたのかというその実態を調べよう、つまり、国には薬の安全性を確認する義務がないんだというのが国の基本的な考え方なんだけれども、じゃあ、義務がないからといって国が今まで何もやらなかったのか、たしかにやってこなかった歴史だったけれども、しかし、何かやっているはずだということで、行政実態をずーっと調べた。そうしたら昭和24年頃、ちょうど結核の薬でアイナーというのがありますけれども、その頃に発売された薬で、やはり非常に危険な薬チビオンというのがあって、それについて、厚生省はちゃんと東京大学とか、国立衛生試験所とかを使って実験をやっているんですよね。そういう事実がわかってきた。それから、これは私自身が見つけたもので、岐阜県の川島村にエーザイという製薬会社がある。この図書館というのは薬の関係の文献が非常によく揃っているというので、エーザイの図書館に1日、朝から晩まで入りました。そこでいろいろ調べていたら、戦後キノホルム剤を薬事法から削除するという、当時の局方収載の調査会の決定があったという記事が見つかった。それがなぜ再び載ったのかというところまではわかりませんけれども、少なくともキノホルム剤については日本では戦後必要としなくなっていたことだけははっきりした。その資料を私は見つけた時に、足がガクガクッと震えてね。キノホルム剤っていうのは絶対必要な薬だと、これは欠かせないと、製薬会社や国は言ってきてるわけですよね。キノホルムはもともとアメーバ赤痢に使う薬なんだけれども、戦後、スモンが発生する前は整腸剤として使われるわけですね。それは殺菌作用があるからということで使われるわけですが、アメーバ赤痢というのは日本にもともとないんですよね。だから、戦争が終わったところでこのキノホルム剤は必要なくなるはずなんですね。果たせるかな、事実として局方調査会で削除することを決定したという昭和23年の11月だったかな、の記事が見つかった。それを見つけた時には、本当に足がガクガクっと震えたのを忘れません。キノホルム剤というのは非常に汎用されてきた薬品だと、広く使われてきた薬品だという、その、国や製薬会社の主張が根本から崩れるようなデータが見つかったんですから。そのエーザイの図書館へ行く時も、私1人で行きましたけれども、とにかくポケットの中にもう何千円かしかお金がなくてですね、一宮で汚い宿に泊まったと思ったけれどね、泊まって、翌日、川島村のエーザイの図書館へ行って、東京へ帰ってきた時にはほとんど金がないくらい、そんな心細い中で行ったんですけれども、見つけた時の、本当に何と言いますか、感動というのはすごかったですね。

とにかくそういう事実の調査の中で、国が言ってきた理屈が違うんだと、国は今までキノホルム以外でも危険な薬について自分のところでちゃんと実験もやって調査もしているというような事実をつかまえて、そして、決してこれは汎用されてきたものではないと。むしろ汎用されてきたのは、製薬会社がそういう宣伝をして、汎用を自ら、作ってきたのではないかということを尨大な書面にまとめており、これくらいのぶ厚い国の責任論を準備書面で書いた。最終準備書面を書く前に私たちは田中二郎先生〈東京大学名誉教授（行政法）、元最高裁判事〉のところへ、鎌倉に住んでおられる、この間亡くなりましたけれども、何とか田中先生を味方につけないと、可部〈恒雄〉裁判長を説得できないと思いまして、とにかくスモンについての国の責任の論文を書いてくれということでお願いに上がったことがあるんですね、そしたら、田中先生、「いや、とんでもない」と、「とにかく薬事法でもし国の責任が、国家賠償責任が認められるということになったら、」こう言いまして「地震の予知をしてその地震の予知が間違っていたということで国家賠償が、果してみなさんできるとお考えですか」、こう言われて私たちも途方にくれる思いをしたことがありました。その後、いろいろな調査をして国の準備書面をまとめあげて、それを、再び田中二郎先生のところへ持って行った。ぜひ、これを読んで、読んだうえで意見を聞かせて下さい、と言って置いてきたんです。そして、３度目にお願いに上った時に田中先生は我々のその準備書面にいっぱい符箋をいれて、それで彼が言ったのはこういうことです。これだけの事実があれば、この事件に限って国に勝ってもおかしくはないね。私どもはもう千人力、万人力を得たような気持で可部裁判長ところへ行って、田中先生は絶対に支持しているよって話しましてね、これはもう同じ行政法学会ですからね、そうか、田中先生までそう言っているのかという話になってきた。なんか我々の方が多数説を形成したような感じになりましたけれども、結局、それもやはり理屈の上の問題じゃなくて自分たちが調べてきた事実、それはどういう観点で調べてくるかというのは、それは大変、先ほどから言っているとおり、難しいわけだけれども、その事実を積み上げるなかで理屈を考えていく、事実に裏付けられた理屈を考えていくことによって新しい法理論を創ることができるし、もともと、難しい、難しいと言われている裁判所も動かしていくことができるのではないかと思うわけです。

3　裁判の位置づけ

事実の調査の話については、公安事件についても、自由法曹団では話をした部分があるんですけれども、それは割愛して、裁判をどう位置づけるかという問題について、これも私の苦い経験をお話ししたいと思います。

(1) 勝っても勝っても

おととし〈1980年〉、私が関与してきた大きな労働事件が2つ解決しました。1つは、神奈川県にある大日本塗料の争議、これは昭和44年の8月にはじまった争議で、ちょうど10年。もう1つは、全金〈総評全国金属労働組合〉の〈東京地方本部〉浜田精機支部のたたかい、この2つがほぼ同じ時期に解決したわけです。ところが、この2つの事件は実に対照的なんですね。大日本塗料の方の事件というのは、組合長が突然配転させられて、昇格配転をさせられて組合員資格がなくなる。そこからたたかいがはじまったわけですけれども、それを支援した労働者が次から次へとクビをきられたり、配転させられたりする。私たちが10年この裁判をやってくる中で、夏になると一時金の仮処分、暮れになるとやはり一時金の仮処分、春になると賃上げの仮処分、とにかく連戦連勝してきたわけですね。これは、非常に恥ずかしい話だけれども、33連勝した。負け知らず、やれば勝つ、やれば勝つ。ところが、裁判で33連勝もしながら争議そのものは一向に片付かない。勝つだけ、何故そうなのかということを私たちもその労働者の人たちといろいろ議論をしました。やはり裁判に重心が傾いているんじゃないかと、争議に勝つうえで、例えば労働組合でいえば産業別とか、あるいは地域の、そういう労働者の支持を得た本当のたたかいがまだ組まれてないんじゃないかということを深刻に反省しまして、33連勝の過程のある時期に争議団の有力メンバーは次々とですね、神奈川の争議団の事務局長とか、あるいは差別共闘の事務局長とかそういうポストにはりついていって、自分のところの争議ばかりじゃなく人の争議にも関与しはじめる。いわば、神奈川の争議の、たたかいの中核を担っていくわけですね。そして、その中核を担っていく過程で会社が降りてきて、和解に応じてくるという状況になってくる。つまり、裁判でいくら勝っても、本当にたたかいが大衆的に広がっていない時は達成できないんだと思いますね。弁護士にとっては、裁判で負けるのは非常に恥ずかしいことだし、できれば裁判に勝ちたいと思う。だけど、33回も勝って争議が解決しなければ、やはりどこかがおかしいんですね。それに気がついたのは、私ども、非常に遅かったわけですけれども、かれこれ6～7年ぐらいしてから気がついて、10年目ぐらいにやっと解決した。

(2) 要求で裁判をたたかうということ

ところが、全金浜田の方のたたかいというのは、これは三菱重工が印刷業界に乗り出してきて、それで中小企業である浜田精機製作所がつぶされていくという争議なんですね。そして、浜田精機の会社の社長たちも知らないうちに、三菱銀行とか三菱重工が全部上の方で決めて会社更生の申立てをやってしまうというようなことで、まして労働者は全然知らない。ある日突然会社更生がはじまって、会社更生がだめになったからといって破産になりクビをきられるという事態が生まれる。この浜田のたたかいでは、私たちはやる裁判、やる裁判、皆うまくいかないんですね。仮処分を出したら、小野寺裁判長は、「破産した会社に於いて地位保全の訴の利益があるか」と、こうやられてそれで延々と議論をやった。あるんだ、事業の継続が可能ではないかとかいろんな議論をやっていると狭い法律の枠の中にはいっちゃうんですね。破産した会社を相手に地位保全をやって、復職するっといったって、会社そのものがなくなるのに、どうやって、従業員としての地位を求める利益があるのかといわれ、議論を随分やった。仮処分手続は随分長いことやっていたけど、これじゃあもう勝ち目がないというんで取り下げてすぐ本訴に切換えた。その裁判の中で、判決を出せばおそらく私たちは負けたと思うんですね、やったことは、これは非常に常識破れなことをやったわけですけれども、1つは、いわゆる労働法上の支配介入の幅をもっとグーッと広げて、浜田をつぶしたのは三菱銀行であり、三菱重工だ、とおよそ法律家らしからぬ理屈をつけて、それが支配介入だというような書面を出して、それで三菱銀行や三菱重工の責任者を呼べ、というような証人申請をしてたたかった。裁判所は勿論乗ってきません。乗ってこないけれども、そのことを法廷で毎回毎回やる。和解交渉に入ってからは、浜田精機の組合で作った要求書をもとにしながら裁判所で和解交渉をやる。で、浜田精機の要求書というのは企業再建ですから、破産手続の中で企業再建の要求書を出すというのは、およそ常識はずれなんですね。それを弁護士が平気でやったわけです。私たちはそうやるしかこの浜田のたたかいは勝てないと思ったんですね。ですから法律的な議論で、いわゆる伝統的な労働法の理論で考えても、それはもう全然問題にならないような理屈を、逆に裁判所で公然と出してたたかったのです。裁判所もそれをむげに処理できないような状況に追い込んでいって、そして結果的には35億という莫大な金額を三菱側に出させて、そして、浜田精機を再建したということになるわけです。浜田精機のたたかいでは、三菱銀行に押しかけていった労働者が威力業務妨害で逮捕されて、1審有罪、2審有罪、今、最高裁でやってます。挙句の果てに、1審の判決があった時に「警察の犬！」と叫んだ労働者がいてそれがまた人違いで別の労働者が監置7日になる。もうやることなすこと、ろくなことがない。私たちがもし法律家の伝統的な解釈や、あるいは法理論の伝統的な枠組みの中に閉じこめられていたら、おそらく浜田のたたかいはもっと違ったかたちになったんじゃないか。

裁判というのは、弁護士にとってみれば、勝つか負けるかというのはたいへん重要なことです。それは通常事件だってそうです。おそらく皆さん、弁護士になって判決ということになりますと、大体、事件の8割から9割がたが結審した段階で勝つか負けるかわかりますよ。しかし、どうしてもどっちに転ぶかわからない事件がある。そういう時には今でも私は前の晩眠れないですよ。そういうもんで弁護士にとっては勝ち負けっていうのは非常に関心のあることですけれども、しかし、労働者や公害被害者にとっては裁判で勝つか負けるかではないんですね。労働者にとってはクビをきられたそのことがなくなって職場に戻れるのか、あるいは破産で追い込まれた労働者が自分たちの生活を確保できる企業に再び戻れるのかというのが本当の要求なのであって、裁判そのものはそのための手段でしかないんですね。そのように考えると、裁判で負けても労働者はたたかいつづけるし、勝ったってだらしなければいつまで経ったって本来の要求を実現することはできない、こういうことになるわけです。そういう意味で、弁護士は裁判闘争に勿論責任をもちますけれども、その裁判が労働者や公害被害者のどのような要求に裏付けられて、どう位置づけられてたたかわれているのか、何を実現することが目的なのかということをやはりきちんと見据えないといけないのではないか、と思うわけです。

(3)　スモン裁判の位置付け

スモンの裁判について言いますと、裁判をやりはじめた〈昭和〉47年当時、私たちはスモンのたたかいがこんなに大きく発展するとは思っていませんでした。しかし、その後のスモンのたたかいが発展した中のいくつかの重要なポイントというのは、裁判をやりはじめた初期の時期から私たちのイメージの中にあったと思います。それはどういうことかというと、昭和47年に、弁護団を結成した時に、なぜスモンの裁判をやるのかということを議論して、そこでいくつか確認したことがあるんですね。1つは、国と企業の責任をはっきりさせよう、そして2つめには、はっきりしたその責任に基いて被害者に賠償をうんと取ろう。同時に賠償だけではなくて、生きていける補償を将来、まあ、今で言えば恒久対策と言っていますが、生涯補償をなんとかして勝ち取る必要があるのではないかと。それから3つめには、薬害を起こした根本をなくすために薬事法の改正とかそういうものをやる必要があるといういくつかの申し合わせを昭和47年の暮れの弁護団会議で決めているんです。その後のスモンのたたかいは、そういう意味では、9つの勝利判決をとって国と製薬会社の責任をはっきりさせて追いつめ、そして確認書を調印させて生涯補償も勝ち取り、そしてその前後に薬事二法を成立させて薬害防止の礎石を築いてきました。いわば、当初考えた基本的なイメージは、その後ずっと実現してきたといってよいと思います。一番私どもが辛かったことはですね、可部〈恒雄〉裁判長が和解を提案した時に、この和解に対して我々がどのように対応するのか、患者の人たちは一刻も早く解決をしたい、それは当然のことだと思うんです。そういう希望が一方ではあるのに、判決だ判決だと私たちが言っているのはやはり和解では根本的な解決にはならないからだという具合に考えたからなんですね。しかし、そうは言ってみても、毎日毎日の生活で困っている被害者にとってみれば決して和解も魅力のないことではなかったわけです。私たちは東京地裁で、今第3グループというグループですけれども、その第3グループの中でもどうしても和解をしてくれと言ってとうとう最後に私たちを解任した患者の人たちも何人かいますけれども、その和解の提案が出てきた時に今から思えば、もし可部裁判長が和解を提案した時に私たちが判決を全部あきらめて、つまり、判決をあきらめるという意味は、企業の責任や国の責任を明確にする、社会的にはっきりさせる、きっちりさせる、この課題をもしあきらめていたとしたなら、スモンの解決のその後の状態は今日とは随分と変わっていたのではないかと私たちは思っています。それは、サリドマイドの例をここに出すと当該弁護団に対しては気の毒なんですけれども、サリドマイドは随分立派な和解で解決をしました。しかし、救済されたのは当時提訴していた原告は勿論、全員救済されましたけれども、その後、サリドマイドだといって厚生省の窓口に救済の申請をした人たちの約半分がサリドマイドではないということで棄却されているわけですね。そのことを思うと私たちが国や製薬会社の責任をきちっと判決で明らかにした。その判決に基いて確認書を作って、そして次から次へと新しい患者を掘りおこしては提訴して、和解させた。現在6,250人の患者が提訴して、和解で解決したのが5,300人、あと1,000人残っていますけれども、こういう成果というのはおそらく勝ち取ることができなかったのではないか。そういう意味では、和解か、判決かというのは非常に難しい問題をいろいろ含んでいるのです。

(4) スモンとじん肺のたたかい

スモンについて言えば、私たちが裁判の役割、位置づけをきちっと決めて、だいたいそのとおり、やってきているつもりでいますけれども、しかし、いままだ投薬証明書がない患者の救済をめぐっていろいろな問題が出てきています。横道にそれますが、〈炭鉱〉じん肺をやっている方が随分いるようだから、日頃私の思っていることにふれておきたい。今、スモンのたたかいは、投薬証明書のない患者をどう救済するかというのが焦点になっています。この解決いかんは、今後の公害だとか労災、職業病に大きな影響を与えるだろう。なぜかというと、例えば、清水トンネルだとかあるいは青函トンネルで、あるいは三井の炭鉱でじん肺にかかった患者というのは、いわばスモンでいえば大病院でスモンになった患者と同じだ、資料がきっちり揃っている、といえるんだと思いますね。しかし、スモンもそうですけれども、キノホルムを飲みはじめてから点々点々と病院をわたり歩いている患者というのは実に多いんです。そして、点々とわたり歩くその病院のほうぼうでいろいろな薬を飲まされているのも事実です。そして今訪ねていくと、その病院はもうすでに閉鎖されているとか、あるいは医者が死んでいないとかということで、当時の投薬の事実が証明できない。まして、売薬の患者についていえばなおさらそういう証明はとりにくい。おそらくじん肺のたたかいは今緒に着いたばかり。と言うとやっている人たちに怒られそうですけれど、だんだんじん肺の救済が進んでいけば、やがてそういう労務者、工事現場をいっぱいわたり歩いている。あるいは炭鉱でもそうですね。そして、もう自分たちがじん肺だといって訴訟を起こす時にはその鉱山の賃金台帳もなければ従業員名簿もなければ何もないという人が必ず出てくるだろう、そういう被害者が救済の対象にあがってくる時期があるだろうと思うんですね。そういう意味では、スモンの投薬証明のない患者救済のたたかいは、そういうもろもろの社会的な災害の中での底辺の何といいますか、一番底辺の被害者の人たちも救いあげるかどうかの重大なたたかいだと私たちは思っているのです。現に製薬会社はそう言っているんです。影響があまりにも大きすぎる。投薬証明書がないということだけで賠償することになると他の薬害に及ぼす影響は言うに及ばず、公害などの事件に与える社会的影響はきわめて甚大なので慎重に解決したいとこう言っていますね。つまり、やはり向こうは向こうで総資本サイドでこの問題の解決についてルール化したくないという気持があるのは事実です。

昨日〈1982年４月９日〉の新聞によりますと、スモンの投薬証明書のない患者が札幌で２人、和解が成立したといわれています。個別に１つひとつ譲歩はしているんですけど、投薬証明書のない患者について救済のルールを作ろうじゃないかということを我々はとっくの昔に提案しているのに一切それには乗ってこない。まさに他の事件に与える影響が大きいだけに向こうが今必死の抵抗をしているんだと思うわけです。じん肺も被害の救済がどんどん進んでいけば、やがてスモンと同じように就労証明のとれないじん肺労働者をどう救済するかという新しい課題にぶつかってくると思うんです。そういう意味でも、スモンのたたかいは逆にまた重要になってきているし、たたかいは連動していると私は思うのです。

4　裁判と弁護士の役割

話がちょっと余談になりましたけれども、それから３つめに、裁判を大衆的にたたかううえで弁護士の役割、どのような心構えが必要なのかということについて、４つにまとめて報告をしたいと思います。

(1)　自らまず変わること

第１はですね、とにかく運動を広めるというならば、弁護士がまず自分自身の目の色を変えなければだめだということです。私たちが本気で目の色を変えたのは、さっきも言いましたけれども、金沢で勝利判決を取った後なんです。これは非常に矛盾した話なんです。若干経過を申し上げますと、私たちは和解じゃだめだ、どうしても判決で責任をきっちりさせたいと患者にも言ってきましたし、そうやってたたかってきた。そして一番最初に迎えたのが金沢判決なんです。昭和53年３月です。当然そこでは責任が明確になった以上和解よりも賠償金が上だと私は考えたし、また、そうなるべきだと思った。ところが、蓋をあけてみたらたしかに国にも勝った、製薬会社にも勝ったけれども賠償額は東京地裁の和解水準よりはるかに低い、ということになってしまった。はたして判決を取ったのが正しかったのかとそういう深刻な悩みを抱えるわけです。仲間の弁護士もいろいろ心配をして、おまえたち、なんで和解のテーブルにつかないんだ、テーブルについて条件をひき出して気に入らなければ蹴とばせばいいじゃないか、何も判決だ、判決だと言って頑張ってあんな金沢のような判決をひき出すことはないじゃないか、といういろいろなおしかりも受けました。しかし、私たちはその時にいろいろ反省した中で一番深刻に反省したのは、金沢で判決を取るについて厚生省や製薬３社の本拠がある首都東京と、製薬３社の本店のある大阪で一体私たちがどれだけ運動を作ったのかということでした。それは、こういうことがわかったからなんです。東京判決が８月にあるんですが、東京判決にむけて大阪へオルグにはいる。そうしたら、どの労働組合も民主団体もスモン・キノホルム説よりもスモン・ウイルス説の方が浸透しているんですね。田辺製薬は大阪に本拠があって、田辺製薬の労働組合が総評系で、その田辺製薬の労働組合が、スモンの原因はウイルスだといって一所懸命にやる。会社がやってる、労働組合もやってる。だから、スモン・キノホルム説というのは裁判をやっている法廷の中だけで、一歩外へ出て街を歩くとスモン・ウイルス説だという。少なくともキノホルム説はおかしいというのが世論になっているということがはじめてわかったんですね。つまり、金沢判決を取る時に私たちが本当に目の色を変えて運動を作ったのかということをその段階で反省させられた。そして、東京の弁護団は８月に東京判決を迎える段階になって、どうしても大阪に運動を作らなければいけないということでみんなで議論しました。誰か大阪へオルグに行かなきゃいかん。その時に、なんで弁護士がそんなことまでやらなきゃならんのか、オルグをやるなら被害者がやればいいじゃないかという意見も勿論ありました。しかし、被害者といったってみんな自由に動けるわけはないし、失明の患者もいるし、下半身麻痺している状況ですから、オルグといったって大変だ。やはり弁護士が手助けをしなければいかんということになって、東京から女性の小川弁護士が大阪に常駐する。２月（ふたつき）近く常駐するんですけれども、一切東京の仕事を投げうって大阪でオルグをやる、東京は東京で、例えば私の事務所に鈴木〈堯博〉弁護士がいますけれども、「ボンドの鈴木」といわれたほどです。ボンドというのは接着剤のことなんですね。喰らいついたら離れないっていうんで「ボンドの鈴木」になっちゃったんですけれども、まあ労働組合の幹部をつかまえたらもう離さない。スモンの支援を、具体的に行動の計画を作るまで離さないということで喰らいついていく。私も千代田区労協に何度も行って訴えたことがあるんです。それはやはり、ぼくが行って訴えた時というのは、スモンはこうこうかくかくの情勢ですからひとつよろしくお願いします。こういう署名運動やりますからよろしくお願いします。裁判所に対してこういう要請運動やりますからよろしくお願いします式でもう置いて帰ってきちゃうんですね。運動にならないんですよね。とくに東京の千代田区労協というところは、首都東京のどまん中の区労協ですからそういう要請事項は１つの常任幹事会に10も20もあるんですよね。あっちからも要請、こっちからも要請、それをみんな労働者がまともに受けていたら自分の活動なんてできなくなってしまう。そういう状況のなかだけに単なるお願い、あるいは要請だけでは千代田の中の運動は起きなかった。やはり鈴木方式のボンド方式で、喰らいついたら離さないという方式でいかなきゃだめだ。やっと東京の中に支援する会ができてきた時に、私は今でも覚えていますけれども、千代田区役所の食堂でやったんです。50人位集まったでしょうか。今まで何べんも頼みに行っても支援の行動になかなか立ち上がらなかった千代田の人たちが、やっと自分たちから集まってきたということを見て私は思わず、絶句してしまいました。

やはり弁護士がまず自分の目の色を変えて、とおり一ぺんの頼みじゃ要請のたくさんあるところでは、とてもとても聞き入れてもらえないんですね。ちょうど、スモンの要請行動をやっている時に、大須事件とぶつかりまして、私はその時にこう思ったんです。千代田区労協というのは非常に労働者としての意識の高い区労協だと、大須事件というのは政治的な弾圧で、どうみてもやはり大須の方がスモンよりは政治的には重要だと、これはえらい時期に２つのものが重なったなあ、きっと千代田は大須にはりついて一所懸命やるに違いないとこういう具合に思ったのです。この時に若干負け犬根性になったんですけれども、それを乗り越えたのは被害者の人たちなんですね。大須の方は名古屋からオルグに来るんですけれど、東京に勿論常駐がいましたが、こっちの方は頭数が多い。患者がいろいろな分会、いろいろな支部へ行っては訴えて歩く。そしてそれも単によろしくお願いしますだけじゃなくて自分が今までどう苦しんできたのか、今、自分はどういう具合に生きようとしているのかという、そういう話を赤裸々に話すもんですから労働者が逆に感銘を受けて、そして千代田の中では大須とスモンが競合しながら進んでいったわけですけれども、スモンが大須を完全に凌駕する運動を作ってしまった。大須事件で最高裁の上告棄却の判決があった後、被告人団が刑務所にはいるというので激励会をやったんですけれども、その時にスモンの被害者もたくさん出て行って無実なのに刑務所にはいらなければならない大須の被告人たちと手を握りあって泣いたという話も聞いて、とにかくスモンの患者の人たちはよくそこまでやったなという感じがしました。弁護士が目の色を変え、そして被害者も目の色を変えて必死になって自分たちがやらなければ、決して情勢は切り開かれないんだということがいえると思います。

(2)　人も変わるんだという確信

それから２つめには、これは、人が変わるということに確信をもつかどうかということ。これは説教みたいになって嫌なんですが、黙って放っておけば、世の中は悪い方向に動いていく時代であれば、悪い方向に流れていくんですね。公害闘争も、それから薬害闘争も、それから職業病などもそうだと思いますけれども、弁護団と被害者をひき離す策動といいますか動きというのは必ず出てきます。あの弁護団は赤いとか、あの弁護団はこうこうこうだとか、というような策動が必ず出てきます。だから黙って放っておいても被害者の人たちと弁護団との間に、自然に信頼とか団結とかが生まれてくるものではないと思うわけです。とくに注意しなければならないのは、あの人はああいう意見を述べたからだめなんだとか、この人はこういう考えをもっているんだからだめなんだとかいう具合に決めつけてしまうということが一番危険だということなんですね。たしかにそういう意見をもっていて集会などでマイナスの発言をして水をかけることもあると思うんですけれども、しかし、そういう人たちも含めてやはり変わっていくんだということに本当に私たち自身が確信をもつのか。ここが非常に大事だと思うんです。さっきカンパの話をしましたけれどもスモンの患者の人たちは、私たちが当初、〈昭和〉47・８年頃、カンパをやってくれと言うと、乞食みたいなことはできないと言って断わりました。何べんも断わられた。しかし、裁判が本格的に進むにしたがって、例えば静岡では、静岡市と沼津市と浜松市で毎月のようにカンパ活動をやるようになった。最初、静岡市のメイン・ストリートでカンパを訴えて街頭に出た時に、随分つらい思いもしたようです。お前らなんで乞食みたいなことやっているのかなどと冷たい目で当初は市民が見ていた。しかし、必死になって自分たちが毎月毎月やっていくなかで市民の支持が変わってきた。静岡のスモンの大衆行動、カンパ活動は、実に全国の中でも群を抜いておりまして、とにかく１回やると何万円か集まるようになったんですね。それで約２年か３年位のあいだに街頭カンパだけで1,200万円くらいのお金を集めたんですね。それだけやはり被害者の人たちが当初は嫌だ嫌だと言っていても本気に弁護士がたたかい、自分たちも運動に加わってくるなかで自分たち自身の意識が変わってくるということを見ておく必要があると思います。スモンの患者は愚痴っぽくてですね、今でもそうですけれども、何か行動を提起すると、いや私は身体が悪い、今日出ると明日から休まなきゃいかんと、やはり愚痴が出ます。しかし、そういう愚痴の出る人たちが昭和54年の年には霞が関で140何日間、毎日のように厚生省前を埋め尽くしたたたかいを組んだんですね。やはり人が変わるんだということにもし確信をもつことができなければとてもとてもスモンの人たちがあのような大行動をやるなんていうのは信じられないことだったと思います。意識が変われば勿論、団結の水準が高まってきます。被害者が変わっただけではなくて弁護士も変わりました。スモンは決して色のついた弁護士やいわゆる民主的だといわれる弁護士だけがやっているわけではないんです。先もちょっと話が出ましたが、24期の修習生がちょうど修習を終わって出てきた時にスモンが社会的な問題になった。患者会の分裂騒ぎがおきて各地で一斉に24期の弁護士がスモンに携わるんですね。ですから、北海道から福岡までどの弁護団をみても中心はみんな24期なんです。したがっていろいろな考え方の弁護士がスモンの弁護団には結集している。例えば、これは広島のある弁護士ですけれども、彼はスモン訴訟を受ける時にオレは法廷活動だけをやる、運動は一斉やらないということを約束して弁護団にはいった弁護士がいる。それが昭和54年2月に広島でいよいよ4つ目の判決が出ることになった。金沢からはじまって東京・福岡とつなげてきた判決でさらに広島でいよいよ私たちが全面解決のために追い込まなければいかん。東京では、もっともっと大きな運動が必要だという時期になってきていた。広島の弁護団の誰かが東京に出てきて運動を作らなければいけなかった。広島の弁護団では、いろいろ議論したんです。「私は法廷はやるけれども運動は一切やらない」と言ったその弁護士の力量がかわれて東京常駐を指名された。そんなことをしていたら事務所がつぶれるというような議論まで出て、深夜にわたって随分長い議論をした。最後に弁護団の事務局長とその弁護士とが、肩を抱き合って「よし、じゃ俺、行ってくる」と答える。事務局長は「お前が行って事務所が困るようなことがあったら俺が責任をもつ」と言って男泣きに泣いて決意し合ったというんです。運動はやらないと言った弁護士自身が運動をやるように変わってきたんですね。

それから例えば、北海道から来たある弁護士。札幌では使用者側の弁護をやっている弁護士なんですが、東京へ出てきて組合オルグをやれって言ったら、俺はいつも札幌では使用者側の事件をやっている。どうして労働者に頭を下げてお願いに行けるかとホテルで寝こんだ、しばらく。しかし、スモンのことになるとそういうわけにはいかん、ということで千代田区労協をまわりはじめた。嫌々まわりはじめた。ところが行った先々でみんな聞き上手というか、よく話を聞いてくれて励まされるというんで、彼もすっかり調子に乗って彼が札幌へ帰る時には、俺はいままで使用者側の事件ばかりやってきて、労働者っていうのは本当に毛虫のごとく嫌いだったけれども、やっぱり労働者の中にも暖かい人たちがいるんだということを知ったと。そういう具合に弁護士自身も意識を変えてきたというのが、このスモンのたたかいだと思うんです。やっぱり人は変わるし、自分自身も変わっていくなかで、団結の水準がまた上がっていく、連帯の水準も上がっていくということがいえるんだと思います。決して味方の中に敵を作ってはいけない。敵の中に味方をつくるという覚悟でたたかっていかなければならないのではないか。

(3) 明るく楽天的なたたかいを

それから３つめには、スモンとか、薬害とか公害とか、労災、職業病、医療過誤、こういった事件は、被害がまずあってそこから活動が出発するだけに、じめじめしていて、ややもするともう本当にうさんくさくなりがちですね。その中で被害者が必死に生きようとしていることを少しでも援助してあげる、たたかいを楽しく組む。じめじめした怨念に貫かれたたたかいだけではやはりだめなんだと、運動というのは楽しく組む必要があるのではないか。これは千代田の労働者に教えられたことなんです。東京で〈昭和〉53年８月に判決があるというので、日弁連で前夜集会をやろうということを決めました。その時に千代田の労働者から歌手の横井久美子さんを呼んで歌を歌ってもらおうじゃないかという提起があり、私たちは弁護団会議でケンケンガクガクの議論をした。スモンの判決前夜集会は、横井久美子さんを呼んで歌わせる雰囲気と全然違うんじゃないか。まあ当初の意見はだいたいそういう考え方ですね。なんとかならないかというような感じで私たちも消極的に考えておったんですけれども、実際やってみると違うんですね。横井久美子さんは何曲目かの時にあの「うさぎ追いしかの山」をやったんですよ。最初の曲はなんだか今はよく覚えていないが、その時はみんな患者の人たちがみんなぶーっとしていた。ところが、その「うさぎ追いしかの山」をギターひきながら「皆さん歌いましょう」と誘いかけたら、患者の人たちが歌い出したんです。ぼそ、ぼそっと口をあけて。そして３番の歌詞あたりまで行った時にはみんな必死になって歌っているんですよね。そして必死になって歌っているだけじゃなくて、みんな涙をぼろぼろ流しながら歌っている。私たちもやっとその時にはじめてわかったんですがね、やはり私たちのたたかいは今までもう深刻にものごとを考えすぎ、神経質になっていて暗くてね、それがこの運動にふさわしいとばかり思ってきたんだけれど、そうじゃないんだと。患者たちも歌を歌いたいという希望があるんだなということを、涙を流しながら歌っている顔を見てはじめて思ったんですね。弁護士が大衆闘争に関与していくと、こうしなければならない、あれはしてはいかん、これはしてはならん。そういった「ねばならぬ」方式の問題提起をしがちですけれども、そうじゃなくて、やはりみんなが生きがいをもって楽しく運動に参加できるような、そういう運動を工夫していく必要があるのではないか。

とくに厚生省前に座りこみをやる時の議論はこれはまたすごかったんです。実は総評の方から座りこみをやったらどうかという問題が提起されて、私たちはすぐに反発したんですね、とてもじめじめした座りこみはできん、だいたい座りこみをやって勝った運動があるか、座りこむと際限がなくなって、どこできりあげるかがなくなっちゃって、展望のないたたかいになる、ということで反対した。そしたら千代田の丹下（前）事務局長が、「いや、そういうな、厚生省前の座りこみをたたかいぬく拠点にしたらいいじゃないか、そして厚生省前の座りこみをじめじめしたものじゃなくて楽しいものにしたらいいじゃないか」ということを提起した。私たちもやっと気持を変えたわけですけれども、やってみて、千代田・中央・港の各区労協から、また、東京のいろいろな労働組合や民主団体から、差し入れがくるんですね。みかんがきたり、おでんがきたり、おしるこがきたりですね。そして差し入れがあると、交流がまた一層深まっていくんですね。とうとう厚生省前で私たちがやらなかったことはほとんどないくらいやった。団結もちつき大会はやったし、自主的に患者たちが全国歌謡大会をやる。それからブラスバンドや琴、それに落語までやったんです。あの厚生省前に横井久美子さんは勿論、それから歌手の今村さんなども何度も来てますし、宮城まり子さんも最後には激励のあいさつに来たわけです。いわば厚生省前の座りこみは、そういう意味で決してじめじめした展望のないたたかいではなくて、自分たちのたたかいの拠点として楽しく取り組んだ、これが１つの大きな力になったと思います。地方から来た患者の人たちは、厚生省前に行って座りこむのが楽しくって仕方がない、別れぎわには「またね、また来ますよ」と言う。来たくて来たくてしょうがない。あそこへ行くといろんな人と会えるし、たまには患者どうしの苦労話や泣き事も言い合えるし、というような交流の場にもなったのです。そういうなかで、運動が飛躍的に前進していったということがいえると思います。

厚生省前で私たちは風船を何度も何度も飛ばしましたけれども、厚生省前で飛ばした風船がですね、東京の隅田川を越えて葛飾のある小学校の校庭に落ちたんです。そしてそれを小学校の子どもが拾って、先生にこんなものが落ちてたよって見せたら、ああこれはスモンだ、今新聞をにぎわしているスモンとはこういうことなんだと。その先生がクラスの子どもたちに説明をした。そしてクラス討論をやって、秋の文化祭ではスモンのことをやろうじゃないかと小学生たちが決めて、それでスモンのおばあちゃんに手紙をよこすんですね。奇遇といえば奇遇なんですが、厚生省の食堂で働いているおばちゃんがいて、そのおばちゃんの孫娘がその風船を拾ったのですね。そして小学生とスモンの患者との交流がはじまっていく。11月３日の文化祭の時にはスモンの劇をやる。そして患者たちがそれを葛飾の小学校まで見に行く。そこで子どもたちがやった芝居はスモンの患者のいろいろな苦しみを出した後に、自分たちにもしもやれることがあるんだったら、医者になって気の毒な人たちを助けてあげたいというストーリーなんです。それがやがて中央合唱団の歌声祭典に参加するところまでいく。だから厚生省前の運動は、風船が飛んでいって種子をまいたように、あっちでもこっちでもいろいろなかたちで運動が広がっていった。そういう意味で、運動を楽しく組めという意味は創造的にいろいろなかたちで運動を作っていった方がいいということであるのです。とにかく枠にはめた、ああしちゃいかん、こうしちゃいかんというような運動じゃなくて、本当にみんなが力を出し合える、そして力を出し合うことによって喜び合えるようなそういう運動を考えていく必要があるんじゃないか。これは弁護団がそう考えているというよりも弁護団自身がそうでなかったためにむしろ労働者に教えられてそうなっていったという反省なんです。

(4)　小異を捨て大同につく

最後に統一した行動を組む場合にこれはやはり我慢をし合わなければいけない、共闘とか統一行動というのは私は我慢のし合いだと思っています。もともといろいろな団体からスモンの支援を受ける時に、それは考え方の違う団体がみんなスモンを支援してくるわけですから、例えばどう運動を進めるかということを１つ議論してもいろいろな意見の違いが出てくるわけです。そして意見の違いで討論ばかりし、対立ばかりしていると統一は進まないわけで、ですからそういう意味では統一行動のいくつかの基本原則、例えば、統一行動を壊すものは絶対いれないとかそういう約束はありますけれども、そうでない限りは少しずつみんなが我慢をし合ってみんなの力を借りて運動を作っていくということが必要なんじゃないかと思います。そのためには非常に手間ひまがかかるわけです。おそらく、今、じん肺の例を出しますと、じん肺は炭鉱労働者もおれば建設労働者もおる。その炭鉱労働者の中にも組織労働者もいれば、未組織の労働者もいる。もしじん肺の被害者をまとめて１つの大きな運動を作るとしたらこれはもう大変な事業だと思いますね。しかし、やはり本当にじん肺を勝たせようと思うならば、その大変な事業をやり抜かなければいけないと思うんです。そのためには、スモンでもそうですけれども、１つの問題で結論を出すのに、まあ、２回や３回同じ議論をするというのは、もうこれは仕方のないことですね。例えば患者会で議論をする。班会議で議論をする。弁護団会議で議論をする。意見が違ってくるとまたもう１回やり直す。そういう意味で非常に煩瑣なことだけれども、みんなの知恵を出し合いながら大同小異につく。大同について小異をすてるというような気持で我慢をし合いながら統一行動を作っていかなければいかんだろうと思います。

弁護士には、裁判闘争では勿論、事実の究明とか法理論の創造とかそういう本来の弁護士の任務があるわけですけれども、法廷の中だけではなくて、法廷の外の大衆運動、被害者の運動や、職業病、労災の方達の運動、そういったものにも責任をもちながら、そこの運動をどう作っていくかということを常に考えながら、裁判闘争と結合させて考えていく。そのことがとくに重要ではないか。そして法廷外の運動に関与する時には、いま申し上げたような点を十分考えながら取り組んでいく必要があると思います。

5　むすび

あなたたちは今年から弁護士なり裁判官、検察官になられるでしょうけれども、じん肺もその１つですが、その他にもいろいろな人権に関わる闘争があると思います。その人権に関わるいろいろな闘争をやる場合に、裁判で勝てばよいというだけではなくて、その裁判を通じて、そういう被害が２度とおこらないようにするのにはどうするか、つまり、制度的な要求、これは例えば具体的にいえば法律の改正も含めた問題について認識を深めながらたたかっていく必要があるんじゃないか。私たち１人ひとりの力は非常に微力です。しかし、たくさんの頭数が集まれば、スモンだって全国で200から300の弁護士が結集したわけですし、被害者が全国で約5,000、支援団体の支持をまわりにとりつける、そしたら、現に国会が変わったわけですからね。判決を生かしながら運動を組んでいけば、国会すら動かすことができる。

頭数も決して多くはないけれども、たたかいをうまく組んでいけば、被害を根本からなくすような制度的な要求まで実現できると思うんです。

最後になりますけれども、法律家になってよかった。自分は生きがいのある仕事をした、そういう充実感をぜひ持てるような法律家活動をぜひお願いしたい。スモンの話から刑事事件の話まで、思いつくままにしゃべったのでまとまりのない話になったと思いますけれども、あと質問がありましたら意見を十分交換したいと思います。ご清聴ありがとうございました。

第3節

公害裁判と司法の機能

『松井康浩弁護士還暦記念　現代司法の課題』
（勁草書房、1982年）415頁以下

1　はじめに――問題の所在

現代の公害裁判が本格的にたたかわれはじめたのは、昭和42〈1967〉年6月に新潟水俣病訴訟が提起されてからである。そして、四大公害訴訟でのあいつぐ勝利をはじめとして、数多くの公害・薬害・食品公害（以下これらを総称して公害と呼ぶ）でも、被害者・住民は、大企業や国に対し勝訴をかちとってきた。公害裁判は、連戦連勝の波に乗っているかのような幻想すら生まれ、司法反動の潮流のなかにあって「聖域」であるかのような錯覚をも生んだ。

潮見俊隆教授は、戦後における司法制度の変遷を、6期にわけて考察している[1)]が、この時期的区分に従えば、現代の公害裁判がはじまった昭和42年は、第5期（昭和40年から43年前半まで）であり、「臨時司法制度調査会意見書のなしくずし的実施、司法の『弱点』への対策が集中的にすすめられ」た時期であった。そして、第6期（昭和43年後半から46年まで）の「政治権力の中枢が直接に司法政策の立案と実施とにのりだした点で、それ以前と質を異にする」時期から、「昭和46年3月以降、司法の危機は一段と深刻さを加えることになった」時期にかけて、公害裁判はたたかわれてきたのである。公害裁判に関する司法の対応といえども、けっして、司法政策をめぐる反動的潮流と無縁であるはずがない。

そこで、本節では、まず、公害裁判の歴史的展開の過程を概観しながら、

1）潮見俊隆『司法の法社会学』（勁草書房、1982年）132-137頁。

公害裁判のもたらした社会的機能を明かにし、同時に、公害裁判は、けっして連戦連勝の状況にあるのではなくて、克服しなければならない大きな課題をもっていることを解明する。ついで、司法行政上の公害裁判「対策」がどのように進められてきているのかを分析し、公害問題をめぐる判決を通じて、司法がどのような社会的役割を果たし、あるいは果たそうとしているかを論述していきたい。

2　公害裁判の史的展開

(1)　公害被害者敗北の歴史の転換

公害被害者の人権は、侵害され抑圧されつづけてきた。足尾の鉱毒事件以来、公害被害者は、企業と官憲の抑圧のもとに、深刻な被害についての救済すら受けられず、泣き寝入りをしいられる苦難の道のりを歩んできた。

足尾のたたかいについて、荒畑寒村は慨歎してつぎのように記している[2)]。

「見よ被害民は遂に憤怒せり。……『人のからだは毒に染み、孕めるものは流産し、育つも乳は不足なし、二つ三つまで育つとも、毒の障りに皆な斃れ、悲惨の数は限りなく』と悲創の声に鉱毒歌を唄いつつ、老を扶け病軀を支え、瞬時にして雲のごとく集まり来れり。……そのここに出でし所以のものは、請うて聞かれず訴えて顧みられず、屈辱また屈辱、虐待また虐待、遂に忍ぶ能わずして、大挙被害地三十四ケ村、一千六十四字の惨状を親しく国務大臣に訴え……んとの決心なりき。……川俣に至りたるが……一隊の憲兵巡査は突如として籔蔭より躍り出でて途を遮ぎり、洋刀を以て突き立て、靴にて蹴倒し、拳を固めて乱打し、土砂を投げ掛け、負傷して倒るる者を捕縛する等、被害民は遂に退却するに至れり。

　しかして見よ、官憲が圧制の暴手は、次いで電のごとく落下し来り、

2）荒畑寒村『谷中村滅亡史』（新泉社、1970年）65-68頁。

……この挙に加わりたる被害民は、ことごとく兇徒嘯集罪として、前橋地方裁判所に送られ終んぬ。

兇徒嘯集！　ああこれ彼等が熱血と紅涙とを傾け尽して、僅かにかも得たる報酬なりき。ああ自己の権利を擁らんがために、自己の生命を保全せんがために、自己の窮状を訴えんがために、病躯を提し老躯を支えて、大挙東上せんとする者は、これ兇徒か悪漢か、そもそもまた暴民か。ああパンを求めて石を与えらる、幾度か訴えてついに聴かれず、最後の手段をとって志また坐折す。夕月の光り冷めたき獄舎の鉄窓裡に、空しく世の無情を嘆き、有司の冷酷を憤おり、想いを田園荒廃せる故郷に馳せて、病める妻子の安否を気支う、彼等が心情もまた悲しからずや。」

敗戦後も、水俣病の歴史に典型的に象徴されるように、原因が究明されていながらも、被害者は分断され、企業は、「見舞金」を支払う程度のことで責任を免れようとした。不幸にして、被害者の運動は、いったん終息させられ、そして、新潟での第2の水俣病発生という悲劇を生むのである。

現代の公害裁判は、公害によって犯されつづけてきた人権の回復を求めるたたかいの烽火であった。昭和42年6月の新潟水俣病の提訴にひきつづき、同年9月の四日市公害、翌43年3月のイタイイタイ病、44年6月の熊本水俣病、同年12月の大阪国際空港公害へと、あいつぎ大型公害訴訟が提起されていった。

ちょうどこの時期、日本全土が公害列島と化し、数多くの住民が、公害によっていのちと健康を奪われ、生活を根底から破壊されてきていた。この公害激化の現象は、高度経済成長政策の推進のなかで、企業が、公害防止・環境保全のための費用を出しおしみ、設備投資につぐ設備投資をしてきたことの必然的帰結であったといってよい。静岡県田子ノ浦がおしるこのようなヘドロにおおわれ、富士市周辺が言いようのない悪臭に包まれ、公害現象の典型として世に知られたのは、昭和45年のことであるが、この時期、極限的に悪化した公害現象が生まれてきていたのである。

この年の12月、第64回臨時国会（「公害国会」といわれている）で、公害関係14法が可決制定され、公害関係諸法のなかから「産業の発展との調和」条項が削除された。公害問題が深刻な社会問題となっていくなかで、公害裁判は、国民の期待をになう新しい課題として社会的関心を集めるのである。

昭和46年6月のイタイイタイ病判決は、現代の公害裁判の最初の判決となった。この判決は、加害企業の責任をきびしく問うものとして、これまでの公害被害者の敗北の歴史に終止符をうつ、画期的な意義をもつものであった。公害によって犯されつづけてきた人間の尊厳が、公害裁判を通じて回復を図られていく嚆矢となっていく。

(2) 公害紛争と公害裁判

ところで、公害の多様化、激甚化にともない、住民の公害苦情、公害紛争も多様化し大量化してきている。公害裁判は、公害紛争の1つの解決手段ではあっても、そのすべてではない。そこで、公害に関する住民の苦情や紛争が、どのような機関でどれだけ処理されているかを検討しながら、公害裁判のもつ役割を考察してみたい。

まず、公害紛争の前段階的な性格をもつ公害苦情の処理状況をみてみよう[3)]。

公害紛争処理法の定めるところにより、全国に置かれている公害苦情相談員は、3,295名（昭和56年3月31日現在）であり、これが受け付けた公害苦情件数は、**表1**のとおり、きわめて多数にのぼっている。この公害態様別内訳は、昭和55年度の64,690件についていえば、騒音・振動37.2%、悪臭19.9%、大気汚染14.3%、水質汚濁12.3%、その他15.3%となっており、この比率の大勢は例年あまり変わっていない。そして、この処理率は、55年度についていえば、80%であるといわれている。

また、公害苦情の受理は、警察でも行われている。昭和56年の警察での受理件数は、44,145件に達している。うち93%が、騒音問題である。

こうして、住民の公害苦情は、年間約10万件に及んでおり、その60%

3）環境庁編『昭和57年版環境白書』348-353頁。

表1　公害苦情件数の推移

年度	公害苦情件数	年度	公害苦情件数
41	20,502	49	79,015
42	27,588	50	76,531
43	28,970	51	70,033
44	40,754	52	69,729
45	63,433	53	69,730
46	76,106	54	69,421
47	87,764	55	64,690
48	86,777		

表2　紛争処理機関別処理状況

年	公害等調整委員会			都道府県公害審査会等		
	受付	終結	未済	受付	終結	未済
45, 46	6	1	5	22	12	10
47	12	1	16	22	15	17
48	32	8	40	26	25	18
49	31	29	42	27	16	29
50	39	16	65	23	30	22
51	60	40	85	20	22	20
52	47	44	88	26	20	26
53	52	83	57	21	22	25
54	52	36	73	22	17	30
55	35	48	60	27	22	35
56	39	48	51	20	19	36

※　45, 46年は45.11.1～46.12.31の期間であり、他は暦年である。

表3　特殊損害賠償第一審係属事件の年次変化

年　月	公害	薬品・食品	医療	航空機船舶	自動車(欠陥)	労働災害	計
44. 12	186	21	232	60	8	305	812
46.　6	285	33	334	64	16	531	1,263
47. 12	409	64	452	67	29	740	1,761
48. 12	540	109	514	70	40	834	2,107
49. 12	619	115	618	80	44	918	2,394
50. 12	745	140	757	93	46	1,091	2,872
51. 12	760	160	848	99	43	1,116	3,026

表4　公害関係第一審係属事件の年次変化

	昭和44	46	47	48	49	50	51
大気汚染	22	27	26	30	41	44	43
水質汚濁	21	30	35	36	41	51	50
騒音・振動・地盤沈下	86	125	180	211	216	250	250
日照・通風	38	77	135	225	273	313	316
その他（井戸水枯渇、悪臭等）	19	26	33	38	48	87	101
	186	285	409	540	619	745	760

※　各年12月末日現在。ただし46年のみは6月末日現在

が地方自治体の公害苦情相談員を、残りの40%が警察を、それぞれ窓口にして処理されている。

つぎに、公害紛争についてみてみると、**表2**のとおりである[4)]。終結率は、80%をこえている。公害等調整委員会は、裁定（損害賠償責任の有無およびその数額を判断する責任裁定と、被害と加害行為との間の因果関係の存否を判断する原因裁定の2種類）、ならびに特定の紛争についての斡旋、調停、仲裁を行っており、都道府県公害審査会等はこれ以外の紛争の斡旋、調停、仲裁を行っている。

最後に、公害裁判についてみてみると、**表3**（最高裁は公害以外も含めて「特殊損害賠償事件」としてとらえている）、**表4**（日照・通風問題も公害関係事件のなかに含めている）のとおりである。

こうした苦情処理、紛争処理の実情に、公害紛争の係属の実態をあわせて考察してみると、つぎのことを指摘することができる。

第1に、住民の身近な公害苦情、とりわけ近隣の騒音問題などは、住民がその処理に満足しているかどうかは別として、地方自治体の公害苦情相談員と警察によって処理されていること。

第2に、行政機関としての公害等調整委員会および公害審査会は、当事者の話合による解決を中心にした調停、斡旋処理が多く、本格的な公害紛争の解決にはあまり利用されていないこと。

第3に、公害裁判は、原因と責任を明確にさせる本格的な公害紛争の決着の場として活用されていること。

こうして、紛争処理の実情からみても、公害裁判は、公害問題（被害者の救済、公害の防止）の解決の道すじをきめる中心的な役割を果たしているということができる。

4）同前345-348頁。

(3) 公害裁判の前進の経緯[5]

イタイイタイ病の勝利判決は、わが国における公害と人権の歴史に、特筆さるべき転換をもたらした。ひきつづき、昭和46年9月の新潟水俣病、47年7月の四日市公害、48年3月の熊本水俣病と、四大公害訴訟は、公害被害者の勝利するところとなった。

これらの判決を通じて、産業公害における企業の法的責任は社会的に確立するに至ったのである。イタイイタイ病における疫学的因果関係論、新潟水俣病における過失論および損害論、四日市公害における疫学的因果関係論および共同不法行為論、熊本水俣病における責任論など、不法行為法の分野における法理が発展的に構築されてきた。こうした発展の系譜は、57年3月の安中公害訴訟の判決で、公害判決史上初の「故意」責任を認めさせたことへとつながっていく。

一方、産業公害だけではなく、公共事業による公害の責任を問う公害裁判も各地でたたかわれてきた。49年2月の大阪国際空港公害1審、50年11月の同公害2審の各判決は、公共事業としての空港に関し、国の責任を断罪し、損害賠償とともに差止請求をも認容する画期的なものであった。

しかし、48年のオイル・ショック以後、公害問題をめぐって、財界を中心とした巻きかえしの動きが年々熾烈をきわめてくる。そして、大規模な公共事業については、損害賠償を認容するかぎりでは公共事業の責任を問いつつも、公害防止のための差止請求を排斥する傾向が強まってきたのである。55年9月の名古屋新幹線公害、56年7月の横田基地公害、そして同年12月の大阪国際空港公害上告審判決へと収斂していく。

さらに、産業公害をめぐるたたかいの成果は、薬害や食品公害の分野にも波及しひろがってきた。食品公害としてのカネミ油症裁判では、52年10月、53年3月、57年3月と3たび、ライスオイルの直接的製造販売業

5）個々の公害裁判に関する文献は、ぼう大なものであるが、全体を俯瞰できるものとして、牛山積『公害裁判の展開と法理論』（日本評論社、1976年）、沢井裕『公害差止の法理』（日本評論社、1976年）がある。

者とともに食品製造関連企業にも法的責任をとらせる判決をかちとってきた。この裁判を通じて、製造物責任の法理が発展し、消費者保護の道がひろげられている。また、薬害をめぐる裁判の分野でも、53年3月の北陸スモン訴訟を皮切りに、同年から54年にかけて9つのスモン訴訟判決で、医薬品の製造販売業者だけではなく、医薬品の製造販売を承認した国についても、法的責任を認めさせる画期的な前進をかちとってきた。薬害における国の責任は、社会的に定着したといってよい[6)]。

公害裁判のこうした前進の経緯を、**表5**「主な公害事件の勝敗一覧」（174頁以下）として図式化してみた。この**表5**をみながら、公害裁判の到達点と課題をつぎの4点にまとめておく。

第1は、産業公害によるものであれ、公共事業活動によるものであれ、あるいは食品公害、もしくは薬害によるものであれ、いやしくも被害を与えた以上、その損害を賠償しなければならないことは、もはや社会的に定着したということである。思えば、あまりにも当然なこの事理を社会的に確立するのに、公害被害者たちの払わねばならなかった犠牲の何と大きなことであったろうか。

しかし、課題はまだ残っている。例えば、損害賠償の内容を、被害者の要求に適う充実したものにするということである。とくに、不可逆的な健康被害を蒙っている者について、生涯にわたる恒久的補償と医療・生活上の援護の対策をどう実現するかという課題はきわめて重要であり、社会福祉・社会保障の水準の向上と結びついた課題となっている。

第2は、差止請求を権利として確立するのには、今後苦難の道のりをのりこえなければならないということである。ごみ焼却場等の建設の事前差止の裁判は、勝敗相半ばしてきていたが、大阪国際空港公害2審判決によって、差止請求の権利確立は射程距離内に入ったかに見えた。し

6）スモン裁判に関し、スモンの会全国連絡協議会編『薬害スモン全史　1～3巻』（労働旬報社、1981年）がある。

かし、同事件上告審判決は、権利確立の道に大きく立ちはだかる役割を果たすに至った。

第3は、開発をめぐる行政訴訟は、いくつかの事例を除けば、一般的には、住民側にとって厚い壁となっていることである。行政処分の処分性、訴えの利益など、法理論的にも克服しなければならない課題が山積している。

第4は、**表5**からはわからないが、公害における国の責任を明確にすることは、スモン裁判を通じて薬害については社会的に定着してきているが、食品公害や産業公害にあっては、今後の課題となっているということである[7)]

(4) 公害裁判の機能

公害裁判は、訴訟当事者の訴訟上の請求を実現するという、裁判制度のもつ本来的機能をこえて、大きな社会的影響をも生みだしてきた。

第1には、公害の恐るべき実態を社会的に浮彫りにして、公害に反対する世論を喚起したことである。

第2には、訴訟当事者の枠をこえて、同種被害者の救済を実現していることである。イタイイタイ病判決後、イタイイタイ病患者団体は、加害企業との間で「誓約書」をとりかわし、判決当事者以外のイタイイタイ病患者の救済のレールを敷いたし、スモン訴訟でも、判決当事者以外のスモン患者が「確認書」によって救済されているのである。

第3には、判決によって明らかにされた企業責任に基づいて、公害防止対策をとらせていることである。イタイイタイ病判決後、「公害防止協定」が締結され、加害企業は、住民の立入調査とその監視のもとに、発生源対策をとらざるを得なくなったのである。とくに重視したいことは、公害裁判が提起され係属しているということ自体が、企業や国に重い腰をあげさせ、公害対策をとらせる大きな原動力となってきたということである。国

7）全国公害弁護団連絡会議編『公害と国の責任』（日本評論社、1982年）。

表5　主な公害事件の勝敗一覧

主　な　動　き	損害賠償請求	差止請求	行政訴訟など
昭和44年			
7・15　民事裁判官協議会で初めて公害事件をテーマにする 7・18　最高裁民事局長通達（特殊損害賠償請求事件の訴状写の送付）			○4・9　日光太郎杉事件（宇都宮地） ○11・27　大宮原子炉建設（浦和地）
昭和45年			
3・12～13　民事事件担当裁判官会同で初めて公害事件をテーマにする 12・18～25　公害国会・公害14法制定			
昭和46年			
4　宮本裁判官再任拒否 7・1　環境庁発足	○6・30　イタイイタイ病（富山地） ○9・29　新潟水俣病（新潟地）	○5・20　広島衛生センター建設（広島地）	○7・20　臼杵市公有水面埋立免許取得（大分地）
昭和47年			
1・7　全国公害弁護団連絡会議結成	○7・24　四日市公害（津地四日市支部） ○8・9　イタイイタイ病（名古屋高金沢支部）	○4・1　和泉火葬場（大阪地岸和田支部） ●5・19　国分し尿処理場（鹿児島地） ●7・31　千葉パイプライン埋設（千葉地） ○10・19　利川製鋼公害（名古屋地）	○9・27　大宮原子炉建設（東京高）

		●12・26　大和電気製鋼公害（神戸地）	●12・23　成田新幹線（東京地）
昭和48年			
9・29　薬害事件担当裁判官協議会初めて開催 〈オイル・ショック〉以後公害の巻きかえしが強まっていく	○3・20　熊本水俣病（熊本地）	○2・14　広島衛生センター建設（広島高） ○5・11　阪神高速道路建設（神戸地尼崎支部） ○10・13　藤井寺球場ナイター施設（大阪地）	○7・13　日光太郎杉事件（東京高） ○10・19　臼杵市公有水面埋立免許取消（福岡高） ●10・24　成田新幹線（東京高）
昭和49年			
9・1　公害健康被害補償法施行	○2・27　大阪国際空港公害（大阪地）	○2・25　生コン工場建設禁止（神戸地伊丹支部） ○　〈同左〉 ●3・18　新潟空港公害（新潟地）	●1・14　伊達火電埋立免許停止（札幌地） ●5・30　富士公害住民訴訟（静岡地） ●11・5　伊達火電埋立免許停止抗告（札幌高）
昭和50年			
		●1・11　成田新空港凝固剤使用禁止（千葉地） ○2・27　牛深市し尿処理場（熊本地） ●3・19　北電埋立禁止（札幌地）	●4・25　伊達火電埋立免許停止特別抗告（最高裁）

	○11・27 大阪国際空港公害 （大阪高）	○ （同左）	
昭和51年			
6・6 環境週間・全国公害被害者総行動が、この年から始まる。		●2・6 大阪市ごみ焼却場 （大阪地） ●2・23 黒瀬町火葬場 （広島地呉支部） ●8・31 千葉市ごみ処理場 （千葉地） ●9・29 土居町し尿処理場 （松山地西条支部） ●9・30 比叡山系環境保全 （京都地）	●5・27 山陽高速道建設 （広島地） ●7・29 伊達火電公有水面埋立 （札幌地） ○12・15 水俣病不作為違法確認 （熊本地）
昭和52年			
	○1・31 予防接種 （東京地） ○10・5 カネミ油症 （福岡地）	●4・27 千葉市ごみ処理場 （東京高） ●7・20 仙川小金井市水路工事 （東京地八王子支部） ○10・7 徳島市ごみ焼却場 （徳島地）	○9・5 富士公害住民訴訟 （東京高）
昭和53年			
6・8 岡原長官訓示 7・11 NO_2 環境基準改悪	○3・1 北陸スモン訴訟 （金沢地） ○3・10 カネミ油症 （福岡地小倉支部） ○3・30 予防接種 （東京地） ○8・3 東京スモン訴訟 （東京地）		●4・12 山陽自動車道工事実施計画 （広島高） ●4・25 伊方原発訴訟 （松山地）

	○9・25　ストマイ薬害（東京地） ○11・14　福岡スモン訴訟（福岡地）		●12・8　成田新幹線認可取消（最高裁）
昭和54年			
6・9　日本環境会議、この年から始まる	○2・22　広島スモン訴訟（広島地） ○3・28　水俣病二次訴訟（熊本地） ○5・10　北海道スモン訴訟（札幌地） ○7・2　京都スモン訴訟（京都地） ○7・19　静岡スモン訴訟（静岡地） ○7・31　大阪スモン訴訟（大阪地） ○8・21　群馬スモン訴訟（前橋地） ○9・26　クロロキン薬害（横浜地）	○3・22　宇和島ゴミ焼却場（松山地宇和島支部） ●8・31　豊前火電（福岡地小倉支部）	●3・5　大分八号地埋立（大分地）
昭和55年			
	○9・11　名古屋新幹線公害（名古屋地） ○11・11　宮城スモン訴訟（仙台地）	●4・16　水俣湾ヘドロ処理事業差止（熊本地） ●　（同左） ●10・14　伊達火電建設差止（札幌地）	●2・27　東京湾岸道路（横浜地）
昭和56年			
	○4・23　ストマイ薬害（東京高） ○7・13　横田基地公害（東京地八王子支部）	●3・31　豊前火電（福岡高） ●　（同左）	●9・17　NO_2環境基準改正告示取消（東京地）

	○12・16　大阪国際空港公害（最高裁）	●　（同左） ●12・21　新潟空港公害（東京高）	
昭和57年			
	○2・1　クロロキン薬害（東京地） ○3・29　カネミ油症第2陣（福岡地小倉支部） ○3・30　安中公害（前橋地） ○6・25　藤原町セメント公害（津地四日市支部）	○3・31　広島市ごみ処理場建設（広島地）	●7・13　富士公害住民訴訟（最高裁）

※　○印は住民側から見て勝訴、●印は敗訴を示す。勝訴敗訴の基準は、社会的評価による。

が、大阪国際空港公害裁判の提起を契機にして、空港周辺の整備に莫大な費用を拠出し、また国鉄が、名古屋新幹線公害裁判の提起を契機にして、新幹線の騒音・振動対策に莫大な費用を拠出したのも、公害裁判の社会的機能の1つとみてよい。

第4には、公害裁判が、国の立法作業の促進の要因になっていることである。あいつぐ公害裁判の提起が、昭和45年暮の公害国会における公害14法の制定を促進し、イタイイタイ病、新潟水俣病の各判決は、大気汚染と水質汚濁による健康被害についての無過失責任条項を法制化させる契機となった。また、四日市公害裁判は、公害健康被害補償法という世界に類例をみない救済制度をつくらせる直接的要因になった。さらに、薬害スモン裁判では、安全なくすりを供給させるための薬事法の改正、薬害被害者の救済のための医薬品副作用被害救済基金法の制定（薬事2法という）をもたたかいとっている。

公害裁判がこれまで果たしてきた社会的機能は、以上述べてきたとおりであるが、そうした社会的機能を公害裁判にもたせることができるかどうかは、その公害裁判を大衆運動のなかにどう位置づけてたたかうかという、公害被害者、住民側の運動の主体性と力量にかかわることであるといってよい。

3　公害裁判への司法の対応

(1)　司法行政上の対応

公害裁判に関して、最高裁判所が本格的に対応しはじめたのは、昭和44年7月のようである。

この7月15日には、民事裁判官協議会が開催され、はじめて「公害事件等の処理に関し考慮すべき事項」について協議がなされており[8)]、同月18日には、「特殊損害賠償請求事件の訴状等の写しの送付について」と題する、最高裁民2第560号地方裁判所長あて民事局長通達が出され[9)]、この時期から、最高裁が公害裁判に関する資料を組織的に収集しはじめているからである。

この時期は、ちょうど四大公害訴訟が出揃った時期でもあり、最高裁の対策としては、かなり迅速になされているといえる。

ところで、最高裁が資料収集している対象事件は、上記の通達が特殊損害賠償請求事件と呼んでいるもので、①公害、②医療、③薬品、食品、④航空機・船舶、⑤労働災害、⑥自動車（構造上の欠陥または機能の障害によるもの）の関係の、損害賠償および差止請求（訴訟事件および保全事件）である。

そして、最高裁に送付すべき文書は、

(i)　事件が係属したときは、訴状、申請書
(ii)　訴訟救助の申立て、鑑定の申請およびこれらに対する決定があったときは、その申請書、決定書、鑑定人に対する手当等の支給決定書
(iii)　事件が終了したときは、判決書、和解または調停調書

8）裁判所時報526号4頁。
9）同前526号1頁。

となっている。すでに掲記した**表3**、**表4**は、最高裁のこうした資料収集に基いて作成されている。

最高裁は、言うまでもなく、公害訴訟の１つひとつについて、訴訟の規模、請求の内容、事実上・法律上の争点などを、容易に知悉し得る状況にあるのである。

さて、最高裁は、公害裁判に関する協議会、裁判官会同をひんぱんに開催してきた。**表6**に示すように、44年に１回、45年に１回、46年に２回、47年にも２回開催されている。そして、**表3**（169頁）から明らかなように、事件数そのものからいえば、公害よりも医療、労働災害が多数にのぼっている。にもかかわらず、医療や労働災害に関する裁判官協義会、裁判官会同がほとんど開かれていないのに、公害事件に関してのみ、ひんぱんに開かれてきたのはなぜであろうか。医学上の専門知識が必要であるとか、訴訟技術上の困難さがあるとかということは、理由にならない。公害事件とその他の特殊損害賠償事件とのあいだに、専門知識の必要性や訴訟技術上の困難性において格差があるとはいえないからである。彼我のあいだに著しい相違があるとすれば、その社会的影響の違いである。公害裁判が、国の施策の基本にかかわる、あるいは産業構造の基本にかかわる重大な影響をもつものと、最高裁が把握していたからではあるまいか。

実に奇妙なことに、昭和49年４月15日付裁判所時報639号以降、裁判官会同もしくは裁判官協議会に関する記事が、裁判所時報から消えている。したがって、いつ、どんなテーマで会同または協議会が開かれているかも、秘匿されてしまっているのである。

偶々入手した「公害差止請求事件関係執務資料」（昭和53年３月、民事裁判資料118号、㊙文書）によれば、昭和51年11月26日、および昭和52年11月25日に、それぞれ民事事件担当裁判官協議会が開かれ、「民事事件の処理に関し考慮すべき事項」というテーマで、実質的には、差止請求訴訟についての討論がなされている。この驚くべき内容については、後に詳述するが、最高裁を頂点とする司法の官僚的統制が裁判内容にも及びつつあることを、このマル秘資料は如実に示してきている。

薬害スモン訴訟でも、担当裁判官の協議会がひんぱんに開かれた。この

表6　会同・協議会をめぐる動き

昭和・年	月日	会合の名称	テーマ	備考
43	3. 4～5	民事事件担当裁判官会同	借地非訟事件の処理	
44	3. 13～14	同	不動産の競売手続	
	7. 15	民事裁判官協議会	公害事件等の処理	出席　桝田文郎ほか22名
45	3. 12～13	民事事件担当裁判官会同	公害を理由とする特殊損害賠償請求事件の処理	出席　小川善吉ほか56名
46	3. 12	民事事件担当裁判官協議会	仮差押、仮処分事件の審理	
	6～7	各高裁毎に協議会	民事訴訟費用法の解釈、運用	
	9. 27	公害事件担当裁判官協議会	公害事件等の処理	出席　園田　治ほか11名
	11. 4～5	民事事件担当裁判官会同	公害を理由とする特殊損害賠償請求事件の処理	出席　菅野啓蔵ほか56名
47	2. 10	公害事件担当裁判官協議会	公害事件等の処理	出席　伊東秀郎ほか10名
	7. 10～11	民事事件担当裁判官会同		
	10. 19	民事事件担当裁判官協議会	海上航行船舶の所有者の責任の制限に関する国際条約の批准に伴う関係国内法の制定	
	11. 7	公害事件担当裁判官協議会	公害事件等の処理	出席　伊東秀郎ほか16名
48	9. 29	薬害民事事件担当裁判官協議会	薬害民事件の処理	出席　可部恒雄ほか11名
	10～11	各高裁毎に、民事・行政事件担当裁判官会同	民事訴訟・行政訴訟・労働関係民事訴訟の審理促進	

（註）①　昭和43年からの「裁判所時報」による。
②　テーマは、上記標題に、概ね「……に関し考慮すべき事項」がつけ加えられている。
③　昭和49年4月15日付裁判所時報639号以降、長官所長会同の記事以外の「各種事件の会同・協議会」の記事は、なぜか掲載されなくなっている。

協議会が開かれたあとには、各地の裁判所で、奇しくも証拠決定や訴訟指揮に同一傾向があらわれるという事態（外国人証人の採用、カルテの取寄決定など）が生まれた。裁判官の独立をおびやかす危険な動きが、公害裁判のたたかいには、常につきまとってきたし、現につきまとっているといってよい。

(2)　最高裁長官の発言にみる司法の姿勢

ここで、最高裁長官の発言を分析しながら、司法の姿勢を検討してみたい。最高裁判所長官の発言は、就任の「ことば」、新年の「ことば」、長官・所長合同での「訓辞」、裁判官会同での「あいさつ」などといわれているが、司法の姿勢を示す重要な資料の1つだからである。

すでに述べたように、最高裁が公害裁判対策を本格的にすすめたのは、昭和44年7月のことであるが、公害に関する最初の長官発言は、45年3月の裁判官会同におけるあいさつであろう。このときの石田〈和外〉長官のあいさつは、

「(公害をはじめとする多くの社会) 問題を根本的に解決するためには、適切な公法的規制と公共投資による環境整備が必要でありますが、公害対策基本法をはじめとする一連の立法、社会環境整備に関する関係方面の諸般の施策にもかかわらず、いまだその対策は十分とはいえず、今後とも公害等に関する紛争が生ずることは避けられない[10]」

というものであった。公害現象が極限的に悪化しているなかで、行政施策の立ちおくれがひろく指摘されていた社会的現実を無視できなかったものなのであろう。同時に、最高裁として公害裁判対策をとりはじめたとはいえ、おそらく、その後に公害裁判闘争が飛躍的に発展した、その事態をこの段階では予測できなかったのではあるまいか。

この指摘は、46年11月の裁判官会同における石田長官のつぎのあいさつをみても、うなづけるところである。この時期には、イタイイタイ病と新潟水俣病の2つの公害判決が言い渡されている。

「広範囲の人びとの生命健康に重大な影響をもつ環境問題は、いまやわが国をはじめとする先進諸国に共通の難問であり、これを緊急に解決し豊かな環境をとりもどすことは全人類的課題であります。

しかしながら、これが根本的に解決されるまでにはなお時日を要するのでありまして、それまでの間、被害をうけた人びとを適正迅速に救済していくことは、まさに民事司法の果すべき重大な職責といわなければなりません。……担当裁判官のたゆまぬ創意と努力により、すでにいく

10) 同前541号2頁。

つかの新しい法理と慣行がうちたてられ、その適切な解決に大きく寄与しつつあることは誠に喜ばしい限りであります[11)]」

ところが、47年6月8、9日開催の高裁長官・所長会同における石田長官の訓示は、これまでの発言とは著しく趣きのちがったものとなる。すなわち、

「この際とくに考慮を求めたいことは、訴訟手続における公正、中立の保持ということであります。最近においては、深刻な価値観の相克や重大な利害の対立を包蔵する紛争がそのまま裁判所における訴訟の場に持ち込まれることが多く、このような訴訟では、訴訟当事者の側においても、自己に有利な結果を得ようとするあまり、裁判外においてもさまざまな活動を行なって、裁判所に働きかけるということがないでもありません。裁判官としては、社会の動向に対し常に深い関心をはらうことを忘れてはなりませんが、それと同時に、このような不当な働きかけにいささかでも動かされてはならないこと、もとより当然のことであります[12)]」と。

この訓示は、「一連の公害訴訟をめぐって被告企業や被告側証人の間から、(法廷で主張を十分述べることができなかった) などの審理の運営についての不満が出ていることから」(朝日新聞昭47・6・8) なされたものといわれる。公害裁判では、被告加害企業は、その責任回避のため無用の証拠調べなどを要求し、審理のひきのばしにやっきになっていた。公害被害者は、裁判の内外で審理の促進を求めてたたかっていた。この対立状況のなかで、石田長官が訴訟手続の公正・中立を期せと訓示することが、どんな意味をもつかは、説明するまでもない。公害裁判が法廷内外を包む大衆闘争として

11) 同前581号2頁。
12) 同前595号1頁。

飛躍的に前進するなかで、最高裁の本質を露骨に示すに至ったものである。

昭和48年5月21日、村上朝一が長官に就任する。村上長官は、くりかえしくりかえし、

「これらの事案において、裁判所の示す判断は、たんに当該具体的事件の解決にとどまらず、他の同種紛争の訴訟外での解決の基準とされ、あるいは国の施策に影響するなど他に波及するところがまことに大きい」

という趣旨の発言をしてきた[13)]。これは、誰の目にも、大阪国際空港公害1審判決を念頭に置いたものであることが明らかであった。行政に対する司法の自己抑制、追随の姿勢を示すものであった。潮見教授の指摘によれば、「村上コートのとった司法行政の一つの方向は、『政治権力に弱く、最高裁の意向に従順な裁判官』をつくりだすということであった[14)]」という。村上長官は、「政治権力に弱い」公害判決を下級審の裁判官に求めたのであり、潮見教授の指摘は公害裁判の分野でも実証されているといってよい。

この村上発言は、昭和53年6月8、9日開催の長官所長会同における岡原〈昌男〉長官訓辞にひきつがれ、判決面では昭和56年12月の大阪国際空港公害上告審判決となって凝結する。

岡原長官の訓示は、「具体的な事件に対する裁判所の判断が、同種の紛争の帰すうや国の施策の立案にも影響を及ぼす場合があることを忘れてはなりません[15)]」という下級審への恫喝となっているものであるが、「これは、スモンなどの薬害訴訟、原子力発電所などの公害訴訟や各種行政訴訟の多発現象を背景に述べられたものとみられるが、『国の施策の立案への影響』をも考慮すべきだとした点は、裁判官に一種の抑制的態度を求めたもの」

13）村上長官の発言、①昭48・5・21就任のことば（裁判所時報618号1頁）、②昭48・6・19-20長官所長会同での訓辞（同前620号1頁）、③昭49・1・1新年のことば（同前632号1頁）。

14）潮見・前掲注1）148頁。

15）裁判所時報739号1頁。

（朝日新聞昭53・6・8）として、村上長官以来の一貫した最高裁の姿勢を示すものであるといってよい。

(3)　マル秘資料の示すもの

先に、「公害差止請求事件関係執務資料」という、最高裁の作成にかかるマル秘資料を紹介したが、この資料の「はしがき」には、「この資料は、性質上公表に適さないものを含むため、取扱いについては、特に慎重を期していただきたい」と明記してある。

さて、このマル秘資料の示す特徴の第1は、公害における差止請求の実体法上、訴訟手続上の悉くの問題点が網羅されているということである。その概要はつぎのとおりである。

「第一　実体法上の問題

1　差止請求権の根拠・要件

(1)　多数住民からする騒音、振動の居住地内侵入禁止を求める公害差止請求訴訟において、差止請求が容認さるべき法的根拠、その要件、判断基準をどのように構成、設定すべきか。

（名古屋地方）

(2)～(5)　略

2　差止めの方法

(6)　公害差止訴訟の訴訟物の性格から、右訴訟において、発生公害を受忍限度以下に押さえることを求めるのではなく、事前に当該施設そのものの建設の差止めを求める請求の可否について。

（広島地方）

(7)・(8)　略

3　複合公害における差止請求

(9)　略

(10)　複数企業を相手に汚染物質の全面的な排出差止めを求める訴訟において、総量が一定限度を超える排出が受忍限度を超え違法となる場合、右限度で差止請求を認容する場合の主文はどの

ようにすべきか。　（徳島地方）

4　違法性の判断

(11)〜(13)　略

(14)　原告の健康にかかわる被害があるとき、差止請求に関して被告の事業の公共性等との利益衡量が許されるかどうかは、その被害の程度によって異なると考えるべきか、その程度を区別する基準はどうか。　（金沢地方）

(15)　環境基準は、差止めにおける加害行為の違法性の判断に際して、どのような意味をもつか。　（金沢地方）

(16)　いわゆる環境アセスメント（環境影響評価）が公害差止請求訴訟に与える影響について。①事前評価の不足は差止めを成立させるか、②評価結果の公開・説明が行われなかった場合はどうか。　（熊本地方）

第二　訴訟上の問題

1　訴額の算定

(17)〜(21)　略

2　訴訟救助

(22)　略

3　傍聴

(23)　当事者多数の公害事件審理の特殊性からみて、つぎの事項につき、どのような考慮を払うべきか。①法廷内での録音又はメモの許可、②傍聴席の配分　（大津地方）

4　差止命令の主文

(24)　公害訴訟において侵害行為の差止めを命ずる裁判の主文の抽象化の限界——現行の執行手続との関連において——　（甲府地方）

(25)　略

5　証拠調べ

(26)　現在建築中の大型の火力発電所の建設差止請求訴訟において、建築完成発電開始後の大気汚染の被害の予測について。

（大阪地方）

(27)　略

(28)　特定の被暴地域の住民多数からするエネルギー汚染差止事件において、暴露と被害との関係及び身体的被害に関し、その原因の個別的立証及びその証拠方法について、いかに扱うのが相当か。（名古屋地方）

(29)～(31)　略

6　差止めの仮処分

(32)　公害差止請求と仮処分活用の限界について。（那覇地方）」

これらの差止訴訟上の論点は、現に係属中の事件に関するものばかりである。しかも、実体法上の問題といい、あるいは訴訟手続上の問題といい、すべて、受訴裁判所が当事者の意見をきいて判断すべき性格のものであり、本来受訴裁判所の専権事項に属することである。

特徴の第２は、こうした性格をもつ論点について、最高裁が担当裁判官を招集し自ら議事を主宰する協議会を開催して、論点ごとに、最高裁民事局第１課長もしくは第２課長が、最後に「最高裁の考え方」を披れきしてしめくくっているということである。

例えば、前記の設問（1）については、こうである。

「民事局（第１課長）　差止請求が認められるべき法的根拠については、論者の説くところにまだ混乱があるようであるが、……差止めの強い効果にかんがみると、これを求める法的根拠となる権利については、まず第一に排他的な権利であること、次にその権利性が明白で強固であることという二つの要件が絶対に必要ではなかろうかと思う。そこで、物権的請求権、人格権あるいは不法行為的請求権、環境権といわれるようなものについて、一通り私どもの考え方を述べたいと思う。」「公害の予防・排除の差止請求の根拠としてはまず物権的請求権を中心にとらえ、これを基調として必要がある場合に特定の土地との利用関係、土地の上における継続的な生活関係が認められるものについて、人格権というような権利による救済の手を広げていくというのが、現在の日本の法制に最もマッチするのではなかろうかというふうに考えている。」「不法行為的請求権については、……私どももこれは採用に値しないというふうに考えている。最後に、環境権あるいは入浜権もこれに類すると思われるが、……私法上の請求権を根拠づける権利としての実体を備えているという点について消極的に見ざるを得ないと思う。」

こうした内容からすれば、このマル秘資料は、差止請求事件に関する論点についての最高裁の考え方を集大成したものである。「協議」という形式を装いながら、最高裁が、個々の具体的事件に介入し、争点につき特定の見解を事実上押しつけるものであって、裁判内容の統制をめざすものといわざるを得ない。裁判官の独立をおびやかす、まことに恐るべき危険をはらむものである。

昭和53年3月、このマル秘資料が完成して各地裁に配布された。公害裁判とりわけ差止請求に対応する官僚的統制がいっそう強まっていく。

こうした最高裁事務総局の動きと、前叙の岡原長官の訓示とが一体となって、この時期から、公害裁判への司法の対応は、反動化のきびしい様相をいっそう深めていくのである。各地裁では、差止請求をめぐって求釈明を求めるなど、たたかいは困難をきわめてきており、ちなみに**表5**（差止・行政欄）に記された判決を集計してみても、52年まで19勝21敗の傾向が53年以降は2勝15敗の傾向にかわってきているのである。

4　公害判決にみる司法の役割

(1)　明確になった最高裁の路線

大阪国際空港公害訴訟について最高裁が示した判断は、公害裁判に対する司法の対応の基本的な姿勢をも如実に示している。

すでに叙述してきたように、最高裁は、村上長官当時から、「裁判所の判断が国の施策の立案にも影響を及ぼす場合がある」として、行政に対する司法の謙抑主義を求めつづけてきた。司法行政のこの姿勢が、最高裁大法廷判決のなかに凝結したのである。

最高裁の多数意見の論理は、こうである。

「本件空港は、国の営造物である。」「営造物の管理権の本体は、公権力の行使をその本質的内容としない非権力的な権能である。」

「しかし、本件空港の離着陸のためにする供用は、運輸大臣の有する空港管理権と航空行政権という2種類の権限の、総合的判断に基いた不可分一体的な行使の結果であるとみるべきである。」「したがって、行政訴訟の方法により何らかの請求をすることができるかどうかはともかくとして、国に対し、通常の民事上の請求として差止めを求めることは、不適法である[16]。」

この多数意見の論理は、4人の裁判官の反対意見によって論破され、破綻しているものである。にもかかわらず、最高裁が、国に対する差止請求却下の結論にしがみついているのは、この結論が国の施策の立案に影響を与えない「最良」の方式だからではあるまいか。

いずれにしても、この判決は、行政の優位を容認し、行政に追随する司法の体質を露呈するものとなっている。司法の責任と役割を自ら否定するものでもある。

公害裁判をめぐるたたかいは、いま、明確になった最高裁のこの路線を転換（判例の変更）させるか、それともこの路線の拡張を許すか、重大な岐路にある。

(2)　公共事業に対する差止めの消極的傾向

地方公共団体の行う公共事業施設の差止めについては、下級審の裁判は、認容、棄却、あいなかばしてきた。

しかし、新幹線公害にみられるように、広域にわたる公共事業について

16）判例時報1025号46-47頁。

は、判決は、現実追認を志向し、差止請求に消極的な傾向があるとみてよい。

新幹線公害判決は、「減速のみが新幹線騒音、振動に対する唯一の即効的対策であることを認めながら、あえて、これを採用することができない所以のものは、ただ一つ、新幹線の公共性に対する配慮に基くのである[17]」と判示している。

公共事業の公共性優先の姿勢は、大阪国際空港公害の最高裁判決とその思想的系譜を同じくするものであり、公害問題をめぐる司法の今日的限界をここに見出すことができるのである。

(3) 行政の姿勢を問う下級審判決

最高裁の姿勢が前叙のごときものであるにもかかわらず、ここ10年余、下級審の公害判決が果してきた役割は、きわめて大きい。この役割の概要については、「**2(4)　公害裁判の機能**」の項で触れているので、ここではくりかえさない。

ここでは、最高裁が行政に対する謙抑的姿勢をとっているにもかかわらず、行政の怠慢を非難し行政の姿勢をきびしく問いただす下級審判決に注目しておくことにしたい。

四日市公害判決は、コンビナートを形成する企業群について「工場立地上の過失」を認定したが[18]、これは国の産業政策のあり方を問いなおすものであった。

水俣病問題につき、東京高裁判決（刑事）は、つぎのように判示している[19]。

「……しかし、その海は水銀汚染によって今はない。国栄えて山河なし

17）判例時報976号419頁。
18）判例時報672号98-99頁。
19）判例時報853号9-11頁。

というべきか。……水俣病の被害は公害史上最大のものといわれ……この悲惨さに対するとき、我々は語るべき言葉を持たない。……さて、水俣病の前に水俣病はないといわれ、その原因究明に年月を要した水俣病であるが、はたしてこれを防ぐ手だてはなかったであろうか。患者が続発し胎児性患者まであらわれている状況のもとで、当初奇病といわれた段階から15年間も水銀廃液が排出されている状態を放置しておかなければならない理由は見い出せない。熊大研究班による地道にして科学的な原因究明が行われた経過の中で、熊本県警察本部も熊本地方検察庁検察官もその気がありさえすれば、水産資源保護法、同法等に基ずいて定められた熊本県漁業調整規則、工場排水等の規制に関する法律、漁業法、食品衛生法、各種の取締法令を発動することによって、加害者を処罰するとともに、被害の拡大を防止することができたであろうと考えられるのに、何らそのような措置に出た事績がみられないのは、まことに残念であり、行政、検察の怠慢として非難されてもやむを得ないし、この意味において、国、県は水俣病に対して一半の責任があるといっても過言ではない。」

食品公害でも、カネミ油症判決[20]は、国の賠償責任を排斥しながらも、「被告国に食品衛生法に基づく規制権限の不行使について全く行政上の責務解怠がなかったとはいい難い。」「被告国としては、食品衛生監視員をして熱媒体たるカネクロールに対しても監視させるべきであったし、この点において行政上の怠慢があったことは否定できない」と判示して、国の行政上の責任をきびしく指摘したのである。

薬害スモンでの東京判決[21]は、厚生行政を激しく非難し、その姿勢を問いただしている。

20）判例時報881号70-71頁。
21）判例時報899号329-330頁。

「サリドマイド事件発生後、『医薬品の安全性の確保が緊急課題となり、より積極的な薬務行政の展開が必要とされるに至った』段階においては、このような『新しい行政需要』と実定法としての薬事法の規定との間の乖離が目立つのであって、新たな行政需要に対応してより積極的な薬務行政を展開するためには、まず、それに適した薬事法の改正が必須とされるのである。

しかるに、業界は必ず行政指導に従うから法改正の必要なしとする当事者の言辞の如きは、もはや強弁以外の何物でもないことが明らかであろう。サリドマイド事件に即応したキーフォーバー・ハリス修正法より本件口頭弁論終結に至るまで15年、英国薬事法の制定より９年、西ドイツ新薬事法の成立よりさらに１年、被告国が時代の要請に応えるための法規改正の努力を示すことなく、もっぱら行政指導によって新たな行政需要に対応し、むしろこれをもって足りるとしながら、一度提訴を受けるや、既存の実定法規の体裁を論拠として国に責任なしとするのは、矛盾の甚だしいものというほかはないのである。」

この判決から１年後に、薬事法は改正されたのである。

5　むすびにかえて

公害裁判の１つひとつのたたかいは、司法部内における官僚的統制が強まってくるなかにあって、訴訟の審理にあたる１人ひとりの裁判官をして、官僚的統制の桎梏を断ちきり、いかにして独立して職権を行わせるかを、かちとるたたかいでもあった。良心に従い、憲法と法律にのみ拘束される裁判を行うという憲法原理の確立をめざすたたかいでもあったといってよい。

もとより、公害裁判が破竹の前進をしたのは、担当裁判官が、審理の当初から、公害問題に深い理解を示していたからでは、けっしてない。また、司法反動の潮流のなかに「聖域」があったわけでもない。どの公害裁判も、その審理の過程で、血みどろの努力を積み重ねなければならなかった。例えば、イタイイタイ病では、初期の検証の段階ですでに、堪忍袋の緒が切れて裁判官を忌避せざるを得なかったし、安中公害でも、訴状提出の受理を事実上拒否されるなど裁判所側の異常な対応に、審理の初期に裁判官を忌避しているのである。薬害スモンでも、静岡、京都、金沢、東京各地裁で、裁判官忌避のたたかいが組まれている。

判決を書くかもしれないその裁判官を忌避するのには、それだけの理由と勇気がいる。裁判官忌避という異常な手段に訴えざるを得ないほどに、審理を担当する裁判官の姿勢は、公平中立とはいえなかったのである。

法廷での道理にかなったたび重なる弁論が展開された。法廷外での公正迅速な裁判を求める運動も強められた。岡原長官の訓辞問題など最高裁の危険な動きに対しても、敏速に抗議や要請の行動が組まれた。こうしたたたかいによって、いくつもの勝利判決をかちとる基礎を築いてきたのである。そして、裁判官への官僚的統制と長官の恫喝を断ちきることができたかなめの１つは、悲惨な被害のなかにありながらも人間として強く生きぬこうとする被害者たちの姿が、裁判官の心を揺さぶったことにある。

最高裁が官僚的統制をどんなに強化しようとも、また、最高裁長官がどんなに声高に恫喝しようとも、個々の裁判のたたかいでは、その反動の潮流をのりこえる広範な国民的たたかいを組織していくならば、公正・中立な判決をかちとることのできる条件がある。重要なことは、法律家自身が、諦観に陥ることなく、このことに強い確信をもつことではなかろうか。

公害裁判は、公害から人間の尊厳を守る、現代の人権闘争となっている。凄惨な被害を再びくりかえしてはならない、「かけがえのない地球、only one earth !」を子々孫々にのこそう、それが現代に生きるもの歴史的、社会的責務であるとする崇高なたたかいである。司法に、この人間の尊厳を守る崇高な役割をになわせられるかどうかは、たたかいの力量にかかっているといってよいのではなかろうか。

第4節

薬品・食品公害と弁護士活動

『現代の弁護士［司法編］』
（法学セミナー増刊総合特集シリーズ21、
日本評論社、1982年）120頁以下

1　広範な弁護士を動かしたもの

モートン・ミンツ（Morton Mintz）は、『治療の悪夢』のまえがきのなかで、こう述べた。

「安全なテストや安全性の証明がなく、価値もないし、処方もデタラメである――こんな薬が、どうして、どんなふうに売られているのかを書物で取りあげていくつもりである。私は、食品薬品庁が、助力を得て、強化されることを望むものの一人として、筆をとるのである。私は、薬ぎらいの変人として、書くのではない。私の妻は薬をつかっている。私もつかっている。そのおかげで、苦しいおもいをずいぶん助けてもらった。薬がわれわれすべてにとって、重要きわまりない問題であるのに、いい加減なレポートしか書かれていない。記者の一人として、私はそうおもう。だから書くのである[1)]」と。

1960年代の高度経済成長政策は、産業公害の拡大と激甚化をもたらしただけではなかった。商品として取引される食品や医薬品が、安全性をないがしろにされたまま製造販売され、大量に市場に出まわり、国民の健康

1）モートン・ミンツ／佐久間昭ほか訳『治療の悪夢　上巻』（東大出版会、1968年）22頁。

やいのちに重大な被害を及ぼしてきた。食品での森永ヒ素ミルク中毒、カネミ油症、医薬品では、サリドマイド、スモン、コラルジル、クロロキン、予防接種など、その深刻で広範な人々に与えた被害は、「食品公害」「薬害」の代表的な事例として、国民を不安と脅威にさらしてきた。

薬害や食品公害の被害者たちと接した弁護士たちは、とりかえしのつかないほどにその健康と生活を破壊され、はてはいのちまで奪われてきた現実に、人間として良心を揺さぶられずにはいられなかった。そして、この被害が、いやしくも、人間の生存に不可欠の食品によって、また、病気を治療するための医薬品によってひき起こされたという背理に、憤りを禁じることができなかった。

弁護士たちの取組みがはじまった。そして、調査が進めば進むほど、食品と医薬品が製造の過程においてだけではなく、安全性をチェックすべき国（行政）の監視の過程においても、安全性を顧みられることなく市場に供給されてきた実態が判明してきた。このまま放っていてよいものであろうか——そんな思いにかられて、日本全国の各地で、弁護士たちの食品公害・薬害を課題にした取組みが展開されてきたのである。

モートン・ミンツの指摘するように、食品や医薬品によって恩恵を受ける消費者であるがゆえに、黙ってはいられない。このことが、弁護士たちの精力的な活動を支える源泉となってきたのではあるまいか。

2　弁護士活動の2つの形態

薬害・食品公害をめぐる弁護士の活動は、2つに大きくわけることができる。

第1は、訴訟活動である。

薬害問題では昭和40年11月、東京地裁にサリドマイド訴訟が提起されたのを皮切りに、46年5月スモン（東京地裁）、同年11月コラルジル（新潟地裁）とつづき、47年夏にスモンの被害者団体が分裂し、それまで東京地裁統一訴訟方式をとってきたのが各地地裁への地元訴訟方式にかわり、スモン訴訟に関与する弁護士数がいっきに激増する。

この後も、予防接種、クロラムフェニコール、クロロキン、クロマイなどと薬害訴訟はあいつぎ提起されていく。

他方、食品公害では、昭和30年西日本を中心に多発した森永ヒ素ミルク中毒問題は、31年4月にいったん終息させられ、本格的に訴訟になったのは、44年2月カネミ油症が福岡地裁に提起されてからである。45年11月カネミ油症は全国統一民事訴訟として福岡地裁小倉支部にひきつづき提訴され、48年4月、森永ヒ素ミルク中毒事件が再燃して大阪地裁に提訴される。

最高裁の資料によれば、**表1**のごとく、薬品・食品の係属事件数は、年々ふえつづけてきている。これらの事件は、数百人の患者原告が一事件で提訴しているものもかなりの数にのぼるとみられるから、患者原告数にすれば労働災害のそれよりもはるかに多数にのぼるものとみられる。

おそらく原告患者数にして1万名に達するかもしれない、薬害・食品公害の被害者の救済をめざして、弁護士たちの訴訟活動はつづけられてきたし、現につづけられてきているのである。このような規模の弁護士活動は、他国に類例をみないことであるといってよい。

第2は、研究・啓蒙活動である。

日本弁護士連合会が公害対策委員会を正式に設置したのは、昭和44年6月のことである。そして、46年4月、この委員会の中に、食品・薬品問題を調査研究する第5部会が設けられる[2)]。

また各地の弁護士会の中にも、公害対策委員会が設置されて、地域によっては、食品・薬品問題について調査研究する委員会も生まれてきた。

調査研究の成果は、シンポジウムで公表され、立法の提言を積極的に行うなど、国民に対する啓蒙活動として、大きな役割を果たしてきている。

2）日弁連公害対策委員会の活動状況については、日本弁護士連合会『公害と人権』（昭和46年10月刊）、同『公害から人間の尊厳を守るために』（昭和53年11月刊）に詳述されている。

表1　特殊損害賠償第1審係属事件の年次変化

	薬品・食品	公害	医療	航空機・船舶	自動車（欠陥）	労働災害	計
44. 12	21	186	232	60	8	305	812
46. 6	33	285	334	64	16	531	1,263
47. 12	64	409	452	67	29	740	1,761
48. 12	109	540	514	70	40	834	2,107
49. 12	115	619	618	80	44	918	2,394
50. 12	140	745	757	93	46	1,091	2,872
51. 12	160	760	848	99	43	1,116	3,026

（最高裁の資料により作成）

3　安全性の「神話」の崩壊

さて、こうした弁護士の訴訟活動や研究・啓蒙活動を通じて、どのような社会的成果が生まれてきているであろうか。

第1にあげなければならないことは、薬害・食品公害の恐るべき実態を浮彫りにし、これらの発生の社会的メカニズムを解明したことである。

個々の裁判は、長くて苦しいたたかいである。1回1回の弁論や、1人ひとりの証人に注ぎこまれる弁護士たちのエネルギーは、莫大なものである。その努力の成果が、判決に凝結したり、しなかったりする。しかし、注目しなければならないことは、その裁判の過程で、裁判を軸にしながらマスコミが問題をとりあげで報道し、あるいは被害者たちが街頭に出て被害の苦悩を訴える、そうしたことを通じて、恐るべき被害が社会的関心をひろめ、高めてきたことである。

安全性無視のおどろくべき事実もまた、弁護士と研究者の共同作業によって、あいついでつきとめられてきた。レンツ警告を無視したサリドマイド。グラヴィッツ、バロスの警告を無視したスモン。ダーク油事件を無視したカネミ油症。どの訴訟にあっても、安全性無視の数多くの事実が、枚挙に暇のないほど掘り起こされてきた。それらは、食品・薬品の製造業者ばかりでなく、国（行政）の姿勢を問いなおすものとして、指摘されてきたのである。安全性を確保する責任は、誰が担うべきかを社会的に明らかにしてきたといってよい。

食品の安全性をめぐる福岡地裁判決（カネミ油症事件、昭52・10・5判決）の判示は、つぎのように鋭く問題を提起している。

「このような油症は、誰もが避けえない日々の食物をとることによって発生したところに、やり場のない怒りがある。現代の商品経済の中で、消費者は市場に流通している商品としての食品を購入し、それを食することなしには考えられない。この事実からすれば、流通食品が絶対に安全でなければならないことは、法律以前の真理であり、誰も否定し得まい。流通食品に対する無条件の信頼のもとに、一般消費者は生活してきた。油症患者とて例外ではない。食生活に必須不可欠な食用油たるカネミライスオイルにPCBという有毒物質が含まれているかも知れないなどとは露疑うこともなく、それを使った食物を一家団欒の食卓にあげ、勉学・仕事に励む子供・夫の弁当のおかずに入れ、皆がそれを食べつづけてきた。カネミライスオイルが食品商品として広範な流通市場におかれた結果、当然のことながら被害も西日本一帯に広汎化した。この油症事件は、流通食品に対する無条件絶対の信頼が神話にすぎないことを悲しくも証明した。この神話を現実化するために人間は何をどうしなければならないのかという深刻な課題の解明に着手しなければならない[3)]」と。

また、スモン訴訟において東京地裁は和解勧告にともなう所見のなかで、行政の怠慢をきびしく指摘した。すなわち

「すでに1945年の公刊物において、使用禁止等の警告を行っているのである。それにもかかわらず、わが国においてキノホルム剤は、僅かの例

3）判例時報866号86-87頁。

外を除いてはいわゆる包括建議により、むしろ安易に製造承認が与えられたものであって、昭和45年9月のいわゆる販売中止の行政措置に至るまで、キノホルム剤についての厚生当局の関与の歴史は、その有効性および安全性の確認につき何らかの措置をとったことの歴史ではなく、かえって何らかの措置をもとらなかったことの歴史であるといっても、決して過言ではないであろう[4)]。」

行政に対するこうした司法による批判が、行政の重い腰をあげさせ、施策の転換をもたらす契機になってきたことも確かなことであろう。

4　被害者救済の確立

薬害・食品公害問題に取り組む弁護士たちにとって、当面する最大の課題は、被害者を早期に完全に救済することである。

薬害にあっては、救済の基本的骨格は固まりつつあるといってよい。

昭和40年11月に提訴されたサリドマイド訴訟は、この分野における未踏の道をきりひらく役割を果たしてきた。49年10月、製薬会社、国との間で確認書を締結し、訴訟は和解によって終了したのであるが、この確認書[5)]のなかで、厚生大臣と製薬会社は「製造から回収に至る一連の過程において、催奇形性の有無についての安全性の確認、レンツ警告後の処置等につき、落度があったことに鑑み、右悲惨なサリドマイド禍を生ぜしめたことにつき、責任を認める」として、損害賠償の一時金のほかに恒久対策の諸措置をとることを確約した。

スモン訴訟は、前叙のごとく各地裁で提訴されてきたために、被害者救済をめぐる弁護士たちの意見も、当初は1本にまとまらなかった。昭和

4）スモンの会全国連絡協議会編『薬害スモン全史　第3巻』（労働旬報社、1981年）361頁。
5）ジュリスト577号（「確認書」収載）。

51年9月、東京地裁が職権による和解勧告をしたことを契機に、いわゆる和解派、判決派に二分される。いずれの意見をもつ弁護士も、共通して、「早期に、かつ責任を明確にした完全救済を」と考えていたのであるが、判決に対する見通しなどのくいちがいから、意見が対立する結果を招くこととなった。和解グループは、52年10月から和解による解決をはじめる。そして、判決グループは、53年3月金沢地裁、8月東京地裁、11月福岡地裁、54年に入ってからも広島、札幌、京都、静岡、大阪、前橋の各地裁であいつぎ勝利判決をかちとる。薬害訴訟史上初の判決となった金沢地裁判決は、製薬会社だけではなく、国に対しても責任を認める画期的なものとなった。ひきつづく判決もすべて、国の責任を断罪するものとなった。こうした判決の成果などを受けて、健康管理手当などの上積みや薬事法の改正などを実現し、54年9月確認書を調印し、救済の道筋を定めた[6)]。こうして、スモン患者は、ぞくぞく大量に訴訟上の和解により救済を受けてきている（表2参照）。

55年4月、コラルジル訴訟も、和解によって解決し、57年2月クロロキン訴訟で、国の責任に時期的区分があるとはいえ、東京地裁が国の責任を肯定する判決を言い渡している。こうして、サリドマイド、スモンを通じて、薬害被害者の救済は、製薬会社と国の責任によってなさるべきことが、救済の原則として確立するに至っているといってよい。

この当然の原則を社会的に確立するのに、十数年に及ぶ弁護士たちの苦闘（被害者の運動や世論の支持はもちろん）の歴史があったのである。訴訟や運動のすすめ方をめぐって弁護士同士の深刻な意見の対立があったとはいえ、早期完全救済という一致点で共同の行動を行い、人間の尊厳を回復するという崇高な目的で、相克をのりこえてたたかってきた弁護士集団の献身的な活動を語ることなしに、薬害被害者救済の今日的到達点を語ることができるものではない。

他方、食品公害にあっては、48年4月に提訴された森永ヒ素ミルク中

6）スモン訴訟と運動について、前掲注4）は、資料を収載し詳述している。

表２　スモン訴訟の解決状況　(57.8.17 現在)

地　裁	患者原告数	スモンであることの鑑定終了数	和解数
東　京	3010	2910	2819
第Ⅰ G	1455	1384	1339
第Ⅱ G	907	901	892
第Ⅲ G	606	589	556
その他	42	36	32
前　橋	43	41	36
静　岡	110	96	81
新　潟	76	73	69
横　浜	86	74	65
宇都宮	7	4	0
長　野	2	2	1
大　阪	459	432	415
奈　良	155	128	128
神　戸	300	263	237
京　都	234	224	217
和歌山	45	44	41
名古屋	16	13	12
金　沢	168	165	156
岐　阜	1	1	1
広　島	249	224	195
岡　山	328	293	273
松　江	61	57	52
鳥　取	19	9	2
福　岡	274	251	244
大　分	19	0	0
熊　本	3	2	1
仙　台	109	85	76
山　形	99	81	81
青　森	45	20	19
福　島	3	1	1
盛　岡	27	14	12
札　幌	205	178	162
釧　路	49	39	25
高　知	123	117	113
松　山	18	16	12
計	6343	5857	5546 (87%)

毒事件は、同年12月確認書調印により解決され、恒久対策を中心とした救済が進められることになり、カネミ油症は、52年10月福岡地裁、53年３月、57年３月同地裁小倉支部で勝訴判決をかちとったとはいうものの、決着をみていない。食品公害において製造会社だけではなく、製造関連会社へもその責任を拡大した判決をかちとった意味は、製造物責任の法理を発展させるものとして消費者保護のうえで重要であるが、しかし、食品公害をめぐる国の責任は小倉支部の２つの判決がいずれも否定するところとなっている。

こうした状況からすると、食品公害については、救済の筋道は固まりつつあるとはいえ、国の責任をどう問うのかといった根本的な問題がいまなお課題としてのこされている。この分野での弁護士たちの活動に対する国民的期待は大であるといってよい。

救済のあり方をめぐって、認定（鑑定）問題、恒久対策問題など、なお克服しなければならない課題もある。

5　救済・予防をめぐる立法の提言

日弁連公害対策委員会を中心にした弁護士たちの調査研究、宣伝啓蒙活動は、実に精力的になされている。

医薬品をめぐる国の救済制度研究会が発足したのは、スモン訴訟が提起された翌月（昭和46年６月）のことである。日弁連は、いちはやく48年４月「医薬品副作用の被害救済制度についての要望」をまとめ、関係当局に要請した。そして翌49年11月の人権大会（水戸）のシンポジウムで「食品薬品公害の予防と救済」をテーマに公開討論を行い、救済制度の確立、薬事法の根本的改正などを求める決議をした。51年７月、救済制度研究会の報告書が発表されるや、同年12月、日弁連はこれに対する批判的意見書をまとめて、関係当局に送付した。そして、52年12月、「医薬品による健康被害の救済に関する法律案大綱（薬務局試案）」が発表されるや、これに対しても直ちに批判の意見書を公表した。53年６月には「医薬品等安全基本法の制定を求める意見書[7)]」を発表し、従来の薬事法の枠をこえて、医薬品の安全性確保のための新しい法律の制定を求める立法上の提言をしたのである。

日弁連の意見は、マスコミも大きくとりあげ、各政党ともこれを重視し、大きな社会的反響を生んだのである。

ときあたかも、同年8月に言い渡されたスモン訴訟の東京地裁判決は、「新たな行政需要に対応してより積極的な薬務行政を展開するためには、まずそれに適した薬事法の改正が必須とされるのである。しかるに、業界は必ず行政指導に従うから法改正の必要なしとする当事者の言辞の如きは、もはや強弁以外の何物でもないことが明らかであろう。サリドマイド事件に即応したキーフォーバー＝ハリス修正法（1962年）より本件口頭弁論終結に至るまで15年、英国薬事法の制定（1968年）より9年、西ドイツ新薬事法の成立（1976年）よりさらに1年、被告国が時代の要請に応えるための法規改正の努力を示すことなく、もっぱら行政指導によって新たな行政需要に対応し、むしろこれをもって足りるとしながら、一度提訴を受けるや、既存の実定法規の体裁を論拠として国に責任なしとするのは、矛盾の甚だしいものというほかないのである[8)]」と、行政姿勢を手きびしく批判したのである。

こうして、54年9月、あいつぐスモン訴訟の判決とスモン患者の運動を背景に、薬事法一部改正、医薬品副作用被害救済基金法（薬事2法といわれている）が国会で成立するに至る。

行政の生ぬるい対応と対決し、被害の救済と薬害防止の立場を徹底して貫くなかで人権の擁護をはからんと活動してきた日弁連の弁護士集団が、薬事2法成立のうえで果たした役割はきわめて大きいといってよい。

今日、日弁連は、食品公害における被害者救済制度のあり方を提言し、また東京弁護士会は「食品安全基本法」の構想を明らかにし、国民的討論

7）自由と正義昭和53年8月号所収。
8）判例時報899号329-330頁。
9）自由と正義昭和57年2月号所収。

をまき起こしはじめている[9)]。

訴訟を通じての具体的な救済と、法制度のあり方の研究啓蒙を通じての一般的な救済とを、車の両輪としながら、弁護士集団全体の人権擁護の活動が展開されてきているといってよい。

6　子孫を守るために

合成化学物質の出現は、人間の生存に新しい問題を提起してきている。大量生産、大量販売の経済構造は、各種の添加物の使用と必然的に結びついている。

急性型の中毒から、慢性型の健康被害へ、そして、飲食・服用をした者だけではなく、遺伝して子々孫々へ、といった新しい不安が食品や医薬品の安全性の問題としてつのってきている。

サリドマイドやカネミ油症は、世代をこえた被害の歴史的体験でもあった。

被害が発生してからでは、もう遅い。食品の絶対的安全性、医薬品の安全性は、常に追求していくべき課題である。

世界に未曾有の薬害や食品公害を生みだした、わが国の産業と行政の安全性無視の姿勢が、世界に類例をみない弁護士集団の活動を生んできた。その弁護士集団がさらに大きな力となって、食品・薬品の安全性、被害救済をめぐるさし迫った課題を追求していくとともに、食品や医薬品によって子孫に及ぶ被害を再び生じさせることのないように、英知を傾けた活動をすることが、いま期待されているのだと思う。

第5節

人権は「人間の証明」

東京弁護士会人権賞受賞記念　特別講演

（平成９年１月20日、弁護士会館）

1　はじめに

今回、人権賞を受賞するにあたって、私も受けるか受けるべきでないかいろいろ悩みましたけれども、共にたたかってきた弁護士集団や被害者、支援、そういった人たちのことを思うと、やはり私が受けたほうがいいと最終的な決断をしたわけです。しかし、本当に人権賞に値するかどうか恥ずかしい限りです。

先日、期成会のほうから、「いま私たちがなすべきこと」という期成会の政策パンフをお送りいただきました。この装丁の立派さにも驚きましたけれども、期成会は司法の改革に向けて重大な政策を提起しているなということを痛感いたしました。このなかで、クラス・アクションについては私は反対の意見をもっていますけれども、しかし、日本の司法を変えていく、しかも最高裁や法務省との間で対決をしながら変えていくというこの活動は、広い意味では人権の確立へ向けての大事業だろうと思った次第です。期成会がこういった政策を出して弁護士会全体を変えていくという活動も、広い意味での立派な人権闘争の基本になっているのではないかと私は痛感したわけであります。期成会の会員としては私は落第生です。結集は悪くて会費しか払わない。その私が期成会にこうした機会を与えていただいたことに、本当に気恥ずかしい思いをしている次第です。

期成会の方々は弁護士会の改革を中心に精力的に活動してきました。そして、期成会に加入している会員はさまざまな人権闘争に関与してきました。私が先日びっくりしたのは、いま「水俣病の裁判と運動の記録」の総集を全４巻でつくろうという作業をやっているわけですけれども、昭和

42年6月に新潟で現代の公害訴訟が一番最初に提起されたときに、工藤勇治弁護士は同期なんですけれども、なんと彼が原告代理人になっているわけです。ですからそういう意味では、期成会に結集される会員の方々は会の改革だけではなくて、すべての人権闘争に意欲をもっているんだということを、私は彼の名前を見ながら痛感した次第です。

2　社会と人権

(1)　水俣病との邂逅

ところで、私が水俣病を本気になってやる気になったのは、昭和59〈1984〉年3月27日のことです。どんなことがあったかと言いますと、前の晩に水俣協立病院の野中君という事務局の方が当時私がおりました旬報法律事務所を訪ねてきて、ぜひ川崎に一緒に行ってくれという話をされました。

川崎の工場街に近い、いわば労働者の街のど真ん中に、宮路澄子さんという方が住んでいました。私は水俣病のことはあまり詳しく知らなかったわけですけれども、しかし、見るからにこの人は病気だな、かなり重い病気だなということが素人目にもわかるような症状を呈していました。当時、熊本で裁判がすでにはじまっていましたので、こんなに身体が不自由ならどうしてあなたは裁判に加わらないのですかと尋ねました。そうしましたら、そのおばあちゃんが言うのには、「うちの主人は水俣病の認定患者なんです。そして、息子がちょうどいま婚約の話が決まったばっかりで、息子の婚約した相手方は都内の人なんです。もし自分も水俣病だということで裁判に加われば、おそらく川崎で一番乗りで名乗りを上げるわけですから、新聞にも出るだろうし、テレビも映すだろう。そうなったら、自分の息子の嫁さんになる方の実家の方々はどう考えるだろう。舅も水俣病のれっきとした認定患者。姑の私も水俣病だと言って裁判に名乗り出たということになると、舅、姑が2人とも水俣病患者だということになってしまう。そういうことになると、嫁にやる先から見ると、いわば看病のために嫁に出すみたいなことになってしまう。そうすると、結果としてはせっかくまとまった息子の縁談が壊れてしまう。そのことに私は耐えられないから、自分のいまの水俣病の病気の苦しみを我慢して、息子がもし結婚することができるのであればそっちのほうを選びたい。」こういう話しをされました。

私はその話を聞いていて、本当にガーンと頭を殴られたような気がしたんです。それはどういうことかと言いますと、川崎というのは革新市長の街、しかも労働者がいっぱいいる街で、水俣の現地から移ってきた患者が、自分の病気のことさえ口にすることができない。こんなに人権が抑圧されていてよいものだろうか、ショックを受けるとともに本当に腹が立ちました。同時に、それを去ること16年前の昭和43〈1968〉年、イタイイタイ病の現地にはいったとき、そのときのことを私は二重写しに思い出しました。富山で近藤忠孝さんたちと一緒に青年法律家協会の弁護士が現地にはいったときに、農家の人たちはもし自分たちが裁判に打って出れば嫁の来手がなくなる、コメが売れなくなる、そう言ってみんな尻込みをして、昭和43年1月7日に東京からたくさんの若い弁護士が集まったけれども、誰1人として裁判をやろうという手を挙げなかった。

イタイイタイ病対策協議会という被害者の会の組織が、裁判をやるという方針を決めていました。弁護士が行って、さあ裁判ということになると、具体的に誰が原告になるかということになるわけですけれども、とうとう1月7日には手を挙げる人がいなかった。その理由はいま申し上げましたように、嫁の来手がなくなる、コメが売れなくなる、これが農民たちを尻込みさせた最大の理由だったわけですけれども、その昭和43年1月の富山での思いを私は川崎で二重写しに思い出して、こんなことは絶対に許されることではないと思いました。

川崎の市長は、川崎の民主勢力やさまざまな労働者の人権運動によって支えられて当選した革新市長だったと思います。民主主義や人権の発展、伸長のないところでは革新市長も生まれないでしょう。しかし、革新市長が生まれたからといって自然成長的に人権が育つものではないということを、私は嫌というほどそこで思い知らされたわけです。

その患者たちと会って、当時手ぐすね引いて何かやりたいと言っていたスモンの弁護団に働きかけて、その年の4月下旬に水俣へ行きました。現地調査に行ったわけです。当初は遊び半分でスモンも解決したし旅行でもしようかということで行ったわけですけれども、そこで私たち弁護士は、胎児性水俣病の患者をこの目で見ました。あまりの悲惨さ、これがいったい人間なのか、どうしてこんな人間が産業公害によってもたらされてしまったのか、本当に心の底から怒りが沸き上がってくるのを抑えることができなかったものです。

その胎児性の水俣病患者の延長線上に川崎で自分の水俣病も名乗ることができない患者がいる。そういう患者が万といるということを私たちは知りまして、斉藤一好団長もそのときに行ったと思いますけれども、酒を飲んだ勢いではなくて、真面目に議論をした。そして水俣の湯の児温泉で、結局みんな目の色を変えて、よしっ東京で水俣病をやろうじゃないかということになった。水俣の温泉旅館で水俣病東京弁護団を結成して、そして当時、名乗りを挙げていた６人を原告にしまして、５月２日に東京地裁に訴訟を提起するという、非常に早業でこの問題に取り組みはじめたわけであります。

(2)　救済は神頼み

私がはじめて鹿児島県の出水へ行ったのは昭和59〈1984〉年11月22日です。どうして鹿児島県に行くようになったかと言いますと、東京で私たちが接触をしていた患者は、ほとんどが鹿児島県の桂島という島から出てきていた人たちだったんです。都会へ出てきている方々ですら名乗り出ることができないという状況だとすると、現地はいったいどうなっているんだろうと当然疑問が湧くわけであります。そこで出水の現地に私ども弁護団がはいっていくわけでありますけれとも、私は最初にその患者の人たちが集まったときのことは今でも忘れることはできません。本当にたくさんの人たちが集まりました。漁村の家という建物がありまして、その２階が集会場になっていました。たくさんの人たちが集まったんだけれども、全部後ろのほうに座りました。１人のおばあちゃんが１番前私の目の前に座っていました。

私は水俣病問題を解決するためには、皆さんが立ち上がって裁判をやるしかないということを、弁護士として懇々と訴えました。そのときそのおばあちゃんは何をしていたか。私の話を聞かないで数珠を持って、ナンマイダ、ナンマイダ……これだけなんです。結局、神頼みの心境になっていたわけです。だから弁護士がいろいろ道筋を話してもそんなことは頭にはいらなくて、誰か自分を救ってくれる人が来たんじゃないかということで神頼みしているという雰囲気が、そのおばあちゃんの姿からひしひしと感じました。

これは後日談ですが、パンフレットをつくるときに写真の取材班が現地に行って祈願の石を見つけたわけです。汚染地域の水俣・出水という、この街の対岸のほうに長島という半島があります。この長島に行人岳という山があるんです。この行人岳の山の上に祠がありまして、その祠は漁民の人たちが大漁祈願だとか、安全の祈願をする、そういう祈願のためにカボチャ大の石ころに願い事を書いて、それを供えてお参りする場所があるんです。そこに、「水俣病患者に決まりますように」「一生かかっています」という、昭和59年9月30日付けの、誰が書いたかわかりませんけれども、祈願の石があるんです。ですから、私の目の前で数珠を持って私の話を聞かずに、数珠でナンマイダ、ナンマイダとやっていたおばあちゃんも、祠に願を掛けた方と同じような思いが心の底にあったんだと思うのです。つまり、展望のないところでは人権の自覚というのはなかなか生まれてこないし、足を動かすという実践も生まれてこないのです。そういう展望のないところでは神頼みにどうしてもなってしまう。そういう非常に追い詰められた状況が出水の患者のなかにはあったんだろうと思います。これは何も出水だけではなかっただろうと思います。

(3)　差別と中傷のなかで

そういう展望のないところでは、どうやってたたかうかということもはっきりしないし、神様にお祈りしてすがりつく、こんな雰囲気だったわけですけれども、弁護団がはいって裁判をやってたたかうことの必要性を訴えるなかで、被害者の人たちも少しずつ変わってきました。最初は保険を掛けるつもりで、1か月1,500円の団費を払えばやがては補償額がいくらかで返ってくる。一種の保険だなといって、そういう軽い気持ちではいった人もいるかもしれませんが、だんだん何回も何回も患者の人たちと交流するうちに、患者の人たちの重い口が開くようになってきました。この患者の人たちは街の中で大変な差別と中傷を受けていたわけです。当時は裁判に打って出る人というのは熊本の弁護団が扱っていた200人ぐらいしかいなかったわけです。あとはどうしていたか。行政（鹿児島県）に対して、私は水俣病である、そのことを認定してくださいという認定申請を出す。県は「水俣病ではない」といって棄却してくる。再申請する。また棄却される。その繰り返しをやっていたわけです。認定申請、棄却。申請、棄却。申請、棄却。そのうちにどこかで当たるかもしれない。いわば宝くじみたいな、そんな他力本願的な思いでみんなやっていたんです。それもこっそりと隠れてみんなやっていたんです。被害者の会の事務局長はそのことを世話してきましたけれども、周りの人たちに自分が申請しているということはできるだけわからないように伏せておく。慢性の水俣病の患者というのは、外から見ると健康人とそんなに区別がつかないわけです。もちろん仕事もできる。したがってそんなにお金が欲しいのか、お前は偽患者じゃないかという話がひろがって患者が孤立させられる。そういう状況がずっとつづいていたんです。

しかも、水俣病のたたかいを振り返るときに非常に不幸な事態が起きてしまった。四大公害訴訟のときに水俣病は勝訴するわけです。昭和48〈1973〉年3月です。48年3月に四大公害裁判の1つとして、勝利判決を取って、協定書をチッソとの間で結ぶわけですけれども、そのプロセスのなかでいわゆる「告発」といわれている暴力を振るう集団が、全体の連帯した運動を壊してしまうんです。昭和48年3月、四大公害訴訟の熊本の判決があるまでは、熊本県の当時の総評、社会党、共産党、すべての民主団体がはいった熊本県の共闘会議がありました。ところが判決の直前になると、「告発」といわれた、当時黒い装束を着て跋扈していた集団が、東大などから来たやり手がおりまして、そういう人たちが大変な力を持っていて、そして「裁判闘争に水俣病の闘いを矮小化するのはけしからん」「裁判で勝ったって水俣病は治らないし解決しない」「だいたい裁判闘争に水俣病問題を矮小化しているのは弁護団だ、けしからん」と言って、弁護団排除の動きを判決の直前にやるわけです。

東京の丸の内郵便局の隣にチッソの本社が昔もありました。いまでもあります。その本社の前で判決を受けて、チッソに対する要求行動を組織して、当時、総評の宣伝カーがチッソ前に乗り着けて、それでチッソの社長に対して要求を突きつけようとしたときに、その「告発」の暴力的な集団が竹竿を持って殴りかかってきたんです。総評の幹部もそれで怪我をする。弁護団も傷つけられる。とうとう弁護団排除のままで当時の自主交渉が行われた。それに全体がもう嫌気をさしちゃって、もう水俣病はやめたといってみんな潮を引くように水俣病の支援から手を引いていっちゃう。それは昭和48年です。結局最後に残ったのは共産党だけだった。共産党だけが水俣病の支援をコツコツとつづけてきた。そのことが逆に、地域の人たちには水俣病のたたかいは共産党の運動だと、こういう具合に理解されてしまったわけです。たしかに共産党しか支援していないという状況のなかで私たちが鹿児島にはいっていくわけです。私にはあまり質問はなかったんですけれども、尾崎〈俊之〉弁護士あたりには当時の鹿児島の労働組合の幹部から、君たちの弁護団の性格はどうだというような質問があったんじゃないかと思いますけれども、私たちがどれだけ幅広くやろうと思っていても、そういう過去の歴史を引きずっているものですから、なかなか運動がひろがらないという非常に困難な時期がありました。

(4) 運動の輪をひろげて

鹿児島の患者を東京地裁に提訴するときに、鹿児島の弁護士会が挙げてわれわれと一緒にたたかわなければいけないという方針を決めまして、鹿児島の弁護士会の全会員に水俣病の東京訴訟の代理人になってくれということを依頼しました。いま100歳近くになる山下さんという弁護士、この方も代理人になりました。結局鹿児島弁護士会の過半数、70名くらいの中の35-6名くらいが代理人になったんです。鹿児島の弁護士会も支援しているということで出水の運動にはいっていくわけですけれども、それでもやはり東京の弁護団はよそものでした。よそから出水の静かな街にはいってきて、この街をかき回すのではないか。あの弁護団はどこかの政党の下請けをして、またここで何かやるんじゃないか。こういう目でずっと見られてきたんだと思うんです。これを克服していくのは本当に大変なことで、つらい長い時間がかかったわけですけれども、その局面を切り開いたのが2年後の水俣病を考える「出水市民1000人の集い」でした。集会の位置づけをどうしようかと考えるとき、私たちの発想だとすぐ水俣病を支援する集会にしようとなりがちなんですけれども、水俣病を考える集いにしよう、しかも市民中心の集会にしようということで、水俣病に疑問を持っている人、反対する人も全部来てくださいと呼びかけた。本当の話をみんなでしようじゃないかということで呼びかけた集会が昭和61〈1986〉年11月27日の、東京弁護団が出水に入ってから2年後の集会になります。

この集会は画期的に成功しました。出水の街は人口4万です。4万の街で1,000人の集会、これは文化会館の大ホールを全部埋めつくしたわけですけれども、そこで私たちも水俣病を支援してくれということを言わないで、水俣病というのはこういうものなんだということの事実の訴えを中心にやりました。この61年11月の市民の集いをきっかけにして、街の雰囲気が変わりました。私たちは出水に行くと、いろいろなところでいろいろな情報がはいってくるわけです。弁護団はこうだとか、ああだとか、いまこういう動きがあるとか、そういう1つひとつの街の情報も蔑ろにはしませんでした。街の空気が変わったということを、肌でだんだん感じるようになってくるわけです。

そうしますと、被害者の人たちが今まで神頼みで、足が竦んで前に出なかった、あるいは認定申請という手続をするのにも人に隠れてこっそりやっていたのが、今度は自分の足で行動に出る、患者の人たちは出水市の中で一番人通りの激しいスーパーの前でビラまきをやるようになりました。これは大変な変化なんです。患者の人たちが水俣とか出水から東京へ出てきてビラまきするぶんにはちっとも恥ずかしくないんです。やれと言えばやるんです。だってもらう人は全部誰も知らない人ばっかりですから。ところが地元でビラをまくということは、自分が患者だということを名乗るわけですから、たすきを掛けてやるわけですから、どこそこのおばあちゃんに顔を合わせた、どこそこのおじいちゃんに顔を合わせた、ということになるのです。

ですからそういう意味では、意識がガラっと変わらなければできないことだと思うんです。そういうことをとうとうやり出すようになってきました。その患者の人たちがそうやって動きだすことによって、また支援の輪がひろがっていくという相関関係が生まれてきました。自分の足で動くということが、私はたたかいの原点だろうと思います。

それは弁護団も同じだと思いますけれども、自分たちが現地にはいって、そして本当に被害者の苦悩を一緒に味わって、どうやったら足が前に出るかということを一緒に考えて、そして患者の人たちの足を一歩でも前に出させてあげることが私たちの役割だと思いますけれども、その患者の人たちがとうとうそういう集会などを契機にして竦んだ足を一歩前に踏み出すことになったわけです。それが運動をぐんとひろげていく。とうとう出水市議会で水俣病に関する決議を取っていくわけです。武家屋敷のある保守的な街の中で水俣病の問題に市民の目が向いてきた。被害者が市議会に訴えに行く。そういうことができるようになってきたということは、大変な変化だと思います。それは被害者自身が自分で足を前に出したからなんです。被害者が足を前に出すについて弁護士がそれをちょっと介添えしてあげたからなんです。

(5)　人権は生き物

私は人権というのは生き物だと思っています。育てれば育つし、育てなければ死んでしまう。そういう意味ではどんな人権でも、とにかくそれを自覚した人たちがみんなで育て上げていかなければ決して生きた人権として育っていかないだろう。そういう意味では、今年〈1997年〉は憲法50年を迎えるわけですけれども、憲法の中にはさまざまな民主的な条項とか、人権保障条項があります。裁判所の判断が悪い、政治が悪いということだけでは、私はこの憲法50年の年は乗り越えられないと思います。私たちが主体的にその人権をどこまで育て上げて、いま何が問題なのかということを、法律家であるわれわれ自身が、この50年の年に改めて問われることになるのではないか。いったい憲法の実践を私たちはどれだけやってきたのかということを、私たち自身が吟味され点検される年になるのではないかと思っています。

人権は生き物と言ってしまうと非常に抽象的になってしまうんですが、水俣病弁護団は足掛け12年やってきました。来る日も来る日も水俣病。かかってくる電話はマスコミか水俣病の関係かどっちか。そういう日がずっとつづいてきました。尾崎〈俊之〉弁護士が鹿児島へ通った回数は去年の秋までで437回になります。私は328回。10で割りますとだいたい尾崎弁護士の場合には年40回ぐらい、月３回。そして１回行くとだいたい最低１泊、多いときは２泊から３泊。それを全部手弁当、持ち出しでやってきた。どうしてこんなことをやることができたのか。また、やらなければいけなかったのかということを考えてみますと、私はやはり患者の人たちの生きざまが次第、次第に変わってきている、自分たちの運動のなかで変わってきている、そのことを体感できたからではないかと思います。

例えば、水俣病で漁しかできなかった漁師の人たちが、霞が関の環境庁の前で宣伝カーの上からスピーカーで堂々と演説をする。こんなことはつい６、７年前には考えられもしなかったと思うんです。しかも、霞が関でビラまきをやるにしても、だいたい水俣病の患者は四肢末梢の感覚障害がありますから、１枚１枚めくるのが非常に苦手なんですね。感覚障害があるから１枚をどうやって取るか。とくに雨の降る寒い日なんていうのは、本当に私たちですら嫌なのに、あの節くれだった太い指で１枚１枚取って、「水俣病です。よろしくお願いします」これをやる。私たち弁護団は患者の人たちが病に侵されたうえに、しかもこういうことまでしなければいけないのかという思いにかられたことはもちろんですけれども、同時に今まで神頼みでこっそりと隠れて自分さえ認定されればいいと思ってきた人たちが、名乗り出て街頭で自分の病をさらしている。この変わりように私たち自身は大きく励まされたと言っていいと思うんです。

人が変わる。その人が変わっていく姿を現実に目の当たりにして、いわばドラマを見るような感じで私たちのくたびれた思いを叱咤激励した。山下蔦一さんという元チッソの工場で働いていた労働者がいます。この人は自分が工場で働いていたときにアセトアルデヒドを含んだ排水を自分が垂れ流しているわけです。そして、自分が垂れ流してしまったその排水によって、自分の両親や妻や自分も水俣病に侵されてしまった。山下さん自身もそんなに軽い患者ではありませんが、しかし聞くところによると、お父さんやお母さんというのは、涎を流し苦しんだ重症の、しかし水俣病と認定されないまま死んでいった患者なんです。そういう過去を彼は引きずっているわけです。

誰かニューヨークの国連に署名を持って行ってくれないかといったときに、とてもニューヨークまで10何時間飛行機に乗って行くのは身体がもたない、死んでしまうと言ってみんな尻込みした。そのときに山下さんは俺が行くということを決意する。ニューヨークに発つ前の日に、東京あさひ法律事務所に寄りまして、「先生、今からアメ横へちょっと寄って、それから旅館へ帰ってあした成田から行きます」と挨拶に来ました。何のためにアメ横へ行ったんだろうと思っておりました。そしたら、彼は自分の孫たちにアメ横から形見の品を全部送っていたんです。飛行機事故ということはもちろん考えないわけですけれども、ニューヨークへ行く行程の中で死ぬかもしれないという思いで、アメヤ横丁であまり高くもないお菓子だと思いますけれども、孫たちに全部形見の品物を送っている、そして成田から飛んで行きました。

そういう話を聞くと、私たちはじーんとくる。この人たちはそこまでしてたたかっているのか。これは放っておくわけにいかない。そういう思いにかられたものでした。そういうドラマというのは、いっぱいあるんです。

患者の人たちが、神頼みで自分さえ良ければという思い、それがやがて裁判というかたちで連帯してたたかう、外へ出て、自分たちが恥をさらして訴える、こう変わっていく。非常に特徴的なことは最後の解決の場面でした。政府の提案した金額はわずか1人260万円。裁判原告の2,000人も260万。裁判をやらなかった人も260万。この政府の解決案に対してどう対応するかということが、この人たちのいわば人権感覚がある意味では吟味された。それは弁護士である私たちもそうです。患者の中には「私たちは今まで裁判をやってきて会費も出してきた、ビラもまいたり、東京へ行ってエネルギーを使って、暇も潰してきた。それが何で裁判をやらない人たちと同じ260万円なのか。これはおかしいじゃないか」という議論はありました。出水の漁民の人たちは水俣病に罹っているとは言いながらも、例えばエビの漁に行くと一晩で4万円も水揚げがあるんです。ボラの漁なんかに行くと10万単位の水揚げがある。もちろん1つの船ですけれどもあるわけです。それを放っぽり出して東京へ来て、労働組合とか民主団体に訴えて歩いたり、ビラを配ったりしてきた人たちなんです。裁判をやらない者と同じような解決だったら、何のために裁判をやったのか。裁判をやった人たちのほうが損したじゃないかという議論が当然ありました。

しかし全体の議論は、自分たちがたたかったから、たたかわない人たちにも同じような救済の道を開くことができた、それを勲章にしようじゃないかという意見が圧倒的な多数意見だった。圧倒的部分は、むしろ、自分たちのたたかいによって政府を変えることができた、かちとった260万はたしかに少ないけれども、それは自分たちの運動の力量が反映したのではないか。自分たちがたたかったからこそ自分たちもわずかではあるが260万もらえたし、たたかわなかった人たちも同じように260万もらうことになったんじゃないか。そのことに誇りを持とうということだったのです。この考え方は私は立派に人権意識が成長している証だろうと思います。

ちなみに、水俣病は2,000人の原告を組織しました。最終的に、いままだ救済事業をやっていて、この3月の終わりでだいたい終わるわけですけれども、救済する数は全部で1万1,000名になります。弁護団は2,000人分からはほんのわずかの報酬がいただけるんですが、あと9,000名については弁護団はただ働き。最終決断のときの議論に示されたように、私はこの患者の人たちが40年の水俣病の歴史のなかで苦しみ抜いて、いろいろな道程を経ながら、最後には国民の人権を守るというところまで成長しきった姿を見ることができるのではないかと思うわけです。そういう意味では、この水俣病のたたかいに参加して私は非常に幸せだったと思っています。

3　司法と行政

(1)　水俣病裁判の引き金

すこし話題を変えますけれども、水俣病の裁判はいわば行政が司法を無視したところからはじまった、極端に言えばそう言っていいと思います。これが水俣病国家賠償裁判の引き金になっているわけです。水俣病をどう捉えるかというのは非常に難しい「医学」論争を含んでいます。ですから、政府が、あるいは行政がどこまでを水俣病と決めて救済するかといったら、行政がその判断に基づいてやるのは勝手なんですけれども、それがあまりにも狭すぎた。そのためにそこからこぼれる人たちが圧倒的に多かった。この人たちが裁判をやった。これは第二次訴訟といいますけれども、この裁判で勝った。裁判で勝てば行政は反省をして認定の基準を変えて拡げてくれるだろうという具合に熊本の人たちは期待しました。ところが行政は開き直っているんです。「司法の判断と行政の判断は違う」と。これで片づけられてしまいました。そこでせっかく裁判で勝ったんだけれども、司法の判断を行政が無視した。それならばいっそのこと国の責任そのものを追及しようじゃないかというとで、国家賠償の訴訟がはじまるわけです。

裁判所のこれまでの公害事件の判決を見てみますと、行政に追随してきた判決がいっぱいあります。司法官僚による司法の統制が行政追随型の司法を形成してきたことは否めない。司法が、最高裁判所を頂点として自らをそういう具合に育ててきた。その結果として、行政を裁くような判決が出ても裁判所は無視される。行政が逆に裁判所を無視してしまう。一番特徴的なことは、水俣病では東京地裁からはじまって５つの裁判所が和解勧告をしました。最高裁が主導して和解勧告をさせているのではないかという見方もありましたが、それはまったく事実に反します。私たちが裁判所を次から次へと口説いて和解勧告を次々と出させていったわけです。最初、１つじゃ足りないかもしれないけれども、２つぐらい裁判所が和解勧告すれば行政は解決に乗り出してくるだろうと、非常に甘く考えていました。ところが行政のほうは、現段階では和解には応じられないということを閣議で決めてしまって、その後一切裁判所の動きを無視。福岡高裁も含めた

５つの裁判所が和解によって解決しろ、話し合いのテーブルに着けといっているのに、行政は一切これを無視してしまった。

私は、これは司法自体が行政追随の体質を自分たちでつくってきて、その結果として自縄自縛になっているのではないかと思っています。そこから司法を国民の場に戻す作業がいま必要なのではないかと思いますけれども、いずれにしましても、水俣病裁判の引き金になったのは、言ってしまえば司法の判断を行政が徹底的に無視してきた。それは認定基準のところだけじゃなくて、和解の勧告のところもそうだし、あとで触れますが、最後の解決のところでも、環境庁の役人が最後にどう言ったかというと、裁判所へは死んでも絶対行きたくないと。裁判所を徹底して無視する動きを彼らはしてきたわけです。

(2)　裁判の位置づけ

私たちは水俣病の裁判を起こすときに、裁判の位置づけについて十分議論しました。これは判決で勝って、その勝った判決を基本にして国や企業との間で協定書、あるいは確認書を結んで解決していくという方式です。私たちはこれを「司法救済システム」といっているわけです。どうしてそういう具合に考えたかと言いますと、例えば、判決で勝って、それが確定しても医療費は出ないんです。年金は出ないんです。被害者の要求のなかで、補償の一時金はたしかに１つの大きな柱です。しかし、それと同じぐらいの重さを持っているのは、医療費の要求であり、年金の要求なんです。判決でいくら高額の賠償金を取っても、逆に言えば高額の賠償金を取ればとるほど医療費や年金は当たらない〈出ない〉。こういういまの法理論的な矛盾にぶつかるわけです。ですから、判決の主文には盛り込まれない被害者の要求を実現するために、勝訴判決を確定させることではなくて、判決をテコにした解決をするしかないのです。それが最終的に、今度〈1995年〉の政府の解決策でどうなったかということですが、基本的には私たちの考え方を政府が受け入れたと思っています。

(3)　世論を変えた大量提訴

この裁判をたたかうにあたって、１つの大きな困難は、水俣病はすでに終わったという世の中の認識が非常に強かったことです。何しろ昭和59〈1984〉年５月２日に東京地裁に提訴したときに、東京湾で水銀の汚染問題があったのかと言った人がいるわけですから。また新しい水俣病が東京湾で出たのかと言った人がいるくらいに、熊本の水俣病の問題はとっくの昔の話だとみんな思ってきていたわけです。そういう世論を変えなければ判決で勝つこともできないし、運動で勝利することもできないということから、私たちは原告の大量提訴を考えました。水俣病は終わっていないんだという事実を社会的に明らかにするためには、これだけたくさんの原告が救済を求めている、という事実を社会的に突きつけるしかなかったわけです。そのために大量集団提訴という方針を決めたのです。その大量の集団の原告を組織するのには、まさか委任状を持ってきたから全部原告にするというわけにもいかないわけで、医者の診断でスクリーニングを通さなければいけない。医者の診断をしてもらって、原告になってもらう。

この大量の原告を組織していくためには、本当に弁護団が苦労しました。東京では最終的に30名の患者しか、私たちの力不足で組織できなかったわけですけれども、昭和37年にチッソの大合理化が行われました。その大合理化が行われたのはチッソが石油化学に転換するために、その石油化学に転換した後、千葉県の五井工場に主力を移すための合理化だったわけです。いわゆる日窒闘争が起き、労働組合はとうとう第一組合と第二組合に分裂してしまいました。労働組合が分裂して水俣工場から大量の労働者が千葉の五井に移ってきた。その名簿を頼りに手紙を出して、いついつ五井工場の近くのどこそこで検診をやりますから来てくださいという宣伝やオルグもやりましたけれども、結果的には会社の圧力があったのかどうかは知りませんが、東京では30名しか組織できませんでした。しかし、その東京の30名を組織するのも実に大変な苦労だったのです。

被害の一番激しい現地の出水や水俣でも、そう簡単にすぐ委任状に名前を書いてくれなかった。弁護士が１軒、１軒患者の家を訪ねていって、医者のスクリーニングであなたは感覚障害があると、あなたは水俣病なのだから一緒にたたかおうと、オルグをした。こうした弁護団の努力は、昨年〈1996年〉9月号の『法律時報』の、京都の中島晃弁護士の論文〈中島晃「大量集団訴訟と弁護士の役割」法律時報68巻10号38頁〉で紹介されています。この論稿は、弁護士が依頼者を獲得するために勧誘をするのは弁護士倫理に反するのではないかという疑問にも答えて、反論しています。これは水俣病の弁護団の中でかなり議論をしました。私たちはオルグをやりました。それは人権を侵された人たちを放っておくことができなかったからです。

京都でも水俣病訴訟が提起されたのですが、京都に集中的に患者が移っているわけじゃない。京都は名古屋から広島までの区域に水俣湾周辺から移ってきた人たちを、京都の弁護団が組織したんです。ですから、これは大変な努力だった。もともと都会に移ってきている人たちはどこそこの誰それはどこにいるとか、お互いに情報網を持っている。しかし、そんな個人的な情報には限度がある。大量提訴なんかできないんです。そこで、つぎには現地のほうから、息子やおじさんはどこに移っているのかということを全部調べ上げて、そのリストをもらって手紙を出すという形で大量提訴の取組みをやってきたわけです。水俣病の人権闘争でいえば、弁護士集団が優れたオルガナイザーになったということがいえるのではないか。

医師団の力も必要なことでした。全国から集まった100人の医者と看護婦の力をかりて、1,088人の一斉検診をやった。これはとにかく滅法珍しい取組みだった。患者に検診を受けてもらって、感覚障害の認められる者を訴訟の原告に加えていく。そういう方針でやってきて、それでやっと原告が2,000人になりました。

最終解決の段階で総数はいくらになるだろうかという議論がありました。私は司法救済システムのもとでは、5,000プラスマイナス1割だろうと言い切ってきましたが、私の読みが非常に甘かったということです。救済対象は、なんと1万1,000人になったんです。言い換えれば、私たちは裁判闘争をやって2,000人を組織してたたかってこういう成果を取ったけれども、9,000人の人たちがまだその周りでこの人権闘争、裁判闘争に参加してきていなかったということに、私は反省させられる思いでいます。ともあれ、大量に原告団を組織していくというのは、世論を変えるうえでは非常に役に立ちました。

⑷　和解と解決

私たちは裁判所で「和解」によって解決しようなんて考えたことは１回もありません。話が違うんじゃないかと、こういう具合に思うかもしれません。私たちは「解決」をすると言ってきました。「和解」という言葉はどうしてもお互いに譲り合って、そしてどこかで妥協点を見出していく、こういう図式に考えられがちです。

たしかにお金の問題については譲り合うことができるかもしれません。しかし、水俣病であるかないかという問題については譲ることはできないわけです。譲り合ったって中間の概念はないわけです。民事訴訟法には「和解」という言葉しかなく、「解決」という言葉がないので「和解」という言葉を使うけれども、私たちの真意は判決に基づいて「解決」をすることだと、終始一貫して言いつづけてきました。裁判所が和解勧告をしたときに、私たちはことさら解決勧告、解決勧告と言ってきました。譲り合って決めるのではなくて、判決のこれまでの考え方をベースにして、それで解決の確認書をつくろうじゃないかということです。

この場合には、訴訟で対立する争点についてどうやって解決の合意にたどりつくのかという問題が当然起きてきます。そのことを予想して、私たちは東京地裁が和解の勧告をする前に、熊本県やチッソとの間で議事録確認をしました。訴訟ではいろいろな争点があります。水俣病かどうか、責任を担うかどうか、一時金を払うかどうか、どれくらい払うか、医療費はどうするか、そういう争点がいっぱいあります。その争点については双方の主張と判決をもとにして、それを公正な第三者が調整した意見を出す。それで解決しようじゃないかということを提案をして、これを熊本県との間で議事録確認というかたちで決めました。争点についてはお互いに譲ることができないわけだから、公平な第三者が決める。それを元にして解決していく。私たちは判決でいけば必ず勝つ、こういう見通しがあったから公正な第三者というのは裁判所のことを考えていたわけです。したがって和解勧告が出てから裁判所の出す和解の案については、私たちは公正な第三者が出した所見だから、これをお互いに尊重して解決しようと訴えつづけ、運動してきたわけです。最終的には政府が解決をするかどうかという決断にまで焦点が絞られました。最終的な解決は、結局、連立与党が私たちの意見を入れて解決を決断し、政府もやむなく解決せざるを得なくなったのです。水俣病ではないと行政が言ってきた、救済する必要がない、救済は終わっているんだ、もう何もやることはない、こういうことを言ってきた政府の方針をひっくり返したのです。解決策のなかに水俣病という３文字そのものは使っていないんですけれども、有機水銀と相関がある、偽患者ではない、有機水銀の影響を否定できない、つまり、水俣病と事実上認めて救済をするというかたちで連立与党が決めて、そして最終的な政府解決策になっていったわけです。

(5)　激烈な最終局面

政府が最終的な政策の転換を図るときの局面は激烈でした。連立与党といっても考え方が全部違うわけです。自民党は環境庁の言いなりです。当時の社会党は、私たちの立場を非常によく理解してくれた。だから村山〈富市〉内閣のもとでの連立与党のプロジェクト会議では、自民党と社会党が猛烈に議論をやった。私たちは社会党の議員の部屋で待機している。自民党の議員の部屋には環境庁が待機している。そして連立与党の会議が休憩に入ると、いまこういうことが論点になっている、どうするかと議論をする。ですから熊本日日新聞が、政府与党のプロジェクトチームにおける自民党と社会党の対立は環境庁と全国連の代理戦争だといったくらいなんです。最後の最後まで、実は救済するということが決まってから最後の最後まで揉めたのは、私たちは「裁判所で解決をする、これは絶対に譲れない。もしそれが駄目だというならば政府解決案は全部吹っ飛ばしてくれ」ということだったんですが、環境庁は、先ほどもちょっと言いましたが、「死んでも裁判所へは行きたくない」とがんばった。結局最後の折り合いのところが、訴訟をやっているグループについては裁判所で和解をする。訴訟をやっていないグループについては行政的な手続で救済する。そういうかたちで決着した。

環境庁の抵抗は本当に最後の最後まで激しかった。環境庁は非常に露骨ないやらしい話を随分社会党の議員にはしたようです。訴訟の場で解決をするということになると儲かるのは弁護士と医者だ。何でそんなことをやる必要があるんだということだとか……。本音は、弁護団や被害者や住民団体が主導して解決のルールをつくるということについては、環境庁としては絶対に譲るわけにいかないという思いだったんだろうと思います。

最終的な局面の段階では、誰を救済するかは裁判所が決めるべきだ。ちょうどいまのHIVと同じ形式であり、スモン訴訟では経験済みの方式だったのですが、救済を希望する人は訴訟を起こして、裁判所がその書類を審査して救済をするかどうかを決めていく、ということを私たちは提案していた。環境庁は、裁判所には死んでも行かないという。それで結局２つに分けて、裁判をやっているグループは和解。そうでないグループは行政的な手続。救済対象者の決定は、判定検討会という行政的なシステムで振り分けをするということになった。連立与党の合意がおととし〈1995年〉の６月だったのですが、国会の会期末近くなって、このままだったら水俣病の解決はお流れというところまでいったんです。そういう状況だったから政治解決は非常に困難ではないかと思われてきていたわけですけれども、最後はやっぱりたたかいの力だったと思います。

具体的にはどういうことかと言いますと、おととし〈1995年〉の５月下旬に、環境庁前で３日間ぶち抜きで「水俣スリーデーズトーク」というのをやりました。朝から晩まで３日間ぶち抜きで。これには法律家団体の方々もかなり出席していますし、学者、文化人も出席してみんないろんなスピーチをした。HIVの川田龍平君〈現在参議院議員〉もあの集会に来て彼は涙を流して訴えている。はじめて外へ出てたたかうということの重要性を彼は自覚したと聞いています。そういう３日ぶち抜きの環境庁前の大演説会をやりました。これでとどめを刺した。そして加藤紘一議員（自民党政調会長）が最後は、よしこれで行こうと決断する。訴訟をやっているグループについては和解で決めるというところで収めた。

4　人権と司法

私はそのプロセスを見て、とにかく裁判所は最高裁を頂点にしてこれまで行政追随の判決を出すなどの姿勢を示してきた。しかし、行政はというと司法をまったく無視しているじゃないか。例えば５つの裁判所の和解勧告がコケにされるなんていうのは、司法の権威失墜もはなはだしい。結局自分たちがそういう種を蒔いてきてしまったのではないかと思うわけです。そういう意味では、司法を行政追随からもう１回国民の立場に戻す。もしそれができていればあるいはもっと裁判でわれわれのほうがうまく解決できたかもしれない、そんな思いもちらちらいたします。

最後になりますけれども、期成会の政策の冒頭に、「耳慣れない法化社会という言葉が市民権を得ようとしている」と指摘されている。法化社会と弁護士活動については、京都大学の田中成明教授が『自由と正義』の昨年〈1996年〉12月号にかなり詳しく書いています。私は田中教授の文章の中で非常に気になるところがあります。「評価が難しいのは最近では水俣病三次訴訟やHIV訴訟など、国を被告とする政策形成訴訟でも訴訟上の和解による解決が目立つようになっていることなどを見ると、この問題は今後の司法政策のあり方を論じるうえで極めて重要だと思われる。」ここまではいいんです。そのあと、要するに田中教授は、裁判所でそういった問題を解決していくということになると、フォーマルな裁判所の判断とインフォーマルな当事者の交渉、これがうまく組み合わされなければいけない。ところが、「裁判官の過重負担、弁護士や当事者の能力不足などのため」に、本来、法に基づいて判決をするという訴訟の性質が変質してしまうのではないかということを憂いているわけです。弁護士の中にもこのような方向を支持する意見も見られる。「“法的なるもの”の拡散と『法の支配』の核心部の空洞化がもたらされかねない」というのです。結論だけ言えば、私は、大量の集団訴訟で１つのルールをつくって、司法の場で司法の判断も借りながら、住民の要求に基づいて解決していく、それは行政の怠慢によって「空洞化している」法の支配を訴訟によって穴埋めしていく過程であると考えます。これは機会があったら弁護士として十分議論しなければいけない課題であると思います。

併せて、クラス・アクションについて私は必ずしも賛成しないということを言いました。たしかに、大量に発生した被害者の人権を守るためには、全員について判決を取るということは不可能です。そうだとすると、誰でも考えることですけれども、判決のパターンがあって、お互いに司法判断を尊重して、それに基づいて解決をしていく。当たり前の話だと思うんです。四大公害訴訟の歴史ではそれをイタイイタイ病以来やってきたし、薬害のスモンでもそれをやってきた。HIV もいまそういうかたちで解決は進んでいっているわけです。そういう意味ではとにかく大量集団訴訟の処理については、私たちの中にはもうすでに立派な経験がいっぱいあり、クラス・アクションを無限定に導入することは、百害あって一利なしと思っているのです。

『自由と正義』の昨年〈1996 年〉１月号に、私は、「人権と自治の開化を求めて」という小稿を書き、その中で、「縦軸と横軸」論に触れました。縦軸というのは人権闘争。横軸というのは国民的なニーズに応えた弁護士の活動です。これは要するに縦軸がきっちりしていないと、この横軸はどんなに拡がっても意味はない。コマが倒れてしまい、弁護士の自治がなくなり、日本の民主主義がなくなると私は思っています。縦軸の人権闘争というのは、冒頭に申し上げましたように、個々の具体的な人権闘争だけに歪曲して狭く考えるのではなくて、期成会の皆さんがこの政策に書かれているような、日本の司法の民主化とか開かれた司法、そういったものを目指すたたかいもまた立派な人権闘争の基本的な柱になるんだと思っています。

随分長くなってしまいましたけれども、最後に裁判所の役割をどう考えるかということについて、日弁連の『自由と正義』なんかを読んでいますと、どうも紛争解決の処理、そこに重点が置かれているような気がする。早期に紛争を解決する。それもたしかに、例えば手形の事件とか、借地借家の事件とか、それは早期に解決しなければならない問題もあるでしょう。しかし、例えば人権闘争だったら、私はそれなりに時間がかかっても、その中でみんながいろんな壁にぶつかって被害者や住民が成長していく、そのこともまた大事なことではないか。そういう意味では、裁判所の機能として紛争解決機能に重点をあまりにも置き過ぎてしまうと、人権運動の芽生えも摘まれてしまうのではないかと危惧します。まさにいろいろな苦労のなかで、長いたたかいの歴史のなかで、その実践を通じて被害者は人権感覚に目覚め、その人権運動が成長していくんだと思うからです。

最後になりますけれども、人権闘争を担うものの人権、これはどう考えたらいいのか、言うことはやめます（笑）。

非常にまとまりのない話になりましたけれども、期成会の皆さんの優れた政策闘争、人権闘争、それが今回私に人権賞を与えてくださった１つの大きな基盤になったということを感謝申し上げて、私の話を終わらせていただきたいと思います。どうもありがとうございました。

第6節

公害裁判と人権
——公害弁連25年のたたかい

淡路剛久・寺西俊一編
『公害環境法理論の新たな展開』
（日本評論社、1997年）22頁以下

1　公害と人権の序章

(1)　公害弁連前史

現代の大型公害裁判が、1967年の新潟水俣病訴訟の提起を嚆矢とすることに、多くの異論はあるまい。新潟水俣病訴訟にはじまる「四大公害裁判」は、人間の尊厳を極限にまで破壊した凄惨な被害を国民の前に明らかにした。そして、わが国の高度経済成長政策のもとで当時爆発的に拡大していた公害問題の深刻さを背景に、人間の尊厳と企業活動のあり方を問うものとなった。換言すれば、公害問題を、誰もが避けて通ることのできない社会問題と化した。四大公害裁判のたたかいは、公害から人権を守る社会運動の性格を帯びるものとなっていったということができる。

ところで、四大公害裁判以前にも、公害問題があり、公害裁判も存在していた[1)]。

公(鉱)害と人権を振りかえるとき、四大公害裁判にみられる弁護士集団の人権活動の原型が、足尾鉱毒兇徒聚衆事件への弁護士集団の活動にみることができる。『東京弁護士会百年史』にこれをみてみよう[2)]。

1）公害に関する住民の動向については、石村善助『鉱業権の研究』（勁草書房、1960年）、戦前の住民運動については、小田康徳『近代日本の公害問題』（世界思想社、1983年）、公害事件判例については、沢井裕『公害の私法的研究』（一粒社、1969年）などがある。

「足尾銅山の開発に伴い、群馬、栃木の両県を縫って流れる渡良瀬川では魚がとれなくなったばかりか、洪水があると冠水して作物も実らなくなり、農民は死活の問題に追いつめられた。そこで農民達は、栃木県選出の代議士田中正造を中心に『押し出し』と呼ばれる集団請願をくりかえした。一方、政府は、警察力を駆使してこれを阻止すること再三に及んだ。そして明治33年2月13日の押し出しが官憲のはげしい弾圧にあって、兇徒聚衆罪として起訴されるに至ったのである」。

「一審の裁判は、明治33年10月10日から前橋地方裁判所で開かれたが、地元前橋の弁護士をはじめ、東京、横浜、宇都宮の各弁護士会からも多数の弁護士が参加し、総勢58名の弁護団を組織して無報酬で弁護に当たった。東京弁護士会からは、花井卓蔵、卜部喜太郎、山田喜之助、三好退蔵、鳩山和夫、飯田宏作、長島鷲太郎、山川平吉、元田肇、竹内平吉、角田真平、今村力三郎など当時の有力な弁護士の殆んどが加わった。そして、これら弁護士の弁護活動は、事実と法律の両面にわたり事件の本質を鋭く洞察したもので、たとえば、『被害農民は、各人の請願権を行使したもので、決して暴動目的をもって集った団体ではない。請願は正当な権利行使であるから、このための官庁との交渉は、喧閙ではない。被告人らが兇徒に変した証拠もないし、社会公衆が恐懼したという事実もない。本件はむしろ警察官の一方的な暴行によるものである。ゆえに兇徒聚衆罪は成立しない……』等々の弁論は見事というほかない。判決では、兇徒聚衆罪の成立は否定されたが、官吏抗拒罪は有罪とされた。判決の結果は、被告人51名中有罪29名、無罪22名（二審では47名）であった」。

刑事事件とはいえ、被害住民と弁護士集団の人権確立の苦闘の歩みが刻まれていることに感慨を覚えずにはいられない。

2）東京弁護士会『東京弁護士会百年史』25頁以下。

(2) 新潟水俣病の提訴

大正時代には、大阪アルカリ会社事件など、判例上注目される事件はあった。また、第二次大戦後の1956年、水俣病問題が生じたが、原因が究明されていながらも、法律家の関与のないまま、59年には見舞金契約によって、社会的に幕引きされてしまう。その水俣病が、第2の水俣病として、新潟県阿賀野川流域でふたたび発生するに至り、現代の大型公害裁判の幕開けとなっていく。

67年6月新潟水俣病提訴。ひきつづき同年9月四日市公害、68年3月イタイイタイ病、69年6月熊本水俣病、同年12月大阪国際空港公害と、大型公害裁判の提訴が、燎原の火のようにひろがっていった。こうした現代の大型公害裁判は、公害によって蹂躙された人権の回復を求める壮大な社会運動ともなっていったのである。

2　公害弁連の誕生

(1) 公害弁連への胎動

69年7月、富山市で、青年法律家協会（青法協）の主催した「第1回全国公害研究集会」が開かれた。日増しに公害が激化していく情勢を受けて、各地で公害裁判が取り組まれるようになった。弁護士集団にとっては、緊急の人権課題の1つとなっていった。しかし、裁判のうえでも運動の面でもさまざまな困難に遭遇していた。公害研究集会は、公害裁判をたたかう弁護士や被害者たちの悩みや要求に基づいて組織された研究の集まりであったと同時に、相互に連帯を強める絆の場ともなったのである。この集会には、会員71名、被害者・支援者25名が参加した。

この集会では、公害反対闘争における法律家の役割を、次の4点に集約した[3]。

3）青年法律家協会公害研究集会実行委員会「公害の根絶をめざして闘う人々のために――公害闘争の実践的法理論」(1970年7月1日)。

① 第１に、公害闘争に携わる弁護士として、徹底して被害者の立場に立ち、その要求を堅持してたたかう。
② 第２に、被害者の要求を正しくとらえた弁護団の活動が、運動に大きな励ましを与えていることに確信をもち、裁判の技術専門家にとどまることなく、公害反対闘争の創意ある運動をつくる一翼を担う。
③ 第３に、闘いの主人公は被害者であるが、科学者、勤労市民など広範な国民を結集して運動を進めていく。
④ 第４に、公害根絶の展望のもとに裁判も位置づけて取り組んでいく。

青法協の公害研究集会は、公害反対の世論を形成するうえで重要な役割を果たした。そして何よりも、公害裁判に取り組む弁護士集団を限りなく励ます力となった。

青法協主催の第２回公害研究集会は、70年６月四日市市で、第３回は、71年６月30日イタイイタイ病裁判で全面勝利判決をかちとったあとの、同年７月、〈群馬県〉安中市で開催された。いずれの集会でも、公害裁判に取り組む弁護団から、大部の報告が寄せられ、分厚い報告書となっている。同時に、第３回研究集会では、法理論の実践的研究のために、①故意過失論、②因果関係論、③差止請求論、④共同不法行為論、⑤損害論の５つの分科会方式がはじめて採用され、突っ込んだ議論が組織された。

イタイイタイ病裁判の勝利は、苦汁の歴史を歩んできた各地の被害者たちに勇気と確信を与えた。そして、各地の弁護団にも、限りなく勇気と確信を与えることになった、各地の公害裁判は、どんどん進展するにつれて、理論上、運動上の諸課題につぎつぎと突き当たってきていた。年１回の公害研究集会での討論だけでは、具体的な実践の諸課題に応え切れない情況が生まれはじめるに至ったのである。

⑵ 公害弁連の結成

1971年７月25日、安中市での第３回公害研究集会の終了後、近藤忠孝弁護士の呼びかけで、全国公害弁護団連絡会議（略称「公害弁連」）準備会が結成された。「敗北の歴史を勝利の歴史に書きかえた」イタイイタイ病勝利判決を国民の力で守り、この成果をさらにひろげていくための、法律家の連帯がどうしても必要なことであった。公害被害の悲惨な実情とそれによる極限的な人権の侵害を前にして、前進・後退のくりかえしは許されないことであった。前進をかちとるのみ——そんな自覚と決意に、弁護士集団の心はみなぎっていた。

公害弁連準備会の誕生は、歴史の必然の所産であったといってよい。この準備会に参加した原始弁護団は下記の12団体であった。

イタイイタイ病	新潟水俣病
四日市公害	熊本水俣病
大阪国際空港	安中公害
カネミ油症	川崎公害
富士公害	大宮原子炉設置反対
東京・北区ゴミ焼場	森永ヒ素ミルク

（連絡世話人）近藤忠孝・豊田誠

7月25日に第1回の準備会をもった公害弁連は、一方では、新しい組織のあり方についての議論をしながら、他方では、当面する諸課題について共同の行動を積みあげながら、公害弁連の正式発足に向けて準備をしていった。

準備会がいかに精力的に共同行動を積みあげていったかを、記録に基づいてこれを見ることにする。

第2回準備会（71.8.14 目黒動力車会館）

[議題] ①新潟水俣病判決を迎える体制、②公害弁連の組織と活動のあり方について

第3回準備会（71.9.12 目黒動力車会館）

[議題] ①新潟水俣病判決への支援体制、②黒部三日市製錬所問題

第4回緊急準備会（71.9.30 虎ノ門消防会館）

[議題] ①新潟水俣病判決の総括

第5回準備会（71.10.16 東京弁護士会）

［議題］①新潟水俣病判決の意義と支援活動の総括、②重金属による土壌汚染問題（安中公害・黒部三日市）、③航空機騒音訴訟の検討（大阪国際空港公害・江戸川航空機騒音）

第6回準備会（71.11.13 目黒動力車会館）

［議題］①熊本水俣病裁判の支援強化、②公害訴訟の現状と問題点（四日市公害で結審をどうかちとるか。航空機騒音訴訟、食品公害訴訟、原子力公害訴訟への対応）、③住民運動強化のための法律家の取組み（川崎公害、鹿島公害）、④安中の農地転用問題、⑤公害弁連の組織体制

月1回のハイペースで準備会をもち、この間に新潟水俣病訴訟での勝利判決、判決後の昭和電工交渉などへの支援を行い、併行して、未組織の弁護団を共同研究を通じて準備会に加入させていった。

こうして、1972年1月7日、東京・虎ノ門の日本消防会館で20弁護団（調査団を含む）、78名が参加して、全国公害弁護団連絡会議を正式に旗あげした。

参加した原始弁護団には、準備会参加の12弁護団のほかに、江戸川航空機騒音、広島・吉田町焼却場、神奈川・ジョンソン汚水、足利シンナー、秋田カドミ公害、堺・高石公害、磐梯・いわき公害、鹿島公害などの団体が新しく加わった。そして、代表委員に正力喜之助（イ病団長）、北村利彌（四日市公害団長）、渡辺喜八（新潟水俣病団長）、幹事長に近藤忠孝（イ病副団長）、事務局長に豊田誠（イ病常任）を選任した。

公害の元凶に毅然と立ち向かい、公害被害者の人権を断固守ろうとする、世界にも例をみない弁護士集団が、こうして誕生した。

(3)　公害裁判と情勢論

公害問題は、基本的には、加害者と被害者との対立を軸として発生する。国民世論がこれをどう受けとめるか、行政や立法がどういう立場でどのように対応するかによって、公害問題の展開や帰趨が大きな影響を受ける。したがって、公害裁判もまた、加害者の姿勢はもとより、国民世論や立法・

行政の動向と無関係に展開することはあり得ない。公害弁連やその加入弁護団が、弁護団会議のつど必ずといってよいほど、社会全体の情勢や個別の事件をとりまく情勢を分析し、情勢を切りひらく方針をうちたてようと努力してきたのは、このためであるといってもよい。

しかし、同時にまた、1つひとつの公害問題には、それぞれの顔があり、問題のもつ特徴がある。したがって、社会的情勢がどんなに不利で困難な局面にあっても、それゆえに、すべての公害裁判の活路が消え失せるものでもない。その問題のもつ特徴を生かして奮闘するならば、どんなに困難な局面でも打開し、勝利に結びつけることもできる。「情勢に負ける」ことは、たたかわずして敗北することである。

公害弁連とその加入弁護団は、こうした情勢分析論に立って、たたかいつづけてきたといっても過言ではあるまい。

3　公害裁判の史的展開

こうした公害弁連とその加入弁護団の活動が、1967年の新潟水俣病の提訴以来、今日までの30年間の公害裁判に、どのような軌跡を残してきたのであろうか。この点について、つぎに述べることにしよう。ここでは、公害裁判展開の軌跡を、理解の便宜上、4つの時代区分に分類することにする。

(1)　敗北から勝利への転換（1967年～1973年）

1967年の新潟水俣病の提訴から、73年の公害健康被害補償法の成立に至るまでを第1期とすれば、この第1期は、公害被害者が戦前、戦後を通じての敗北の歴史を、勝利への歴史に書きかえさせる、飛躍的転換の時期であったということができる。

第二次大戦前は、足尾の鉱毒事件に象徴されるように、企業と官憲の抑圧のもとで、公害被害者は、苦渋と辛酸の道のりを歩むことをよぎなくされ、公害被害者の人権は、瀕死のどん底にあった。敗戦後も、1959年の水俣病の見舞金契約にその典型を見出すことができるように、原因が究明されていながら、水俣病患者は、抑圧され分断され、見舞金で泣き寝入りをさせられてきた。公害被害者の人権蹂躙という犠牲のうえに、公害問題の「社会的解決」がなされ、幕引きされてきたのである。

抜本的対策がとられないまま幕引きされたことの必然の成りゆきとして、新潟に第２の水俣病の悲劇が起きた。近喜代一被害者の会会長は「われわれをこんな状態に追いこんだ昭電と国に対する怒りと不信の結晶だ」と提訴時の談話を発表しているが、「こんなことが許されるか」「熊本水俣病の二の舞にしてはならない」、被害者、弁護団、運動母体の民主団体水俣病対策会議のそのような崇高な決意が、現代の大型公害裁判の提起へと発展していった。

新潟の提訴にひきつづき、四日市公害、イタイイタイ病、熊本水俣病、大阪国際空港公害へと大型裁判の提訴がなされていったことはすでに触れたが、これらの大型公害裁判のあいつぐ提訴は、公害によって蹂躙された人間の尊厳の回復を求める壮大な人権闘争となった。そして、公害列島と化したわが国の各地で、公害に反対する住民運動が鼓舞され、草の根のように燃えひろがっていった。

国民世論は、ついに立法を動かした。70年暮の「公害国会」で、公害関係14法が制定され、これらの法律からは悪名高かった旧法の「経済の発展との調和」条項も削除された。

71年６月のイタイイタイ病判決は、現代の大型公害裁判最初の判決となった。加害企業の責任を厳しく問う被害者全面勝利の判決であった。この判決は、被害者の人権回復を告げる燭光となる画期的なものであった。

ひきつづき、同年７月公害弁連準備会結成後の同年９月の新潟水俣病判決、72年１月公害弁連創立後の同年７月の四日市公害判決、73年３月の熊本水俣病判決と、公害弁連の組織的確立を背景に、四大公害訴訟のすべてで被害者が勝利判決を獲得していく。

これらの判決を通じて、産業公害における企業の法的責任は、社会的に確立するに至ったといったよい。イタイイタイ病における疫学的因果関係論、新潟水俣病における過失論および損害論、四日市公害における疫学的因果関係の前進と共同不法行為論、熊本水俣病における責任論と、階段を一段ごとにのぼりつめるようにして、不法行為論の分野における被害者救済の法理が確立していった。四大公害訴訟の判決の順序は、「神の摂理」による順番ではなく、弁護士集団の討議と連帯の所産であった。

71年7月に発足した環境庁は、同年8月、公害被害者救済の初仕事として水俣病の認定基準を幅広く定める事務次官通知を発した。72年には、イタイイタイ病、新潟両判決の影響のもとに、大気汚染と水質汚濁に関しての無過失責任条項を立法化した。同年、ストックホルムで開かれた国連人間環境会議では、大石武一環境庁長官が、「たび重なる悲劇を通じ、日本国民の間に、誰のための開発か、何のための経済発展か、という疑問が広く住民、自治体から提起せられ、経済優先から人間尊重へとわが国の政治は大きくその方向を変えることになった」と演説をし、公害大国日本の政策の転換を表明した。

そして、73年、世界に例のない公害健康被害補償法が、四日市公害判決を受けて、制定されるに至り、不十分さをのこしているとはいえ、公害被害者に対する、原因企業の負担による賠償的色彩をもつ救済制度がつくられるに至った。

第1期のこの7年は、被害者、国民の人権確立の怒濤のようなたたかいが展開された時期である。このなかで、公害弁連が果たした歴史的役割は、どんなに強調しても強調し過ぎることはなかろう。

(2)　巻きかえしにめげず対決への挑戦（1973年～1981年）

(i)　1973年のオイルショックは、公害・環境問題への財界・政府の巻きかえしの契機となった。1973年のオイルショックから81年の大阪国際空港最高裁判決までを第2期とすれば、激しい逆流に抗して被害者がきびしく対決していく、しのぎをけずるたたかいを展開した時期でもあったということができる。

73年のオイルショックを契機に、高度経済成長政策の破綻が露呈した。財界・政府は、「経済的不況」を口実にして「公害は終った」というキャンペーンをはり、組織的・系統的な巻きかえしの反撃に出てくる。

1974年、有明海の第三水俣病、徳山湾の第四水俣病につき、「シロ」判定がなされ、第三、第四の水俣病は社会的に抹殺されてしまった。同年

12月、自動車排ガスの「51年度規制」が大幅に後退させられた。そして75年2月、『文藝春秋』に児玉隆也のレポート「イタイイタイ病は幻の公害病か」が掲載され、公害反対運動に対する巻きかえしのマスコミ・キャンペーンがはじまった。同年12月号に掲載された、グループ1984年共同執筆「現代の魔女狩り」は、公害反対闘争を魔女狩りに仕立て上げ、「公害告発が野心家たちには大変儲かる商売なのであり、この意味では、まさに新しいタイプの『現代の恐喝』となっていることを示している」などと非難して、公害弁護団への中傷・誹謗を焦点の1つとした。国会でも財界出身の議員が、「裁判所がいまのきびしい環境基準を根拠に判決を下すようなことが起こると、たんに川崎製鉄ばかりでなく、日本中の製鉄所の溶鉱炉の火を消さなければならぬという重大な問題に発展しかねない」などと恫喝した。他方では、加害企業は、ひらき直りの「社会的貢献論」をふりかざし、施設を地域住民に開放するなど、キメの細かい「地域的融和」の対策をすすめてきた[4]。

環境行政は著しい後退を示した。1978年、水俣病につき、認定基準を狭めた「判断条件」を事務次官通知として出し、水俣病患者の大量切り捨ての施策をとり、大気汚染については、二酸化炭素の環境基準の大幅緩和を強行した。79年の第1回日本環境会議も、その宣言のなかで、「近時減速経済の到来とともに、ともすれば環境保全がないがしろにされる傾向が出ており、国の環境政策も退行現象があらわれている」と指摘している。こうした巻きかえしの嵐が吹きすさぶなかにあっても、公害弁連は、この逆流にもめげず、被害者・国民とともにねばり強くたたかいつづけてきた。

四大公害裁判の勝利によって、加害企業の責任の法理が確立されるに至ったあと、日本の公害反対闘争は、公共事業による公害の責任と食品・薬品による加害の責任を追求する課題に立ち向かうこととなった。

4）篠原義仁「今日の公害情勢と今後の課題」（「法の科学」9号〔1981年〕所収）は、巻きかえしの動きを詳述している。拙稿「今日の環境問題と住民運動」（「経済」82年9月号）では、巻きかえしの特徴にも触れている。

(ii)　公共事業による公害とのたたかいは、大阪国際空港公害裁判が牽引車の役割を果たし、名古屋新幹線公害（74年提訴）、横田基地公害（76年提訴）が公共事業・基地による公害のひろがりを象徴するものとしてたたかわれてきた。空港公害は、福岡空港、厚木基地、小松基地、嘉手納基地などへひろがっていき、新幹線公害は、東北新幹線事前差止め（東京・北区）などへと波及していく。

74年2月に言い渡された大阪国際空港1審判決は、差止請求をも認容する公害裁判史上画期的なものとなったが、住民の悲願である「午後9時」からの要求を「午後10時」からの差止めとした点で、画期的であるにもかかわらず、行政追随との批判を生んだ。大阪空港弁護団は、死にものぐるいの活動をして控訴審にのぞんだ。75年11月、大阪高裁判決で、ついに全面勝利の悲願を成就した。大阪国際空港控訴審判決は、日本における公害裁判の金字塔であるといってもよい。

事後の損害賠償から、事前の差止めへの、公害根絶の要求は、裁判の上でも焦点（対決点）となった。空港、新幹線の各地訴訟にとどまらず、兵庫県43号線道路（76年提訴）、多奈川火電（73年提訴）、千葉川鉄（75年提訴）などの大気系訴訟でも差止請求が争点となっていく。大阪国際空港控訴審判決は、こうした裁判闘争に限りない励ましと理論的基礎を提供した。

大阪国際空港公害のたたかいの成果は、関係市町村の自治体ぐるみの運動を組織し、裁判でも徹底してたたかいぬいた原告住民・弁護団の献身的な活動に負うものであるが、同時に公害弁連に加入し、もしくは、ともに歩んできた弁護士たちの数多くの差止認容事例（71年広島衛生センター、72年和泉火葬場、名古屋・利川製鋼、73年広島衛生センター［高裁］、阪神高速道路建設、藤井寺球場ナイター施設、75年牛深し尿処理場など）が、バックグラウンドとなってきたことも、忘れてはならないことである。

(iii)　他方、この時期、食品・薬品による加害の責任追及のたたかいは、公害における損害賠償責任の法理を承継して、全面的な展開をなしとげ、行政を巻きこんで勝利的解決をかちとっていった。

公害水俣病とならんで、サリドマイド被害児は、人々を驚愕させた。いずれも、この世に生を受ける胎児の過程でのおそるべき被害であった。公害とともに薬害・食品公害も噴出していたのである。69年、カネミ油症事件が提訴され、71年には薬害スモン事件が提起された。

63年から65年にかけて、名古屋、京都、東京各地裁に提訴されたサリドマイド事件は、74年10月、行政と企業がその責任を認めて謝罪する「確認書」を調印して勝利的解決がはかられた。

71年東京地裁に提訴された薬害スモンは、全国統一訴訟と位置づけられていたが、被害者自らが裁判をたたかうという位置づけにはなっていない弱点をもっていた。そのため、まもなく全国スモンの会が分裂をし、翌72年大阪地裁を皮切りに、各地での地元提訴となっていく。最終的には、全国23地裁、原告総数6,489名の、未曾有のマンモス訴訟となった。26弁護団、常任弁護士352名で、主要なスモン弁護団は、いずれも公害弁連に加入した。

78年から79年にかけて、金沢、東京、福岡、広島、札幌、京都、静岡、大阪、前橋と、厚生行政の国家賠償責任をも問う勝利判決をあいついでかちとっていく。運動の前進のなかでつぎの勝利判決をかちとり、その勝利判決をテコにさらに運動を前進させるという、スモン型の判決連弾方式のたたかいを、死力をつくして進展させていった。そして、79年9月、薬害防止のために一歩前進した薬事法の改正と、薬害被害者救済のための基金法（薬事2法という）を国会で成立させ、ひきつづき東京地裁の和解案よりもさらに前進した確認書を締結して、全面勝利の解決へと到達した。そして、投薬証明書のない患者の救済のため「1人の切り捨ても許さない」たたかいを組み、全提訴原告のほぼ100%の患者の救済を実現した。スモンにおける「霞が関を揺るがした132日間」のたたかいは、被害者・弁護団・支援の血のにじむような奮闘が織りなすドラマであり、「人間の尊厳という根源的な原理を日本の国民社会に打刻した」（沼田稲次郎教授）ものであった。

77、78年、カネミ油症事件で原告勝訴の判決があいついだ。とくに、77年福岡地裁判決は、「この油症事件は、流通食品に対する無条件絶対の信頼が神話にすぎないことを悲しくも証明した」と判示し、食品の安全性について社会的警告をした。

(iv)　こうして、大阪国際空港、薬害スモンなどに代表される、人権確立のたたかいに大きな前進はあったとはいうものの、すでに述べたように、財界・行政の激しい巻きかえしの流れはとどまることを知らなかった。

被害者が個別にたたかうことも重要だが、連帯した力によって、巻きかえしへの総反撃をしていくことも、情勢が求める緊急の課題となっていた。

76年、巻きかえしの焦点となっていたイタイイタイ病被害者、NO_2などの発生源対策を求めていた大気汚染公害患者、大阪高裁で画期的な勝利判決を得たあと国が不当にも上告していた大阪国際空港公害の住民、大阪国際空港判決に励まされて攻めの国鉄交渉をしようとしていた名古屋新幹線公害の住民など、すべての公害被害者が、連帯してたたかう、公害総行動実行委員会を結成した。5月15日大阪弁護士会館で旗上げしたこの実行委員会は、21日後の環境週間に、第1回公害総行動をもった。82団体1,200名が参加した公害総行動は、政府・財界の巻きかえしに対決する、被害者の連帯した挑戦のはじまりとなった。逆流に抗しての運動の発展の新しい歴史の1ページが刻印されたのである。公害弁連は、この実行委員会の産婆役をつとめるとともに、被害者・住民とともに歩む有力な構成団体の1つとなった。このあと、公害総行動は、毎年1回、環境週間のつど、開催され、その年々の重点課題を前面にすえながら、公害被害者全体の力で、個別の公害反対闘争の局面を打開し、解決させるための努力をしつづけてきている。

そして、79年6月には、環境行政の後退を憂慮した専門家による「日本環境会議」が結成された。この結成は、78年秋に、木村保男弁護士（大阪空港弁護団長）ら大阪空港弁護団が、宮本憲一、甲斐道太郎、澤井裕、西原道雄各教授らと空港裁判の見通しなどについて懇談したさい、弁護団から、環境行政の後退に歯止めをかけるような、研究者のシンポジウムが開けないかという打診がなされたことを契機にしたものであった。環境問題に関心をもつ学者の結集は、実に素早かったのである。

日本環境会議は、3つの性格をもつものと位置づけられた。第1は開かれた学会であり、第2は、学際的な学会であり、第3には、提言する学会である、と。学会の代表には、都留重人、庄司光、小林直樹、内田茂雄の各氏が、また事務局長には宮本憲一氏が、それぞれ選出された[5)]。日本環境会議には、環境問題に関心をもつ弁護士とともに、公害弁連加入弁護団の弁護士が個人の資格で加入した。第1回日本環境会議は東京で開催され、600名の参加者による熱気に包まれた討論が行われ、「日本環境宣言」が採択された。同会議は、96年11月沖縄で第16回会議を開催し、わが国における環境問題の重点課題について政策提言をしつづけてきている。

公害弁連も、また、公害総行動実行委員会も、おそらく、世界に類例のない集団組織であるが、日本環境会議もまた、あらゆる分野の学者・研究者、それに弁護士も参加した、世界的に類例のない学会であろう。

こうした専門家集団の援助のもとに、どんなに嵐が吹き荒れようと、被害者のたたかいは、環境行政の後退と対決し、これに挑戦し、不死鳥のように綿々とつづけられていく。78年の大阪・西淀川公害訴訟の提起、80年の水俣病国家賠償訴訟の提起は、その後の大気汚染訴訟と水俣病訴訟のたたかいの源流になったのである。

(3) 80年代「厳冬」の10年をたたかいぬく（1981～1990年）

(i) 1981年12月の大阪国際空港公害事件の最高裁判所判決は、公害裁判史上のターニング・ポイントとなるものであった。公共事業によるものであっても、公害の違法性を認定して損害賠償義務を課する積極的な側面とともに、操業中の差止請求をしりぞけるという消極的な側面を、あわせもつものであった。公害裁判初の最上級審のこの判決は、住民悲願の「差止請求」を厳冬のさなかに放りこむこととなった。81年の大阪国際空港公害最高裁判決から、地球環境が焦眉となる90年初期までの10年は、いわば「厳冬」の時期といえるほどに行政の後退はとどまることなく、公害被害者のたたかいは苦難の道のりを突き進まざるを得ない時期となったといってよい。しかし、この苦節10年の血みどろのたたかいが、まぎれも

5）『水俣――現状と展望（第4回日本環境会議報告集）』（東研出版、1984年）の宮本憲一「あとがき」。

なく、次の90年代の時期の総反撃への準備となっていった。

(ii)　1981年3月、臨時行政調査会が発足した。そして、同年7月「増税なき財政再建」の名のもとに第1次答申を行ったのを皮切りに、83年3月最終答申を政府に提出した。公害・環境問題の分野でも、重大な答申事項が含まれていた。答申事項の主なものは、

①公害被害指定地域等の見直しと療養の給付の適正化
②製品等の安全検査について、行政機関による検査から事業者の自主検査への移行
③医薬品の指定品目の見直しと医薬品製造承認等の権限の都道府県知事への移譲
④食品添加物の検査項目の合理化
⑤石油コンビナート等についての保安検査の見直しとその新設等の届出の簡素合理化
⑥環境に関する行政機構の在り方の検討

などであり、上記の公害被害指定地域の見直しは、公害被害者の命綱を断ちきるに等しいことであった。

そして、なによりも重要なことは、これまでの数年間の「巻きかえし」が、いわば、局地戦争であったのに、臨調行革路線は、いわば全面戦争の性格をもつ作戦計画であったということである。84年の第13回公害弁連議案書は、「公害をめぐる情勢は、いま、重大な転換期を迎えようとしている」という書き出しで、臨調行革路線の推進について警鐘を乱打している。

81年、環境庁は、湖沼水質保全特別措置法案の国会提出を断念し、82年には公害健康被害補償制度の見直しに着手した。そして、83年臨調最終答申を受けて、環境庁は、中央公害対策審議会に指定地域の見直しを諮問した。この年、環境アセスメント法案は廃案となってしまった。

86年、中公審は、「大気汚染と健康被害との関係の評価等に関する専門委員会報告」を受けて、公害健康被害補償法第一種指定地域の全面解除を

答申した。87年、政府は、この中公審答申を受けて公害健康被害補償法の改悪を閣議決定し、国会で成立させるに至り、88年3月から、第一種指定地域の全面解除を強行した。これによって、補償法上新規に公害患者が救済される道は、閉ざされることとなったのである。

行政のこうした動きと符節を合わせるかのように、司法の動向もまた、行政追随の傾向を強めていった。81年の大阪国際空港公害最高裁判決が示した差止請求排斥の流れは、横田基地公害訴訟（81年東京地裁、87年東京高裁）、福岡空港（88年福岡地裁）、名古屋新幹線公害（85年名古屋高裁）などの公共事業にとどまらず、大気関係訴訟の判決（88年千葉川鉄など）へと波及していく。差止排斥の流れとあいまって、84年最高裁は大東水害訴訟で、住民勝訴の2審判決を破棄・差戻しをし、損害賠償の分野でも、まず、水害訴訟から被害住民の救済を拒否する方向がとられるようになる。大東水害最高裁判決後、各地の水害訴訟は、枕を並べて瀕死の状態に追いこまれるが、ひとり多摩川水害訴訟のみは、90年12月最高裁で再逆転判決（破棄・差戻し）をかちとり、92年東京高裁での勝訴判決を確定させた。先に情勢でも触れたが、多摩川水害の特徴を把えてたたかったことが、水害訴訟の濁流のなかにあって多摩川水害を勝訴させることができた要因である。

この時期、水害訴訟にとどまらず、下級審ではあるが、カネミ油症事件について、86年5月、福岡高裁が言い渡した判決は、国の責任を否定したばかりか、PCB製造企業の責任をも否定する不当なものであった。被害者たちは、「不当・反動・残酷判決」と怒った。すかさず、最高裁もまた、同年10月口頭弁論を開くことを通知し、被害者勝訴の先行判決をくつがえす動きを示してきた。80年代のこの10年は、情勢は「厳冬」の時期を迎えていたのであり、被害者、弁護団にとっては苦難の道のりとなったのである。

(iii)「厳冬」の時期にあっても、被害者たちはたたかいつづけるしかなかった。雪溶けの春を、自らのたたかいによって招くためには、困難であればあるほど、団結を固め連帯をひろげてたたかうことあるのみ、であったといってよい。

この厳冬の時期にありながらも、多くのたたかいが前進し、勝利的解決をもぎとっていった。82年3月、安中公害訴訟判決で、公害裁判史上はじめて、企業の故意責任を認容させた。そして、この勝利判決をテコに、86年、公害防止協定の締結、訴訟上の和解による解決が図られた。半世紀に及ぶ安中農民の不屈のたたかいが結実したのである。

差止請求を排斥された大阪国際空港公害は、最高裁判決後の運輸省交渉で、運輸大臣に、「判決のいかんを問わず9時差止めを継続する」ことを約束させ、84年大阪地裁において、「現在、大阪国際空港においては、午後9時以降発着するダイヤの設定は認めておらず、また、当面、午後9時以降発着するダイヤを認める考えはありません」という「運輸省方針」を裁判所和解案に盛りこませて、全面解決を図った。裁判を軸にした運動が、最高裁判決をのりこえて、差止請求で勝訴したと同じ内容の成果をかちとったものであった。

81年1審、87年2審、93年最高裁で、いずれも損害賠償を認容させた横田基地公害のたたかいは、アメリカ軍による飛行の継続が違法であることを社会的に明らかにした。80年1審、85年2審で、いずれも損害賠償を認容させた名古屋新幹線公害のたたかいは、86年、国鉄との間で協定書を調印し、勝利的解決をかちとった。

差止否定の最高裁の壁をのりこえることはできていないが、運動によって、住民要求を実現する創意ある解決が図られてきたのである。

カネミ油症のたたかいは、86年福岡高裁の前記判決を契機に、被害者たちに至難の課題をもたらした。しかし、被害者たちは、ひるまなかった。86年10月の最高裁の口頭弁論当日には、最高裁を包囲する「人間の鎖」によって運動を高め、他方、PCB製造企業に対しては、108日間の本社坐り込みを決行し、87年3月、最高裁で和解による解決をなしとげた。84年1審、88年2審で勝訴した土呂久鉱害のたたかいは、90年、最高裁で和解により解決を図った。

また、予防接種事件では、84年、東京地裁が、予防接種による被害は生命・身体に対して公共のために特別の犠牲が課せられた場合であるから憲法29条3項の類推適用をすべきであるとする判決を言い渡して、全員救済を命じた。85年名古屋地裁、87年大阪地裁、89年福岡地裁と勝訴判決が積み重ねられ、92年東京高裁で上記の憲法判断は取り消されたが、原告勝訴判決となり、判決の確定により解決をみた。

(iv) 「厳冬」10年のこの時期、大気汚染による公害患者と、水俣病未認定患者のたたかいは、熾烈をきわめたといってよい。

産業界は、公害健康被害補償法の施行後まもなくから、同法の見直しを行政に迫ってきた。75年の行政との懇談会、76年の要望書、77年の意見書、78年のNO_2基準緩和、80年の「公害健康被害補償制度の改正に関する意見書」と業界の要望を行政に押しつけ、ついには臨調答申に盛りこませるに至る。

こうした産業界の動向に対し、公害患者たちは、81年、全国公害患者の会連合会を結成し、対決を強めていく。臨調―中公審―政府と対決の舞台は様変わりしていくが、そのすべての場面で、患者たちはたたかいつづけ、たたかいぬいた。凍てつく冬空のなかで、患者たちは、臨調会場に押しかけて直訴し、ビラまきをして世論に訴えた。87年には、2,000人の「人間の鎖」が大阪市庁舎を包囲した。日本環境会議も、各地弁護士会も、さまざまな専門家集団も、補償法見直しの動きに反対した。東京都知事が慎重論をうちあげ、川崎市長は「(中公審) 答申は不見識。公害行政に苦労してきた者としては残念」とのコメントを発表した。マスコミも答申を批判した。自治体も反対した。政府は、かたくなに、地域指定の全面解除を強行した。しかし、このたたかいを通じて、現行の補償制度を存続させ、既認定患者の救済をさせつづける地歩を確保した。命綱を断ち切ろうとした産業界の暴挙をおしとどめたのである。

補償法をめぐる大闘争のなかで、82年川崎公害、83年倉敷公害、88年尼ヶ崎公害、89年愛知大気汚染公害が陸続と公害裁判に立ちあがっていく。87年7月、大気汚染公害裁判原告団・弁護団全国連絡会議（大気全国連）が結成され、84年の水俣病全国連にひきつづき、大気汚染問題でも、全国統一的なたたかいの母胎が誕生した。

そして、88年11月、千葉川鉄訴訟で、被害者は勝利判決をかちとり、補償法改悪の誤りを社会的に明らかにするに至った。補償法をめぐる大闘争と大気全国連の結成は、91年以降の飛躍的前進を獲得する土台となっていった。

もう1つは、水俣病未認定患者の大闘争である。1973年、水俣病第二次訴訟として、未認定患者による集団訴訟が提起された。同年の一次訴訟での全面勝利判決とこれを受けての加害企業との補償協定書の締結により、行政上の「認定」が救済の要件となるに至ったが、77年、環境庁が認定の条件をきびしくする「判断条件」を定め、翌78年には閣議了解を得て、この認定基準を次官通知として発したことにより、水俣病患者大量切り捨ての政府の方針が固まった。有機水銀による神経症状を訴えながらも、水俣病ではないとして棄却され、患者たちは「ニセ患者」のレッテルをはられる社会的差別を受けることとなる。79年、二次訴訟の原告は勝訴した。しかし、環境庁は、「行政と司法は違う」と開きなおって、救済にのりだそうとはしなかった。「厳冬」のこの時期の80年5月、水俣病未認定患者は、加害企業のほか国と熊本県をも被告とした、水俣病第三次訴訟（国家賠償請求訴訟）を提起した。82年新潟水俣病でも、国家賠償訴訟が提起された。83年日弁連が「水俣よみがえれ」の提言を行い、第4回日本環境会議が「水俣宣言」を発表し、大きな社会的反響を生んだ。こうした動きを受けて、84年東京地裁、85年京都地裁、88年福岡地裁へとたたかいの火の手はひろがっていった。84年7月、公害弁連が主催した「水俣病総合シンポジウム」の成功をひきついで、同年8月、水俣病被害者・弁護団全国連絡会議（水俣病全国連）が結成され、水俣病問題の全面解決をめざす全国的統一的なたたかいの母胎が生まれた。水俣病全国連は、徹底して大量提訴運動を追求した。それは、「水俣病は終わった」とする誤った認識を変えるためであり、解決の主導権を握るためであり、司法救済ルールによる迅速な救済を実現するためであった[6)]。

85年の二次訴訟福岡高裁勝訴判決を経て、87年3月、三次訴訟（一陣）の熊本地裁判決で、国・熊本県の責任をも断罪した全面勝利判決をかちと

6）「なぜ『大量提訴』なのか」（公害弁連第15回総会議案書、1986年3月）。

った。巨大な権力を相手とするこのたたかいでは、地裁勝訴判決をテコに解決を迫る社会的条件は成熟していなかった。かえって、敗訴した国は、法務省内にプロジェクトチームを組織して、巻きかえしを図った。世論を味方に、患者たちの目の色が変わりはじめた。87年チッソ水俣工場を包囲する1,300人の「人間の鎖」、ニューヨークの国連への要請団派遣、不知火海大検診、88年学者文化人700名のアピール、国連人権委員会への救済申立て、水俣病国際フォーラムの開催、89年原告団2,000名突破、IPCS問題で環境庁の責任追及、同年9月熊本県との実務者交渉の開始、90年熊本県との「議事録確認」調印。こうした一連の動きのなかで、同年9月、東京地裁を皮切りに5つの裁判所が解決勧告をした。この司法の動きは、裁判史上、空前絶後の勧告の連弾となった。全国のマスコミが一斉に政府に解決を迫る論陣をはった。

情勢は激動した。しかし、不条理にもひとり国のみは和解のテーブルにつくことすら拒否した。国ぬきの和解交渉がはじまった。世論は、政府への怒りに変わっていった。91年日比谷野外音楽堂での3,000人集会、熊本県庁包囲の1,000人集会、同年10月、環境、厚生、農水各省を包囲する3,000人の「人間の鎖」。国の孤立は誰の目にも明らかになったが、この時期、国は動こうとしなかった。しかし、こうした水俣病未認定患者の生命がけのたたかいは、95年政府に解決策を策定させることへの基礎となっていった。

(v)　公害弁連は、70年代までの公害裁判の過程で、企業と公共事業とによる積極的加害行為について、不法行為法上の法理を定着させる成果を固めてきていた。同時に、公害発生に関する国の責任、とりわけ不作為の作為義務違反の問題は、被害住民の素朴な疑問である「あのときなぜ何もしなかったのか」に応える法律家の課題ともなっていた。

こうして、創立10周年を迎えた82年、公害弁連は、『公害と国の責任』（日本評論社、1982年）を出版した。この刊行本は、都留重人、宮本憲一、下山瑛二、澤井裕の4氏の論文を総論的に掲載させていただいたうえに、空港公害、道路公害、大気汚染、水俣病、薬害、食品公害、予防接種、水害につき国の責任を実践的に論述した各論論文をとりまとめたものである。

当時は、理論的には困難とされていた諸課題ではあったが、今日、これを読みなおしてみると、公害弁連のこの理論的挑戦が、多くの判決のなかに凝縮されてきているのである。

80年代の「厳冬」の時期を、公害弁連は、不屈の実践とあいまって、理論的にも挑戦しつづけてきたことを実証している。

(4) 国民世論を背に難局打開へ（1991年〜1996年）

(i) 1991年から現在までを第4期と区分しよう。地球環境の危機が叫ばれ、1992年6月には、「地球サミット」がブラジルで開催され、地球温暖化、酸性雨、オゾン層破壊などの地球的規模の諸問題が、実は、足元の公害対策と不可分に結びついていることが明らかになった。とりわけ、NGOの役割が改めて強調され。環境問題への国民的認識を深めることとなった。94年、京都で、「第3回アジア太平洋NGO環境会議」が開催され、国内だけでなく、アジア近隣諸国の環境問題についてもNGOの協力関係をつくりあげていく方向が確認された。

そして、国内の政治状況は激動した。93年7月の総選挙で、自民党は議席の過半数を割り、政権の座を失うに至った。金権腐敗の政治への国民の不信と怒りは、爆発したのである。自民党単独政権にかわって細川〈護熙〉連立政権の誕生となる。しかし、93年に制定された環境基本法は、公害防止・被害者救済のうえで、実効性を欠くものであり、政治と行政の基本的スタンスに根本的変化はみられなかった。このことに示されるように、公害・環境をめぐる基本的情勢に変化はなかったが、「たたかえば勝てる」という確信が、被害住民の中に生まれていったことは、まぎれもないことである。

(ii) 91年3月、西淀川公害で、公害患者たちは勝訴した。88年の千葉川鉄公害につぐこの勝訴判決は、四日市公害とは企業の存立と活動の条件の異なる西淀川でも、複数企業の責任を断罪したという点で、大気汚染による公害患者を限りなく励ますものとなった。大気全国連のたたかいは、昂揚していく。

92年8月、千葉川鉄公害は、「因果関係は不明である」などと逃げまわる川鉄を、そのため東京高裁が判決言渡期日を指定するという動きのなかで、判決、自主交渉解決の両面作戦で押しこんで、解決させるという劇的な展開により、決着をみるに至った。

94年1月、川崎公害で、3月には倉敷公害で、あいついで勝利判決をかちとり、企業の加害責任はゆるぎないものとして確定した。そして、重要なことは、勝訴判決をテコに大衆的自主交渉を展開し、長時間に及ぶねばり強い交渉のなかで、複数のいずれの企業に対しても、患者への謝罪をさせ、公害防止対策への努力を約束させ、早期全面解決の必要性を確認させ、そのための継続交渉を確約させる、確認書をかちとったことであり、裁判にわい小化されない大衆運動の力が、このあとの解決への布石となっていったことである。

こうした大気全国連のたたかいの蓄積のうえに、95年3月、西淀川公害は、企業との間の勝利判決が図られる。西淀川公害では、第二次、第三次訴訟の判決が同年3月に予定されていたが、この判決に向けて、1万人の「なのはな」行動を展開し、企業の決断を迫ったものであった。

西淀川公害の解決は、加害企業に対し、公害責任を認めて謝罪させ、判決認容額を上廻る補償をさせたうえ、公害で破壊された西淀川地域の再生のための資金をも拠出させるものとなった。個々人への補償責任とあわせて、地域再生への責任――公害裁判闘争が新たに切りひらいた前進の地歩である。

こうした運動の前進のなかで、ついに95年7月西淀川公害判決（第二、第三次）で、道路公害の加害責任の壁を突き破ることになる。西淀川公害（第一次）でも、川崎公害でも、窒素酸化物と健康被害の因果関係を認めさせて道路公害の責任を問う課題が、判決ごとに前進した内容となっていても、勝訴にまではつながっていなかった。95年7月の西淀川公害判決は、自動車ガスによる健康影響を認め、国および公団に対して賠償を命じた。現下の最大の、そして現在進行形の大気汚染問題に対する司法判断の持つ意義は、測り知れないほど大きいものがある。

この2日後、最高裁判所は、国道43号線公害についての判決を言い渡し、「欠陥」道路の責任の法理が確定した。

96年、川崎公害（道路公害を別にして）、倉敷公害があいついで解決をかちとった。川崎公害では、「はるかぜ」行動などの大衆行動とあいまって、弁護団・支援代表によるねばり強い自主交渉が積みかさねられていた。深沢キク江団長を失った悲しみをのりこえ、患者たちは、「徹夜も辞さない」、「連日行動もやり切る」と病軀に鞭打っての決意を固め、たたかった。そして、勝利した。倉敷公害も同じである。千葉川鉄で堰を切った解決の流れではあるが、解決が自然成長的に向うからやってくるものではない。企業の対応は、それほど甘くはない。各地の死にものぐるいのたたかいがあるからこそ、つぎつぎと堰が切られて、解決への大河が形成されるのであり、川崎、倉敷の解決の教訓は、このことを物語っている。

尼ヶ崎公害、愛知大気公害の裁判は、進んでいる。川崎公害での道路公害をめぐる裁判の動向は、きわめて注目されるところである。とりわけ、首都東京での大気汚染を裁く東京大気訴訟のもつ意義は、きわめて大きい。この訴訟は、道路行政のあり方を根源的に問い直すとともに、自動車メーカーの責任をも問うものとして、その帰趨は、この国の公害施策に決定的な影響を及ぼすものといってよい。

(iii)　一方、水俣病は、国が和解のテーブルにつくことすら拒否しつづけるなかで、患者たちは、92年2月東京地裁で、同年3月新潟地裁で、いずれも国に対する請求棄却の判決を受け、きびしい試練の時を迎えることになる。「裁判所での解決は見通しが暗い」、「国には勝てないのではないか」という暗雲たちこめるなか、最初の試練は、全員控訴を貫けるかどうかであった。東京支援が、現地入りして患者たちを激励した。ゼロから出発した未認定患者たちは、たたかうしかなかった。全員控訴した。不当判決をのりこえてたたかう意思が固まり、直ちに、国民世論をバックにたたかう方針として100万名署名に取り組んだ。署名は100万名を現実に突破した。

水俣病全国連は、その代表団50名を大気汚染の公害患者たちとともに、ブラジルの地球サミットに送りこんだ。100万名署名は、ブラジルで国連に届けられた。ニューヨークの国連本部にも提出した。

93年1月、福岡高裁は、和解案を提示した。国が応じれば解決するという図式ができあがった。同年3月、熊本地裁の国賠二陣判決が、また、同年11月京都地裁判決が、国の責任を断罪した。水俣病発生・拡大についての国の責任について、司法の判断は定着しつつあった。高齢化していた未認定患者は、5日に1人死亡するという非人道的事態に置かれていた。しかし、国は「2つの高裁判決をみたい」などとうそぶき、露骨に非人道的な姿勢を示した。

こうして、患者たちの文字通り生命がけのたたかいがはじまった。94年9月、村山〈富市〉首相への直訴をしたのを皮切りに、11月から、100日余に及ぶ首相官邸周辺等の坐り込みを決行する。連立与党の調整会議は、激論の場となった。某紙は、自民党議員と社会党議員の対決が、環境庁と全国連の代理戦争だと評したほどである。

95年5月、環境庁前で3日間ぶちぬき、正味16時間30分に及んで、158名の患者、弁護士、支援、学者、文化人が、環境行政の非人道性を訴えつづける「ミナマタ・スリーデーズ・トーク」を展開した[7)]。そして、ついに、連立与党の合意「水俣病の解決について」がまとめられた。その後にも紆余曲折を経て、95年12月、政府は、閣議と関係閣僚会議を開いて、政府解決策をまとめるに至った。村山首相は、公害史上はじめて、首相として患者たちに対し謝罪し、すべての未認定患者を救済する方策をとることとなった。もとより、補償額の低さなど、いくつかの問題を含むものではあったが、これまで、「患者ではない」、「救済の必要がない」と言い切ってきた政府の患者切り捨て政策を、180度転換させたことになるのであり、まさに患者たちの生命がけのたたかいが切りひらいた成果となったのである。政府解決策は、訴訟原告2,200名（熊本・新潟）にとどまらず、約1万2,000名の患者たちに救済の道を開かせるものとなった。

97年1月、患者たちは、水俣病被害者の会全国連絡会を結成した。医療問題に取り組むとともに、公害体験の語り部としての役割を担うことを決意している。

7）水俣病全国連『水俣病・この悲劇をくりかえさないために』（ミナマタ・スリーデーズ・トーク）。

(iv) 93年2月、横田基地公害についての最高裁判決がなされた。判決では、差止請求は斥けられたが、損害賠償は認容されて確定した。横田基地公害の被害住民は、いま、1万名の原告団を目標にして、6,000名のマンモス原告団を組織し、アメリカ政府をも被告とした、新しい公害裁判に挑戦している。判決で差止請求がいくたび斥けられようとも、公害被害が存続するかぎり、住民のたたかいはつづく。そして、94年公害弁連は、差止シンポジウムを開催し、宿願の課題ともいうべき差止請求の法理の確立に向け、たゆむことのない歩みをつづけている。

たたかいは、連動する。大阪国際空港公害は解決したが、この成果のうえに、横田基地をはじめ基地公害の裁判がつづけられている。薬害スモンも解決したが、この成果のうえに、HIVの壮大なたたかいが展開された。

こうした意味では、公害裁判と公害弁連のこの四半世紀の歴史は、いかなる難局のもとにあっても国民世論の支持を得ながらたたかいつづけ、確実に運動を前進させて、1つの結実が他への播種となり新しい運動の芽生えとなっていくという、連綿とつづく人権闘争の歴史となってきているといってよい。

4　終章

結びにあたって、公害裁判に取り組んだ弁護士の感慨と、公害弁連の熱い連帯感について、木村保男弁護士（大阪国際空港弁護団長）『大阪空港公害裁判記録 1』[8)]の刊行の辞を、引用させていただく。

「昭和44年12月の第一次訴訟の提起から、昭和53年3月第四次訴訟の和解成立まで、15年にわたる大阪国際空港裁判は、まさに壮大なドラマであった」。「私は、かつて、この15年におよぶ裁判の全体像を、雲をつくような巨大な壁面に画かれた大壁画にたとえたことがある」とし、

8）大阪空港公害訴訟弁護団編『大阪空港公害裁判記録 1』（第一法規、1986年）。

「きわだって鮮やかな色彩で画かれているこの三つの判決（注；一審、二審、最高裁の各判決）は、単にわが国裁判所の良識とその限界を示すにとどまらず、裁判所と当事者とが渾身の力と英知を集中した闘争と協働の諸作業の結晶である」と。

そして、木村弁護士は、闘争と協働の諸作業にあって、公害弁連の熱い連帯感をつぎのように述べている。

「第四に、先進弁護団の恩恵に感謝したい。提訴後1、2年は、呆然と大壁画を見上げるばかりで、どこから手をつけてよいものか、なすすべもなかった。弁護団会議は疑問山積、討議はしばしば行き詰った。昭和46年、全国の公害被害者弁護団で、全国公害弁護団連絡会議（公害弁連）が結成され、私たちはしばしばその助けをかりた。イ病弁護団をはじめ、当時の先進弁護団は、長い闘争の歴史を踏まえ、住民運動を組織し発展させる諸原則をしっかりと身につけ、裁判所を説得し、被告の持ち出す論拠や立証を打ち破る法廷技術や新しい法理論を構築する深い学究力をもつ千軍万馬の精鋭であった。それだけに私たちがかかえている難問題に実に的確な解決の示唆を与えて頂いたものである。しかも、その指導に内部干渉がましい押しつけはなく、私たちはいかなる遠方にも足を運んだし、本当にみち足りた気持で連絡会議を後にすることができたのである」。

多くの犠牲を払いつつ、公害に携わってきた弁護士たちが、今日まで築きあげてきたものは、社会的弱者の人権が確立されること、そして、人間の尊厳が尊重される社会をつくることという、かけがえのないものだったのではなかろうか。

第7節

人権と自治の開化を求めて
——人権課題と弁護士像の展望

日本弁護士連合会編集委員会編
『あたらしい世紀への弁護士像』
（有斐閣、1997年）23頁以下

1　問いかけられる弁護士のあり方

「弁護士とは何か、その活動はどうあるべきかを、今年ほど、わたしたちが考えさせられた事はなかったのではないか。」

朝日新聞（1995年8月16日付）は、こうした書きだしのもとに、「市民のための弁護士活動とは」という社説をのせた。社説はこうつづけている。「阪神大震災では、多くの弁護士が区役所などに出向いたり、電話を受けたりして、手弁当で被害者の法律相談に当たった。オウム真理教事件では、被害者救済に若手の弁護士たちが奔走している。いずれも特定の企業や個人のための活動ではない。『基本的人権の擁護』『社会正義の実現』という使命感に基づくものだ。市民の目からは、どれだけ頼もしくみえるか分からない。……一方で、世間を驚かせたのはオウム教団の元顧問弁護士だ。……この弁護士はなぜ暴走し、なぜだれもそれを止めることができなかったのか。疑問に感じた人は多かったにちがいない。」「弁護士会は委員会をつくって様々な公益活動をしている。法律相談、国選弁護人、電話一本で留置場に駆けつける当番弁護士、冤罪に泣く人の救済、などがそれにあたる。」「日本弁護士連合会は数年前から、『市民に開かれた司法』を最大の課題にし、様々な改革に取り組んでいる。それに呼応し、『市民に身近な、市民と心の通い合う弁護士会』を目指し、公益活動を充実することにしたものだ。」「どれだけの弁護士が公益活動に加わるかに、改革の成否がかかっている」と。

この社説が指摘するように、いま、弁護士の活動のあり方が社会的に注目されているが、他方、法曹養成制度等改革協議会において、司法試験合格者数、司法修習制度に関する論議がなされている。しかし、そこでの議論は、「理念なき改革」ともいうべき矮小化されたものであり、行政改革委員会での「規制緩和」の動向とあいまって、弁護士の将来像に重大な影響を及ぼしかねない問題を含んでいる。

それゆえに、同時代に生きる弁護士の1人ひとりが、いま、弁護士と弁護士会のあり方、司法制度の将来について、壮大な理念を掲げて国民とともに歩むかどうかが問われはじめているのだといってよい。

2　人権課題と弁護士活動の歩み

(1)　先人弁護士たちの足跡を継いで

1990年5月25日、日弁連は、国民主権のもとでのあるべき司法、国民に身近な開かれた司法をめざして、国民とともに司法の改革を進めることを宣言した。重要なことは、「国民に開かれた司法」という理念は、もとより、市民間の私的紛争の迅速な解決とその未然予防という国民的ニーズに応える側面をもつと同時に、それはまた、抑圧され侵害された人権を擁護して人間の尊重を追求するという側面をもつということである。その意味では、90年宣言をまつまでもなく、わが国における先人弁護士たちが政治的制約のもとでの弱点をもちつつも歩みつづけてきた苦難の歴史をひきついだ課題であるといってよい。

足尾銅山の鉱毒事件が、明治年代の最大の人権侵害問題であったことは、つとに知られている。「古河市兵衛は、独り宏壮なる邸宅を構え、巨万の富を擁して、日夜酒色に耽溺し、また自己が所営の銅山を去ること20里、千里の沃野むなしく粛条たる毒原と化し、鶏犬の声絶えて白葦黄芽徒らに茂く、凍餓に苦しめる人民30万、訴うるに処なくして、昊天に向って慟哭しつつあるをも知らざるがごとく、しかして当路の有司、また毫も被害民が哀叫に耳を藉さず。田中正造氏が議会における痛憤の怒号も、人民が病軀を駆って哀訴する苦衷も遂に彼等が一顧に値せざりしなり」[1]。やむにやまれず集団請願に及ぶ被害民に憲兵・警察が弾圧を加え、兇徒聚衆罪として前橋地方裁判所に起訴した。「一審の裁判は明治33年10月10日から開かれたが、地元前橋の弁護士をはじめ、東京、横浜、宇都宮の各弁護士会からも多数の弁護士が参加し、総勢58名の弁護団を組織して無報酬で弁護に当たった。……判決は、2ヵ月余り後の12月22日に言渡された。兇徒聚衆罪の成立は否定されたが官吏抗拒罪は有罪とされた。判決の結果は被告人51名中有罪29名、無罪22名であった。……控訴審は、官吏抗拒罪も証拠不十分として成立を認めなかった。被告人50名中3名を有罪としただけで、47名に無罪を言渡した。……第一、二審とも弁護人の献身的努力があったからこそ、多くの被告人が助かったわけである。まさしく我が国の弁護士の人権擁護の一頁を飾るにふさわしいものといえよう」[2]（傍点筆者）。

足尾銅山の事件に限らず、先人たちの取り組んだ人権擁護の活動は、1893年（明治26年）弁護士制度が誕生して日の浅い草創期からはじまり、国民の信頼を獲得していくうえで、大きな役割を果たしてきた。

そして、日本弁護士協会録事100号（1906年7月）によると、弁護士のあり方についての論議がなされ、つぎのように記述されているといわれる[3]。

「明治26年弁護士法制定の頃より法律も完備し、裁判所の組織および弁護士の試験制度も漸く整頓したると同時に、弁護士の業務は単に弁護士自身が私利を貪るの業務にあらずして、社会的公共的、義侠的の職務なると法律之を規定し、天下公衆亦之を認識し、世人は弁護士に対し多大の尊敬を払うに至り、弁護士も亦公共的、義侠的に職務に従事するの傾向を生じ、世人の尊敬に比例して弁護士の地位は向上するに至れり」と。

1）荒畑寒村『谷中村滅亡史』（新泉社、1970年）65頁。
2）『東京弁護士会百年史』（東京弁護士会、1980年）259頁。
3）前掲注2）224頁。

(2) 弁護活動は人権擁護の砦

しかし、時代は暗黒の谷間に突き進む。自由と民主主義が閉塞された時代を象徴する治安維持法（1925年5月施行）は、弁護士たちへの弾圧をもたらした。史実に基づいて論証している上田誠吉弁護士著『昭和裁判史論——治安維持法と法律家たち』（大月書店、1983年）によると、「弁護活動をおこなうことは、法によってみとめられた弁護士の職務所為である。弁護士たちへの弾圧が、その弁護人としての弁護活動を理由とするものであった。そこで弁護士たちへの弾圧は、弁護人としての合法性を奪い、その職務行為としての正当性を否認するという、この弾圧特有の意義をもっていたのである」（138頁）、「弁護士たちへの弾圧以降、治安維持法については、自己の行為と思想の正当性を主張する訴訟活動はできなくなった」（140頁）のである。

自由と人権が蹂躙され、弁護士たちがその弁護活動のゆえに抑圧されていく時代の流れは、弁護士会そのものをも濁流に巻きこんでしまった。1941年12月10日、日本弁護士協会は、「畏クモ宣戦ノ大詔ヲ拝ス、洵ニ感激ニ堪ヘス　聖旨ヲ奉戴シ総力ヲ挙ケテ東亜興隆ノ天業ヲ翼賛セムコトヲ誓フ」という誓詞を発表した。政治的社会的に自由と人権が蹂躙される国家総動員体制のもとでは、司法そのものが閉塞してしまう。その意味では、司法の機能は、所与の社会的条件に規定されるものであるから、「国民に開かれた司法」の論議は、自由と人権とが保障されうる社会の構築と切りはなすことができないことを、歴史の教訓は示しているのである。

(3) 「弁護士の使命」をになって

戦後、1949年9月1日、弁護士法が施行された。弁護士法は、弁護士の使命を高らかに謳いあげた。「弁護士は、基本的人権を擁護し、社会正義を実現することを使命とする」（1条1項）、「弁護士は、前項の使命に基き、誠実にその職務を行い、社会秩序の維持及び法律制度の改善に努力しなければならない」（同条2項）と。

現行弁護士法は、1947年5月3日施行の新憲法に後れること、2年4ヵ月。官僚からの激しい抵抗があったからである。東京3会はそれぞれ改正意見をまとめ、弁護士および弁護士会の公的性格の明確化（正義と人権の擁護）を求めて活動した。それは、戦前の苦い経験に立脚しつつ、国民に開かれた司法の確立へ向けての情熱のあらわれであったとみることができよう。利谷信義教授は、「この条文は、歴史的な意味をもっている。戦前における日本の司法のあり方と弁護士の人権擁護の歴史（挫折の歴史も含まれる）の上にはじめてこの条文が成り立っている。弁護士の使命の重大さを考えると、この条文は当然のことを言っているにすぎないとも言える。いずれにしても、基本的人権の擁護、社会正義の実現を弁護士の使命として弁護士法の冒頭に掲げたことは、日本の人権史にとっても画期的なことである」[4]と指摘している。

戦後50年。この半世紀にわたり、わが国での人権擁護の課題のいかに多くを弁護士と弁護士会の献身的な活動がになってきたであろうか。松川、三鷹、白鳥、メーデー、吹田、大須、チャタレー、ポポロ、砂川などの諸事件、公安条例・スト権をめぐる一連の事件、労働基本権、公害・環境・薬害などの無数の事件、朝日訴訟、いくつもの再審事件などなど、個別の事件が、国民の人権意識の啓発に果たした役割は、筆舌につくしがたい。

また、臨時司法制度調査会意見書、裁判官の新任・再任拒否、阪口修習生罷免、平賀書簡、判検交流などをめぐって、司法の民主化を求める活動も精力的に展開されてきた。

子どもの権利、女性の権利、マスメディアによる人権侵害、脳死・生命倫理、精神障害者の人権、消費者・公害環境、民事介入暴力問題など諸々の分野でも人権の確立をめざす取組みがなされてきた。民事、刑事の諸立法に対しても、弁護士会は、人権擁護の立場から意見書をまとめ世論の喚起を図るなどの組織的な活動を行ってきている。

限られた会員数と乏しい財政事情のなかで、日本の弁護士集団は、献身的な努力を傾注して、自由と人権の確立をめざして活動してきているので

4）利谷信義「『弁護士と自治』について」法学セミナー増刊『現代の弁護士〔司法編〕』（日本評論社、1982年）62-63頁。

ある。わが国の人権擁護の歴史は、弁護士集団の活動をぬきにして語ることができるであろうか。市井の悩みや困りごとを丹念に誠実に解決することも弁護士業務の重要な一環であり、国民的信頼を得ることにつながるが、人権擁護のための自己犠牲的な活動によってこそ、広汎な国民の信頼を骨太くかち得る道なのだと思う。

3　人権課題と弁護士の職能

人権課題にかかわる訴訟にあっては、担当弁護士は、訴訟業務を誠実に処理するだけでも、実に多くの労力と費用の負担をよぎなくされるのが、通常である。この種の訴訟は、長期にわたる苦しいたたかいである。1回1回の弁論の準備や、1人ひとりの証人に注ぎこまれたエネルギーは、莫大である。その努力の成果が、必ずしも判決に凝縮するとは限らない。勝つこともあれば、敗けることもある。勝訴の喜びと敗訴の無念さは、担当する弁護士にとっては、天と地の違いであるが、いずれにせよ、人権闘争への弁護士のかかわりは、判決があったから終わるというものではない。訴訟業務の誠実な処理だけでは、人権課題についての弁護士としての使命を全うしたことにはならないからである。

そこで、人権課題にかかわる公害・薬害裁判を通じて、弁護士がその職能をどのように発揮し、人権擁護の役割を果たしてきたかを考えてみたい。

第1は、公害・薬害の恐るべき実態を社会的に浮彫りにし、その発生の社会的条件を解明し、世論に訴えて、社会的啓蒙・警告をしたことである。

新潟で第2の水俣病が発生させられたことに怒った被害住民は、1967年、加害企業を被告に公害裁判にうって出た。いわゆる「四大公害訴訟」のはじまりである。四日市公害、富山イタイイタイ病にひきついで、熊本でも水俣病訴訟が提起された。熊本では、1959年の「見舞金契約」によって、社会的には、水俣病問題は終わったとされていたのであるが、裁判は水俣病の激甚な「生ける屍」の被害実態を世に問うことになったのである。どの公害事件でも、どの薬害事件でも、裁判を軸にしながら、ジャーナリズムの報道姿勢とあいまって、被害の実態をひろく鮮明に描きだしてきた。

同時に、弁護士集団と研究者らの調査、研究によって突きとめられた、発生のメカニズム、安全性無視のおどろくべき事実をも明らかにするものとなった。レンツ警告を無視したサリドマイド。グラヴィツ、バロスの警告を無視したスモン。カーランドの警告を無視した第２の水俣病。ダーク油事件を無視したカネミ油症。どの訴訟においても、安全性無視の数多くの事実が、枚挙に暇がないほど掘り起こされた。安全性を確保すべき責任は誰が担うべきかを、社会的に明らかにしてきたのである。

カネミ油症事件・福岡地裁判決[5)]は、つぎのよう判示して、食品の安全性について鋭い問題を提起している。

「このような油症は、誰もが避けえない日々の食物をとることによって発生したところに、やり場のない怒りがある。……〔食生活は〕現代の商品経済の中で、消費者は市場に流通している商品としての食品を購入し、それを食することなしには考えられない。この事実からすれば、流通食品が絶対に安全でなければならないことは法律以前の真理であり、誰も否定しえまい。流通食品に対する無条件の信頼のもとに一般消費者は生活してきた。……この油症事件は、流通食品に対する無条件絶対の信頼が神話にすぎないことを悲しくも証明した。この神話を現実化するために人間は何をどうしなければならないのかという深刻な課題の解明に着手しなければならない」と。

スモン訴訟における東京地裁の和解勧告所見は、「キノホルム剤についての厚生当局の関与の歴史は、その有効性、安全性の確認につき何らかの措置をとったことの歴史ではなく、かえって何らかの措置をもとらなかったことの歴史であるといっても、決して過言ではないであろう」と、行政の怠慢をきびしく指摘した。

弁護士の活動は、人権運動の基礎となるべき共通の認識を広め、公害・

5）福岡地判昭和52・10・5判時866号21頁。

薬害・食品公害をくりかえしてはならないという国民世論を喚起することになったのである。

第2は、判決ないしは訴訟の当事者の枠をこえて、同種被害者の迅速な救済を実現したということである。イタイイタイ病判決後、イタイイタイ病患者団体は、加害企業との間で「誓約書」をとりかわし、判決当事者以外のイタイイタイ病患者を一気に救済するレールを敷いた。また、新潟と熊本の水俣病患者は、判決後、加害企業との間で「協定書」を調印し、訴訟手続によらずに迅速に同種被害者の救済の道を開いた。さらに、スモン訴訟でも、判決当事者以外のスモン患者が「確認書」によって救済され、総数6,490名という未曾有の患者救済を実現している。弁護士活動が狭い意味での「訴訟」活動に閉じこめられていたならば、決して実現することがなかったにちがいない。訴訟もその一環として位置づけられた人権擁護の運動として取り組まれてきたことの社会的成果といってよい。

第3は、判決によって明らかにされた企業責任に基づいて、加害企業に公害防止対策をとらせてきたということである。イタイイタイ病判決後、安中公害訴訟判決後、いずれも、「公害防止協定」が締結され、加害企業は、住民の立入調査とその監視のもとに、発生源対策をとらざるを得なくなった。とりわけ重視すべきことは、公害裁判が提起され訴訟が裁判所に係属しているということ自体が、企業や国に重い腰をあげさせ、公害対策をとらせる原動力となってきたということである。国が、大阪国際空港公害裁判の提起を契機に、空港周辺の防音対策とその整備に莫大な費用を拠出し、また、国鉄が、名古屋新幹線公害訴訟の提起を契機として、新幹線の騒音・振動対策に莫大な費用を拠出している。そして、両事件では、差止請求がしりぞけられてはいるものの、判決後も、住民との交渉が継続されてきた。まさしく、人権擁護の闘いにあって、判決はその一里塚であることを如実に示しているのではあるまいか。

第4は、公害・薬害裁判が、国の立法作業を促進する要因となってきたことである。あいつぐ公害裁判の提起が、1970年暮れの「公害国会」における公害14法の制定とその後の環境庁の発足をもたらしたことは、歴史的事実である。また、イタイイタイ病、新潟水俣病の各判決が、大気汚染と水質汚濁による健康被害についての無過失責任条項を法制化させる契機となった。そして、四日市公害判決が、公害健康被害補償法という世界にも類例をみない救済制度をつくらせる直接的要因となったことは、顕著な事実である。

薬害スモン裁判を契機とした薬事2法（薬事法改正、医薬品副作用被害救済基金法）の成立は、訴訟をになった弁護士集団と日弁連公害対策委員会の弁護士集団の息の合った、人権擁護に向けての連係プレーが大きな要因となった。

医薬品をめぐる国の救済制度研究会が発足したのは、スモン訴訟の提起された翌月、1971年6月のこと。日弁連は、いちはやく73年4月、「医薬品副作用の被害救済制度についての要望」をまとめ、関係当局に要請した。そして、翌74年11月の人権大会（水戸）のシンポジウム「食品薬品公害の予防と救済」で公開討論を行い、救済制度の確立、薬事法の根本的改正を求める決議をした。

1976年7月、救済制度研究会の報告書が発表されるや、同年12月、日弁連はこれに対する批判的意見書をまとめて公表した。77年12月、救済法案大綱（薬務局試案）が発表されるや、これについても、直ちに批判的意見書を公表した。そして、日弁連は、78年6月には、「医薬品等安全基本法の制定を求める意見書」を発表し、従来の消極行政を基本とする薬事法の枠をこえて、医薬品の安全性確保のため積極行政を根幹とする新しい法律の制定を求める立法上の提言をしたのである。日弁連の「医薬品等安全基本法」の提言は、マスコミも大きく報道し、各政党ともこれを重視し、大きな社会的共鳴を得たものであった。

ときあたかも、同年8月に言い渡されたスモン訴訟・東京地裁判決は、「新たな行政需要に対応してより積極的な薬務行政を展開するためには、まず、それに適した薬事法の改正が必須とされるのである。しかるに、業界は必ず行政指導に従うから法改正の必要なしとする当事者の言辞の如きは、もはや強弁以外の何物でもないことが明らかであろう。サリドマイド事件に即応したキーフォーバー＝ハリス修正法（1962年）より本件口頭弁論終結時に至るまで15年、英国薬事法の制定（1968年）より9年、西ドイツ新薬事法の成立（1976年）よりさらに1年、被告国が時代の要請に応えるための法改正の努力を示すことなく、もっぱら行政指導によって新たな行政需要に対応し、むしろこれをもって足りるとしながら、一度提訴を受けるや、既存の実定法規の体裁を論拠として国に責任なしとするのは、矛盾の甚しいものというほかないのである」と行政姿勢を批判した。

こうして、1979年9月、あいつぐスモン訴訟判決と患者運動を背景に、薬事法の改正、医薬品副作用被害者救済基金法のいわゆる薬事2法が国会で成立するに至った。弁護士法1条1項の「基本的人権の擁護」の使命をになった弁護士集団（全国各地で500名を下らない）と、同法1条2項の「法律制度の改善」をめざした日弁連公害対策委員会の弁護士集団とが、共同して、薬害被害者の救済とノーモア・スモンの人権擁護の事業をなしとげたのである。

4　新しい弁護士像とその存立の条件

あたらしい世紀への弁護士像を、私は、こう展望する。

国民に開かれた司法、国民に親しまれる司法は、人権擁護と社会正義の実現を基軸にしたものでなければならない。行政権力と大企業の横暴によって虐げられた人権と人間の尊厳の回復のために献身する弁護士の姿勢が、弁護士像の「縦軸」として、限りなく太くふとく培われていかなければならない。これが国民の期待に応えうる弁護士のありようであり、そして、そうした弁護士と弁護士会が野に在って、司法制度の改革を国民とともに進めていくことが求められているのだと思う。

このことと同時に、いま弁護士に求められている、国民のニーズに応えることも重要な課題であることは言うまでもない。市民のもつ悩みごとや紛争は、その1人ひとりの市民にとってみれば、ゆるがせにできない生活の一部となっている。「かかりつけの医者」がいるというだけで、どれだけ精神的不安から解放されているか、という体験からしても、「気軽に相談相手になってくれる弁護士」を国民は求めている。そのための制度的工夫は多様であり、日弁連や単位会が試みはじめて久しいが、まだニーズに応え切ってはいない。会が制度的仕組みをきめて、弁護士が取り組んでいくことも必要ではあるが、現存する弁護士会員が自らの弁護士業務の一部に、相談活動の定期化などを組みこんでいく意欲が必要なのではあるまいか。人権擁護が「縦軸」であるとするなら、司法容量の拡大、弁護士業務の開拓を、弁護士像の「横軸」として位置づけるべきである。ビジネスロイヤーを大量につくりだす動きは、競争原理の導入によって、いま述べた縦軸と横軸をもつ将来の弁護士像を歪めたものにしてしまう恐れなしとしない。

こうした使命をもつ弁護士像を考えるとき、私は、これには、2つの条件が不可欠であると思っている。その1つは、弁護士自治である。人権擁護のたたかいは、時の権力（行政）との対決を避けることができない性格をもっている。どの人権裁判でも、弁護士たちは、抑圧、弾圧を加えた権力を法廷の内外で真正面から批判し、人権を蹂躙してはばからない行政の姿勢を法廷の内外で鋭く批判してきた。往時のように、弁護士会が法務大臣の監督下に置かれていたら、弁護士の自由な弁論は限りなく制約されていたにちがいないし、弁護士会の自由と自律の体質も変貌をとげていたにちがいない。思うだけでも、身の毛がよだつ。

利谷教授は、こう指摘する。「戦前の弁護士がその自治・独立を追求した時、それはあるべき法廷の追求の手段であり、司法権独立のための道程であり、究極的には、人権擁護の目的の実現でありました。司法権の独立と弁護士の自治は併行すべきものであり、人権擁護につながるものであったわけです。」「弁護士の自治への制約は、行政権による政策追行を国民生活のレベルで再検討するという司法の役割の抑制の面からだけではなく、弁護士のサービスから疎外される市民の代弁者としての国家が、弁護士自治に対して反省を要求するという面からも提起されてくるわけです」[6]と。あらためて、弁護士自治の歴史の重みを互いにかみしめあいたいと思う。

その2は、司法基盤の整備である。裁判所・検察庁の人的物的拡充、法

6）利谷・前掲注4）61、68頁。

律扶助制度の抜本的改革、国選・当番弁護士の人的物的保障、訴訟救助の要件緩和など、基盤整備にかかわる事項は数多く、法曹人口の漸進的増加などとあわせて、すみやかに施策として推進される必要がある。

私たちは体験している。かつて、わが国では、高度経済成長政策の時代に、利潤に結びつく設備投資には莫大な資金をつぎこみながら、利潤に結びつかない公害防止設備への投資を怠った。その結果、人類が体験したことのない悲惨な公害被害を生みだしてしまったことを。目先の利潤に汲々とするあまり、人間の尊厳を否定する、とりかえしのつかない結末を迎えてしまったことを。

私は、つい、司法の基盤整備の問題を、この公害体験と重ねあわせて考えてしまう。道路などの経済基盤の整備には、赤字国債にまで依存して資金をつぎこむ反面、司法予算は、国家予算のわずか0.4%。健全な近代国家における司法の役割は、とうてい果たせるものではない。

5　むすび

松井康浩弁護士は、その著作『日本弁護士論』(日本評論社、1990年）のなかで「21世紀弁護士論」を論じている。「この90年間、弁護士・弁護士会の活動に対していかなる法則性が働いてきたか、これを発見し、今後21世紀をのぞんでいかに行動すべきかを解明しなければならない」とし、このことを「弁護士哲学」と呼び、その確立を提唱している。「弁護士哲学」と呼ぶかどうかは別として、弁護士と弁護士会の歴史を総括し、国家における司法の役割を鮮明に描きだしつつ、そのなかで弁護士集団が将来歩むべき道すじを、弁護士1人ひとりが考究し、集団で討論し、理論と政策にまとめあげる時期に際会しているように思う。

補記

公害の原点といわれてきた水俣病問題に、この12年間、取り組んできた[7)]。そして、水俣病が公式に確認されてから40年目にして、ようやく、「水俣病患者ではない」「救済の必要がない」と言いつづけてきた政府が、その方針を転換して、1995年12月解決策を提示し、96年5月、水俣病国家賠償請求訴訟は終結した。訴訟を提起して救済を求めた患者は約2,000名。政府解決策によって救済を受けることとなった患者は、1万1,000名に達しようとしている。

もともと、水俣病問題が混迷を深めるに至ったのは、この疾病の医学的診断が困難であったためではない。行政が、水俣病であると認定する基準を厳格化したことに起因する。しかも、行政の認定基準が厳格にすぎるとして、救済を命じた福岡高等裁判所確定判決[8)]をすら、行政が無視したことによる。

こうして、水俣病にかかる人権問題は、主として、行政の誤った政策、司法判断をないがしろにする行政の優越的姿勢から生みだされることとなった。被害者救済のための「公害健康被害補償法」が現に存在するにもかかわらず、この補償法による救済を行政が閉ざしてきたのである。被害者救済法の「空洞化」がもたらされた結果、患者らは訴訟上の救済を求めて提訴し、司法の役割が増大することとなった。

水俣病裁判に常任としてかかわった弁護士は、全国で約200名におよぶ。この10年間に、東京・九州間を437回、航空運賃、宿泊費などすべて手弁当で往復した弁護士もいる。事務所にかかってくる電話は、マスコミや水俣病関係のものばかりで、来る日も来る日も水俣病問題に忙殺されてきた。そんな弁護士の活動を知ってか、行政は、損益分岐点をこえているとあざ笑ったこともある。それでも、弁護士たちは、この人権侵害を許してはならないとたたかいつづけてきた。

こうした努力が結実して、2,000名の患者原告の人権回復の裁判が、1万1,000名の患者の人権の回復につながっていったのである。

公害・薬害・消費者被害などのケースでは、必然的に同種の被害者を多数生む。したがって、訴訟では、大量集団訴訟の形式をとることが多い。

7）拙稿「水俣病問題の解決をめぐって」ジュリスト1088号（1996年）12頁。
8）福岡高判昭和60・8・16判時1163号11頁。

水俣病では2,000名、薬害スモンでは最終的に6,490名、横田基地公害訴訟（係属中）では6,000名。行政の無為無策、政策の欠缺がこのような大量集団訴訟を生んでいるのだが、司法が個々の原告についてすべて判決するとなると、途方もない長期間を要することになる。また、判決を言い渡してみても、行政が司法判断を尊重して政策を樹立・変更していく柔軟な姿勢を示さないこの国の現状のもとでは、判決の効力は当然のことながら判決対象者に限られることになる。さらに、判決では、治療費や健康管理の諸費用などの将来請求や、公害等の防止にかかる対策を求めることは困難である。こうしたことから、水俣病ケースにあっては、「司法救済システムの確立」を提言し、司法と行政に迫ってきたのである。

「司法救済システム」は、補償法の「空洞化」による行政救済システムの破綻を補完する政策的提言としてなされた。訴訟上の争点について、互に司法の判断を尊重して救済のスキームをつくり、司法が簡便な資料に基づいて救済対象者を訴訟上決定していくことによって、訴訟上の解決を迅速に図ることを骨子としたものであった。しかし、行政は、この合理的で迅速な解決策を受けいれようとはしなかった。政府解決策は、提唱した「司法救済システム」のとおりとはならなかったが、一面ではこの提案の影響を強く受け、他面では、この提案の領域をこえる内容のものとなったのである。人権課題に取り組む弁護士集団にとっては、単に法廷内で法の適用を求めるだけでは、人権擁護の課題に応えたことにはならない。その人権課題のもつ社会的意義のアピールや、課題解決への政策的提言もあわせてしなければならないように思う。

私は、人権擁護と社会正義の実現を「縦軸」とし、国民の日常普段のニーズに応える活動を「横軸」とする弁護士像の確立が必要であると論じた。この「縦軸・横軸論」は、先人弁護士たちが歩みつづけ、追求してきた弁護士像であるとともに、新しい世紀へ向けての弁護士像でもある。無条件に前提とされがちな昨今の規制緩和論が横行するなかにあって、弁護士集団は「縦軸・横軸論」バランスのとれた弁護士像を現実に構築していかなければならないし、その弁護士１人ひとりの自覚と質的向上のたゆまぬ努力が求められているのだと思う。

第８節

「えひめ丸事件」解決への過程とその意義

法と民主主義 380 号（2003 年）3 頁以下

1 えひめ丸事件の問いかけたもの

この日、えひめ丸は、12 時頃ホノルル港を出発し、指定訓練区域に向けて航行していた。えひめ丸は、水産高校生〈愛媛県立宇和島水産高等学校の学生〉の実習のための「動く教室」であった。他方、原子力潜水艦グリーンビルは、民間人 16 名を乗船させた体験航海のさなかにあった。こうした体験航海は、米海軍が予算獲得の国民的支持をひろげるための広報宣伝活動の一環として繰りかえされてきていたものである。招待客との昼食後まもなくグリーンビルは、コントロールルームが民間人で混雑している異常な状況のもとで、緊急潜行、緊急浮上の見せ場を演出しようとした。グリーンビルは、えひめ丸の船底に緊急浮上して衝突してしまったのである。

どうして、こんな悪夢のような悲惨な事故が起きてしまったのか、グリーンビルはなぜ衝突を回避することができなかったのか。最愛の家族を失った遺族にとっては、あまりにも理不尽なことであった。

米太平洋艦隊が事故原因究明のために査問会議を設置し、〈2001 年〉3 月 6 日から 21 日まで審理をした。査問会議の勧告書の提出を受け、ファーゴ太平洋艦隊司令官は、4 月 23 日ワドル艦長に対し、職務遂行上の怠慢、怠慢により船舶を危険に晒す法令違反があったとしながらも、艦長解任、給与 2 分の 1 の減給 2 ヶ月の行政処分にとどめ、刑事責任を不問に付した。そして、民間人の存在は、この事故に寄与はしていないとしつつ、体験航海は、「わが国にとっては、非常に貴重なものであり、一般市民はいかに海軍が運営されているのか、および海軍がこの国に対して提供している役割について知り、理解する権利と必要性をもっている」と指摘した。

この査問会議の勧告書とファーゴ司令官の裁定は、遺族をいささかも納得させるものではなかった。9名の生命を奪ったという被害の重みに較べて、米海軍がしたワドル艦長らに対する処分は、あまりに軽微なものであり、米海軍が身内をかばって事故の真相を覆い隠そうとしているものと受けとめられた。真実を知りたいという遺族たちのこの当然の要求は、一層強くつのった。5月21日までの全国都道府県議会議長会の調査によれば、「22都道府県議会が原因究明や船体引揚げなどを求める国への意見書を可決している」と愛媛新聞（2001年5月22日付）は報じている。事故の原因究明を求める声が、国民世論となっていったのだ。

えひめ丸事件は、瞬時にして悲惨な結果をもたらした事故であるだけに、しかも加害責任を負う米海軍が責任をあいまいにしたままで幕引きを図ろうとしただけに、真相の究明、加害責任の追及、再発防止が補償交渉とともに重要な課題とならざるを得なかった。人間の尊厳は、金銭で償うことはできない。そうだとすれば、真相を究明し、責任をきっちりと明らかにし、奪われた生命の償いをさせなければならない。それは、人間の尊厳を限りなく守りぬくことを、私たちに問いかけるものだった。

2　果たしきれなかった被害者の「共同」

私たちは、これまで、国家賠償訴訟で国家権力との対決をいくたびとなく経験してきた。薬害スモンやHIVでは厚生省、ハンセンでも厚生労働省、水俣病では内閣と5省庁の関係官庁とたたかい、判決をテコに協定をかちとり、解決をかちとってきた。スモンでも水俣病でも被害者組織は分断されていたが、必ず最終局面では、それをのりこえて共同のたたかいを組み、勝利的解決を実現してきていた。

えひめ丸事件は、米海軍という巨大な軍事権力と対決せざるを得ないものであった。日本の一省庁とは比較しうべくもない巨象であり、日本の法律家がかつて経験したことのない相手であった。それゆえ、被害者が一丸となって打って出ることが社会的には何よりも重要なことであったが、不幸なことに、えひめ丸事件では、行政からの働きかけによって、被害者は分断されて出発したのである。しかも、私たち弁護団への委任者は2遺族だけであり、他はすべて「県・被害者グループ弁護団」(畠山保男団長) に委任していた。

私たちに委任した故祐介君の父寺田亮介氏は、「適正な補償は、真相究明と責任の明確化でしか導かれない。政府は日米関係の安定を重視し、事件の幕引きをしようとしている。示談を勧める県はおかしい」と、私たちへの委任の真意を記者会見で吐露した。私たちは、寺田氏らの意向に沿って、真相究明、責任の明確化、再発防止、適正な補償を柱に米海軍との交渉にのぞんだ。ナショナル・ロイヤーズ・ギルド (NLG) 元議長P・アーリンダー教授の紹介で、米海事法専門のR・ドットソン弁護士も弁護団に加わり、主にアメリカでの訴訟の準備と米海軍との補償交渉にあたった。

弁護団は、その方針に基いて米海軍との交渉を重ねながら、県・被害者グループ弁護団との共同ができないかを模索しつづけてきた。2001年12月、同弁護団が米海軍から賠償額を提示され、「納得できない数字だ」と答えたと報道された。私たちは、共同して交渉に臨む重要な段階にさしかかっていると考えた。2002年2月8日、私は朝日新聞 (「私の視点」) に、「米海軍の幕引き許すな」を投稿し、共同交渉の提案をオープンにした。

2002年4月、県・被害者グループ弁護団によるえひめ丸船体補償が妥結したのを受けて、人的被害の補償をめぐる交渉が本格化した。米海軍からの金銭的提案に対し、同年6月、私たちは、両弁護団が共同してファイナル・カウンター・オファー (最終逆提案) をすべきであると考えた。その手続として、共同オファーの共同討議、共同記者会見、共同交渉、共同解決を提案した。いまでも残念に思うが、県・被害者グループ弁護団は、私たちのこの提案について、検討したいと述べるにとどまり、遂に実現しなかった。同弁護団は、①ファイナル・カウンター・オファーによる補償交渉の妥結の見込みがない、②私たちの非金銭的要求が実現する見通しがない、と考え、これらの場合に、訴訟に引きずられることをおそれたのだろうか。補償交渉のみをフリーハンドで進めたいという思惑があったからかもしれない。

それでも、2002年10月23日、真相究明の一環として米海軍による事故説明会が開催された際、私たちは、県・被害者グループ弁護団とその被害者に出席を呼びかけた。畠山団長と3名の他グループ被害者も出席し、はじめて、端緒的な共同行動が実現した。しかし、共同の作業は、それ以上に前進はしなかった。こうして、共同の作業は実現しないまま、同弁護団は、同年11月、米海軍との補償協定文書に調印した。

私たちは、これでもヘコタレることはなかった。ワドル元艦長の来日が確定的となった段階で、ワドル元艦長は希望するすべての被害者に謝罪すべきであると考え、愛媛県にその根回しを試みた。寺田夫妻たちが宇和島で生活していくうえでも、これまでのいきがかりをのりこえた共同が必要であると考えたからである。この試みは、水産高校の上甲校長の拒否発表で、一旦挫折したかに見えた。しかし、前田医師らのはからいで、ワドル元艦長の訪日謝罪は、被害者たちに開かれたものとなった。

救出されたある生徒は、こう述べている。「(ワドル元艦長) 本心から泣いているように見えた。言いたいことは言った。会ってよかった」、また保護者たちは、「謝罪の気持は伝わってきた」「遅かったが、意義は大きかった」と謝罪を積極的に受けとめたのである。

3　補償問題のみでケリをつけようとした米海軍との対決

2001年5月から、県・被害者グループ弁護団が、また5月10日に結成された私たち被害者弁護団は、6月から、それぞれ別々に、米海軍との直接交渉をはじめた。私たちは、真相究明、責任追及、再発防止の非金銭的課題と補償交渉とを不可分のものと考え、まず真相究明のための資料の提出を求めた。米海軍は、私たちの再三の強い要求のなかで、限られていたとはいえ、かなりの資料を提出してきた。

この提出された資料をもとに、9月6日、コンピューターグラフィックスで作成された潜望鏡映像が、えひめ丸を現認していることを、私たちはマスコミに公表した。2002年2月、原潜のパッシブソナーがとらえたえひめ丸の航跡が、実際の航跡と大きくくいちがっていることを突きとめ、米海軍の責任を追及した。提出されたわずかな資料だけでも、本件事故がいかに重大な過失に基づくものであるかを示してあまりあるものであった。

しかし、米海軍が、2001年７月から11月にかけて、えひめ丸船体の引揚げをし、2002年２月には、ハワイと宇和島であいつぎ慰霊碑の除幕が行われたのを契機に、あとは「補償」問題だけだという社会的雰囲気が醸成されつつあった。こうしたなかで、米海軍は、非金銭的３課題についていっそう抵抗する姿勢を強めてきた。

米海軍の交渉の任務分担は截然と分かれていた。補償交渉は、米海軍省のＲ・Ｔ・エバンス大佐（弁護士）、非金銭的交渉は、在日米海軍司令部法務部長Ｂ・Ｂ・クランシー中佐（弁護士）がその窓口責任者となっていた。私たち弁護団は、交渉協議の中心に非金銭的課題を据えてきたが、エバンス大佐は、訪日して交渉することに消極的となった。

訴訟を提起する期限は、事故後２年。このままではズルズルと時が経ち、非金銭的課題の１つも実現できずに、多数派の補償解決を押しつけられて終幕を迎えるのではないか、私たち弁護団は、そんな悩みと焦燥にかられていった。

2002年４月から、難航する交渉の局面打開の取組みがはじまった。４月１日、弁護団は、米海軍省（ワシントン）と横須賀米軍基地で同時交渉を行い、非金銭的課題についての米海軍の対応がなければ、補償交渉の進展がないことの日本側の固い決意を伝えるとともに、当時米海軍が補償内示額をさらに増額する提案をしていたのを拒否し、ワシントンで激しい議論を行った。エバンスは、「非金銭的課題が２年内に解決されなければ裁判であるというのなら、仕方がない」と開き直る場面もあった。

同じ頃、励ます会とIn東京の支援グループは、愛媛新聞への意見広告運動に力を入れていた。５月31日付愛媛新聞は、「宇和島駅伝言板・ワドルさん疑問に答えて下さい。私たちは待っています」の１頁大の意見広告を掲載した。天野祐吉、椎名誠、竹下景子、西村直記、早坂暁の各氏が呼びかけ人となり、1,503人、110団体の賛同を得て、掲載となったものである。この意見広告は、日本の世論を反映した時宜にかなった運動となった。また、ブッシュ大統領宛ての署名運動も行われ、６月下旬、米大使館に届けられた。

4　解決の道すじとその悩み

私たち弁護団は、出発当初は、交渉で要求が実現しないときには訴訟も辞せずという意気込みであった。

しかし、9・11テロ後の米国の司法動向や国民世論を、私たちは、裁判提起後の見通しの問題として深刻に受けとめた。軍事機密の強化、人権侵害問題の多発などの情勢のもとで、ひとり、えひめ丸事件のみが特別扱いを受け、ディスカバリーで資料の提出を求めることができると単純に考えることは、きわめて危険なことであった。とくに、米海軍との交渉のなかで、米海軍に「すべての責任はグリーンビルにある。えひめ丸にはいささかの責任もない」と責任を認めさせ、一定の資料を提出させてきている状況のもとで、「重過失」の立証のためディスカバリーで、さらに「国家機密」にわたる資料の開示をどこまで裁判所に認めさせることができるか、不安は払拭できなかった。

県・被害者グループ弁護団は、示談解決に重心を置いているといわれてきたが、訴訟提起のカードを捨てていたわけではない。私たちは、訴訟提起に重心を置いているとみられてきたが、しかし、米海軍との交渉をなおざりにしていたわけでもない。私たちの基本的な視点は、まず直接交渉に全力を傾注する。そして、その到達点と見通しによって、訴訟を提起するか、交渉で妥結させるかを結論づければよいというものであった。当然の考え方であろう。

しかし、前述のごとく、米海軍の抵抗が強まり、非金銭的3課題についての解決の展望がつかみにくくなった段階で、補償交渉「仮」調印説が浮上してくる。非金銭的課題の解決を「条件」にして補償交渉を「仮」に調印するという考え方である。ドットソン弁護士と米海軍エバンス弁護士との交渉は毎週のように行われてきていた。しかし、補償について仮調印をしてしまえば、非金銭的課題は引きのばされ、うやむやにされて、「条件」ではなくなってしまうおそれが十分にあった。弁護団は、何度も議論をした。

2002年5月、弁護団は、米海軍に対し、全面解決の現実的な最終提案をした。「仮に賠償金額において合意に達し得たとしても、非金銭的課題が解決しないかぎり最終的な和解はあり得ない」と明記したうえ、真相究明の説明会の開催、ワドル元艦長の来日謝罪、再発防止のための船舶情報の交換を同時に解決することを求めたのである。そして、非金銭的課題の具体化のために、交渉、事務打合、電話、FAX、メールなどによる連絡をしつつ、米海軍を追いつめていった。

5　真相究明、謝罪、再発防止

真相究明のための説明会開催の合意にこぎつけるまで、米海軍は強硬に抵抗した。私たちの最終提案について、説明会は弁護団が政治的に求めているだけで、被害者家族からの要求ではない、質問があったら質問書を出してほしい、会う必要はない、と頑なな答弁を繰りかえしてきた。寺田、古谷両氏が質問書を提出した。説明会のもち方の企画案を提示した。説明会の開催場所をどこにするか、出席人員数は、開催時間は、など細部にわたり難航をきわめた。米海軍には、弁護団排除の意図がありありだった。私たちは譲らなかった。

こうした紆余曲折を経て、米海軍の説明会は、10月23日、都内で開催された、チャップリン司令官が被害者遺族たちの質問に答えた。その回答の大枠は、査問会議の枠を出るものではなかったが、なぜ査問会議で指摘するミスの連続が起きたかという最大の疑問に対して、チャップリンは、「民間人の乗船がコントロールルームの混乱の原因だったということに同意する。乗船した民間人には行ってはならない場所がある。（原潜の）コントロールをしてはいけない」と述べ、体験航海が原因であることを認めたのである。

この席上、米海軍は、①民間人の人数を制限する、②民間人の立入区域を制限する、③民間人の動静の監視、④潜水艦長にえひめ丸事件の記録を読むことを義務づけた、などの防止策をとることにしたと回答した。実習船との船舶情報の交換については、検討することになった。米軍の事故で、軍が被害住民に説明会を開催するということは、これまでになかった画期的なことであり、遺族の抱く疑問が消え去ったわけではないが、体験航海に原因があったことを認めさせたことは、査問会議の結論をこえて、真相に一歩近づいたものとなったといってよかろう。

ワドル元艦長の来日謝罪は、米海軍はもとより、えひめ丸船体の被害者でもある愛媛県までもが来日の妨害にまわるという、異常な状況を克服して実現した。

ワドル元艦長は、来日したときに、多少の中傷を受けることは甘受できるが、人身の自由が保障されるかという点に不安があったという。しかし、被害者の強い要求により、米海軍が来日を思いとどまるよう働きかけたにもかかわらず、ワドルは個人の意思と資格で来日することを決意する。私たちは、11月13日、愛媛県に対し、希望する全被害者に対する謝罪の機会になるよう、県の努力を期待する旨の申入れをした。面談した県の高官の対応は好意的であった。12月16日来日謝罪の日程を記者会見で発表した。ところが、なぜか、宇和島水産高校の慰霊碑に献花したいというワドル元艦長の希望に対し、同高校上甲一光校長から私に宛て、「来校はお断りする」旨のFAXが送り届けられた。PTSDの悪化を招くおそれがあり、献花もしてほしくないという遺族がほとんどだからというのが理由であった。謝罪を受けたくないという遺族や家族がいてもいい。しかし、謝罪すべきだと考えている遺族や家族の意見を無視してよいいわれはない。渦中にあった寺田夫妻は、耐えがたい苦悩を強いられることになった。

ワドル元艦長は、愛媛県知事宛に事故の心情を吐露する手紙を送った。私たち弁護団は、外務省など各方面に働きかけた。ワドル元艦長の来日謝罪は、こうして希望するすべての被害者に門戸を開いて実現していった。

真相究明、謝罪、再発防止の要求はすべての被害者に共通した要求であるという性格をもつ。共通の要求については、よしんば分断されているにしても、すべての被害者に門戸を開くのが道理であり、このことによって２遺族の要求が社会的正当性をもつことになる。

ワドル元艦長の来日謝罪の実現には、アーリンダー教授の並々ならぬ努力があったこと、日米法律家の共同の作業による成果であることをつけ加えておきたい。

6 補償妥結と今後の課題

2003年1月31日、アメリカ大使館で補償協定の調印式が行われた。賠償額は、33家族と同水準のものであった。寺田さんは、「祐介は優しい子。よくやったと言ってくれると信じたい」と声をふりしぼった。古谷さんは、「いまだに兄のことを思わない日はありません。いくら立派なマニュアルを作っても、機械を操るのは人。安全策の徹底をしていただきたい」と要望、H・ベーカー大使は、「遺族の皆様にあらためて謝罪します」とのコメントを寄せた。

被害者集団が分断されている状況のもとで、私たちに委任した2遺族は、よくたたかいつづけてきたものだと思う。愛媛新聞は、「交渉は二つに分れて行われたが、原因究明や再発防止策など被害者に共通の願いは、二遺族の弁護団による交渉で前進したのが実情だ」「二遺族が交渉で引出した成果は大きかった」「交渉過程で県や国の支援は皆無。来県したワドル元艦長と被害者との面会問題の経緯が象徴的だ」(2003年2月3日)と指摘している。また、朝日新聞も「日本政府や被害者である愛媛県は、米海軍に原因究明や再発防止策を積極的に要求しなかった」「こうした日本側の姿勢にも疑問は残る」(2002年12月27日)と担当記者の報告をのせている。

真相のさらなる究明と再発防止のさらなる措置は、今後の課題となっている。私たちは、当面、NTSBに対し弁護団意見書を提出し、NTSBの最終結論を見守りたいと考えている。

第9節

人権裁判の礎を築く

『勝つまでたたかう——馬奈木イズムの形成と発展』
（花伝社、2012年）42頁以下

1

馬奈木昭雄弁護士が古稀を迎えられたことを心から喜ぶ。昭和44（1969）年に弁護士登録をしているが、四大公害裁判のあいつぐ提訴のなかでの弁護士登録であり、いわばこの時代が彼のその後の弁護士活動のあり様を決定づけた基本的背景になってきたと思われる。この年の6月、熊本地方裁判所に水俣病裁判が提訴され、10月から口頭弁論が開かれ、チッソの加害責任追及のたたかいがはじまっているのだ。

以来40余年、馬奈木弁護士が取り組んできた課題は、わが国の公害の原点水俣病はもとより、労働災害としてのじん肺、医療問題の予防接種、自然保護にかかる有明海裁判などに及んで、今日に至っている。

馬奈木弁護士が取り組み、偉大な成果をあげてきた、これまでの人権裁判の進展の軌跡は、とりもなおさず、わが国の人権裁判の史的形成過程でもあったといってよい。この国の人権裁判の礎を築きあげる偉大な一翼を担ってきたといっても過言ではなかろう。

2

馬奈木弁護士の今日の業績は、昭和45（1970）年12月、福岡から水俣へ移住し、水俣病被害者たちの病苦と凄惨な生活のなかにどっぷりとつかり、チッソの支配する企業城下町水俣市で被害者たちとともに幾多の辛酸をなめさせられて、「生きてきたこと」が源流となっているのだと思う。

弁護士2年目の青年が、弁護士としての生活もままならぬ水俣市へ移住することを決意することは、どうしてできたのであろうか。

千場茂勝弁護士（弁護団事務局長、のちに団長）が『沈黙の海』（中央公論新社、2003年刊）でまとめているところによれば、当時被害者グループの一部から弁護団批判が執拗になされ、弁護団再編の策動、千場弁護士の表現を借りれば、「4回にわたる弁護団乗っとり策動」が行われ、ある時は、千場弁護士が交渉の場で「大の字に横たわり、『絶対にオレたちは辞めない』と叫んだ」というエピソードが記されている。こうして、「弁護士の水俣常駐の必要性がにわかに浮上することとなった」（千場・前掲書）という。

そして、馬奈木弁護士の水俣移住については、千場弁護士の前掲著では、自由法曹団の上田誠吉弁護士が説得にあたってくれたと経緯を記している。

馬奈木弁護士は、「そのとき、私にたたかいの方向を指し示してくれたのは、“人民のたたかいの歴史に学べ”という自由法曹団の貴重な教訓であり、そのひと言で、私の目の前が急に開けた思いであった」と述べている[1)]。被害者、人民大衆とともにたたかうという自由法曹団の歴史的伝統は、多くの若手弁護士たちの人権感覚に火種を点火し、大衆的裁判闘争として燃えひろがり、わが国の人権闘争の形成・発展の原動力となってきた。

松川裁判をはじめとする幾多の権力弾圧事件、三井三池、中小企業などの労働者の争議をめぐる権利問題、朝日訴訟などの生活と憲法を守る諸課題、などなどには、必ずといってよいほど、自由法曹団の先達たちによる自由法曹団の旗が立ってきた。大衆が遭遇していた苦難の道のりは、どっちがどうのと比較さるべきことではなかろう。しかし、例えば、松川事件のたたかいは、死刑台から労働者の生命を取り戻すに等しい苦難を克服して勝利しているということの歴史の重み、そして、そのなかで自由法曹団員が果たしてきた役割の歴史の重みは、どんなきれいごとの説教よりも吾人を説得する。

私は思う。馬奈木弁護士は水俣移住問題を通じて、生まれかわったのだと。

1）自由法曹団編『自由法曹団物語（戦後編）』（日本評論社、1967年）307頁。

裸一貫、被害者たちの苦悩のなかに飛びこんだのだ。弁護士として、少しは楽に生活をしたいという物欲を捨てて、そして、あらゆる野心をかなぐり捨てて、人間としての活路を患者たちの苦しむ水俣のなかに見出そうとしたものなのであろう。なんと志の高いことなのであろうか。

こうした馬奈木弁護士の生きざまが、ポスト水俣病の人権課題につながっていったのだと思う。

3

水俣病裁判への馬奈木弁護士の取組みについて語るとき、絶対に欠かしてはならないことがある。それは、「汚悪水論」の法理の創造である。

四大公害訴訟といわれたわが国の公害裁判は、怒濤のごとくに前進し、発展してきた。1967年6月新潟水俣病（新潟地裁）、同年9月四日市公害訴訟（津地裁四日市支部）、68年3月イタイイタイ病（富山地裁）、69年6月水俣病（熊本地裁）がそれぞれ提訴された。そして、71年6月イタイイタイ病判決、同年9月新潟水俣病判決、72年7月四日市公害判決、73年3月水俣病判決とあいつぎ被害者全面勝訴の判決をかちとってきた。

「これらの判決を通じて産業公害における企業の法的責任は、社会的に確立するに至ったといってよい。イ病における疫学的因果関係論、新潟水俣病における過失論および損害論、四日市公害における疫学的因果関係論の前進と共同不法行為論、熊本水俣病における責任論と、階段を一段ごとにのぼりつめるようにして、不法行為法の分野における被害者救済の法理が確立していった。四大公害訴訟の判決の順序は、『神の摂理』による順番ではなく、弁護士集団の討議と連帯の所産であった」[2)]。

汚悪水論の法理がなぜ創造され、注目されたのか。

再び千場茂勝弁護士の前掲書を引用させていただいて、当時の弁護団の

2）拙稿「公害裁判と人権」淡路剛久・寺西俊一編『公害環境法理論の新たな展開』（日本評論社、1997年）29頁〈本書3章6節・227頁〉。

悩みをひも解いてみよう。

「肝腎のチッソの過失をつきつめていこうとすると、どうしても原因物質にとらわれてしまい、袋小路に迷いこんでしまうのだった。というのも、原因物質のことをまともに考えると、昭和31年の水俣病の公式発見まで、誰も水俣病の存在さえ知らなかったことになり、昭和28年に発病し、数年で亡くなった溝口トヨ子さんをはじめ、多くの患者については、チッソが主張するように予見可能性がなかったことになってしまうからだ。そのうちに『弁護団がもたもたしている』という批判が支援者を名乗る一部のグループから聞えてくるようにもなった。いくら合宿学習会を重ねてもいい知恵が浮ばないところへ、この批判を浴びることとなった私たちの気分は重く沈んでいった」（千場・前掲書68-71頁）。

弁護団の苦悩の討論は、チッソの排水により水俣病以外にも漁業被害が発生し、チッソが補償しているという歴史的事実から「汚悪水」というものに着目し、漁民の主張に耳を傾けはじめ、汚悪水という捉え方に到達することによって、弁護団の悩みは雲散霧消していったと千場弁護士は述懐している。

この汚悪水論は、原告最終準備書面で「第2章　汚悪水論」として項立てされ、「この汚悪水論は、本件におけるわれわれの不法行為論の全体を貫く根幹であり、因果関係論、責任論、見舞金契約論、損害論のすべてにかかわるものである」と位置づけられた。沢井裕教授は、「この汚悪水論も馬奈木弁護士の発想で、弁護団会議で練られていったものである。私も手伝って理論化し、論文を書いた」と述懐している[3)]。

「汚悪水論」は、学会でも広く議論されてきた[4)]。例えば、沢井裕教授は上記増刊所収の「汚悪水論」で「これは、危険責任論の新しい構成、具

3）沢井裕「水俣病裁判外史」淡路・寺西編・前掲注2）396頁。
4）沢井裕ほか『水俣病裁判（法律時報臨時増刊）』（日本評論社、1973年）。

体化である」と評価し賛同している。

淡路剛久教授は、判決後の論文で「水俣病裁判は、原告側主張の『汚悪水論』はとらなかったが、注意義務については、新潟水俣病の考え方を一歩進めた」として、その前進面を解析している[5)]。弁護団の苦悩の討議が判決法理のなかにその真髄が生かされることになったといってもよい。

千場、竹中敏彦ら弁護団の死にものぐるいの努力を背景に、現地在住の馬奈木弁護士の「現地のまなこ」が創造的な法理論「汚悪水論」を創出し、発展させ、責任追及の法理へと凝結させるにいたったものと思う。

4

水俣病裁判がいかに広範にたたかわれたか、しかも「告発」グループからの攻撃は、判決当日を頂点として、すさまじいばかりのものであった。

ここでは、２つのことに触れておきたい。

１つは、とりわけ最終弁論では、全国の公害弁護団の応援弁論に支えられ、水俣病裁判の社会的重要性を裁判所に重く受けとめさせたことである。これは、発足して間もない全国公害弁連の一員として、馬奈木が水俣病に全国の力を傾注させる働きかけをした成果だった。

昭和47年10月14日最終弁論
渡辺栄蔵ほか「原告らの叫び」
当該弁護団「最終準備書面」
各地からの応援弁論
①近藤忠孝（イタイイタイ病弁護団副団長）：公害訴訟における法律家の責務
②渡辺喜八（新潟水俣病弁護団長）：新潟からみたチッソの犯罪性
③木沢進（イタイイタイ病弁護団事務局長）：国民が真に望む判決とは何

5）淡路剛久「四大公害裁判にみる責任論」法律時報45巻6号（1973年）21頁。

か

④郷成文（四日市公害弁護団常任）：歴史の審判に耐える判決を切望する

⑤木村保男（大阪空港弁護団長）：公害絶滅へ指針となる判決を

⑥木梨芳繁（カネミ油症弁護団副団長）：企業責任と行政責任

⑦豊田誠（全国公害弁護団連絡会議事務局長）：真に被害者の要請に応えた判決を

⑧岡林辰雄（自由法曹団、松川事件主任弁護人）：大河の流れを大海へ

これらの弁論は、前掲注4）法律時報臨時増刊号に全文掲載されている。

2つは、馬奈木弁護士や弁護団に対する『朝日ジャーナル』（1973年4月6日付、当時は偏向していた）の誹謗・中傷に対する「書き付け」である。当時の「支援のあり方、支援とは何か」を考えさせられる。

『朝日ジャーナル』は、「水俣駐在の弁護士が患者の手足にならなかった」として、馬奈木弁護士に対し、「致命的ともいうべき暴言」をあびせたのである。馬奈木は「患者の手足」という書き付けを「弁護団だより」（1973年4月15日、No.50）に掲載している。

朝日ジャーナルは、馬奈木弁護士が患者の車いすを押したり、生活の具体的な援助をして、「その手足」となることを求めたのであろうか。

馬奈木弁護士は、弁護士の活動の役割を通して、十二分に患者たちの「手足」となっているのである。

昭和47年1年間で、

①水俣病裁判　35日

②弁護団会議　38日

③弁護団合宿討議　44日

④証人尋問準備　32日

⑤運動のため　120日

⑥被害調査　43日

⑦患者互助会出席　8日

合計320日を水俣病裁判、運動に費やしていたのである。これらが患者たちと共に生きてきていたことの証しと言ってよいだろう。

5

馬奈木弁護士は、前掲注４）法律時報臨時増刊号の座談会「水俣病問題と裁判」の中で、こう語っているのが印象的だ。

「私は、この水俣の問題を考えるときに、水俣病をぬきにして考えられないという気がする。逆にその地域をぬきにして、水俣病の問題だけを切りはなして考えることはできないという気がする」
「水俣は、現在、深刻な過疎の問題が起きていますが、この過疎の問題一つをとりあげてみても、水俣病をぬきにしては考えられない」
「水俣病の解決ということは、単に水俣病だけの解決にとどまらないということです。地域ぐるみ問題をつかまえていかないと、ほんとうの解決はできないという気がします」
「だから、私は、水俣病のたたかいというのは、要するに水俣の町を変える闘いであるし、それは熊本の県を変えていく闘いであるし、それはすなわち国を変える闘いであるととらえています」

この思想が、つぎつぎと取り組む人権裁判のなかに脈々と生きつづけてきているのだと思う。
馬奈木弁護士が、国の変り目を実感できる日まで、健康でご活躍されることを願ってやまない。

第10節

原発と人権
――人間・コミュニティの回復と原発のない社会をめざして
全国研究・交流集会第1回実行委員長　開会挨拶（2012年4月）

法と民主主義471号（2012年）2頁以下

福島県内はもとより、全国各地から被害者、住民、行政関係者、医師、弁護士、法学者、それに原発問題などの各分野の専門家の方々、ジャーナリストなど広範な方々に、かくも多数ご参加いただき、この集会を企画・準備してきた実行委員会（自由法曹団／青年法律家協会弁護士学者合同部会／日本科学者会議／日本国際法律家協会／日本ジャーナリスト会議／日本反核法律家協会／日本民主法律家協会／脱原発弁護団全国連絡会／福島原発被害弁護団／「生業を返せ、地域を返せ！」福島原発事故被害弁護団／全国公害弁護団連絡会議）を代表して、感謝申しあげる次第です。

そして、この集会を通じて、3・11原発問題と向き合う連帯の輪がさらに拡大し、強固な絆となっていくでしょう。

3・11東京電力福島原発事故は、これまで日本国民が、経験したことのない、広範で、甚大な環境破壊であり、人命・健康への危害を及ぼし、人間生存の基盤であるコミュニティを破壊しつくし、しかも、今もなお現在進行形でその被害が拡大進行しているという、恐るべき状況にあるといわざるを得ません。

ところが、政府は、原発問題の事故原因の科学的な究明、総括もしないうちに、収束宣言をし、ここ数日間の政府の動きをみていると、福井県大飯原発（関電）を再稼働させようとして、「安全判断の暫定基準」を決めるなど原発再稼働への突破口を開こうとしています。危険で重大な事態が切迫しているのです。

3・11東電原発事故問題をめぐる現在の情勢の特徴は、ひと言でいえばこうです。一方では、原発問題をめぐる被害の実相が、加害の責任構造が、原発事故防止の道筋が、いずれも全く解明されないまま、他方では、涙金ほどの補償をちらつかせ、原発再稼働に向かって動いているということではないでしょうか。

そういう意味では、私たちは、今、「人権と特権（利権）との交差点」に立っているのです。特権・利権を抑えて人権の大道を切り拓くか、それとも、住民が抑圧されて特権・利権に屈するのか、の十字路に立っているのです。こうした情勢のもとで、全国研究・交流集会が開かれるに至ったことは、きわめて時宜にかなった、意義深いものと思います。

私たち日本国民は、環境と人間の生存の関係では、今日の福島原発問題に先立って、かつて2回の大きな分岐点に立たされてきた歴史的経験をもっています。

その第1回目は約100年前のこと。足尾銅山鉱毒事件の時代です。足尾銅山の開発に伴い、渡良瀬川を通して群馬、栃木両県の、農・漁業は破壊的な打撃を受けました。足尾銅山に限らず、全国各地の鉱山のあるところでは悲惨な被害があいつぎました。100年前の被害者たちはどうしたか、足尾の例にみられるように、被害農民たちは、田中正造代議士を押し立てて直訴の行動に及ぶのですが、刑事弾圧され、被害者は逆に犯罪者にされて抑圧されたのです。環境の破壊に対し、被害者たちは敗北の辛酸をなめさせられました。これが100年前の日本で起きていたことです。

そして第2回目は、約50年前のこと、高度経済成長政策のもとで、石炭から石油へエネルギーが転換し、日本では「公害列島」と呼ばれるほどに悲惨な公害が、至るところで発生したのでした。イタイイタイ病、水俣病、四日市などコンビナートでの大気汚染等、「産業発展」のもとで、人間の尊厳が直視できないほどに傷つけられ破壊されてきたのでした。宮本憲一教授が『恐るべき公害』（庄司光・宮本憲一、岩波新書、1964年）を発刊し、世に警告したのです。50年前、その被害者たちはどうしたか。被害者たちはやむにやまれず、たたかいに立ちあがりました。「四大公害裁判」（1967-73）のはじまりです。この流れは大河となって、被害者敗北の歴史を勝利への歴史へと転換させるに至ったのです。

いま、この転換への要因を考えてみると、①被害者が被害の実相を勇気を持ってとことん訴えつづけたこと（被害こそすべての原点）。②加害の責任をとことん追及したこと（責任追及）。③被害者が要求を明らかにし、社会的支援を得ながら、これを握ってはなさなかったこと（要求の堅持）。④広範な世論とともにたたかいつづけたこと（世論の支持）。この4点に集約できるでしょう。

福島原発事故は、こうした日本の経験を踏まえた3回目の重大な分岐点です。福島原発問題は、規模も深刻さも50年前の高度経済成長時代の公害の経験をはるかに超えています。過去の経験を経験主義的に承継するだけでは足りません。これまでの経験と蓄積をさらに発展させ、巨大な電力会社と政府の政策の根本的転換をかちとるために、新しい前進の地平を切り拓いていかねばなりません。

今日からの2日間の討論が、原発問題にどう向きあい、理論と運動をどう構築していくか、そのための熱い、熱い議論の場となることを、そして、明日につながっていく足場となる集会になることを心から期待して、開会の挨拶といたします。

終章

第1節

裁判に勝ちぬくための５章

『森脇君雄さん、豊田誠さんの古希を祝う会』
（2005年）31頁以下

序章　敗訴判決に「ありがとう裁判長」
――判決の評価のあり方

私は最近ある新聞を見ていて非常に驚きました。敗訴判決が出たときに、その原告団団長の元愛労評議長の成瀬さんが判決の言渡しが終わったあと、「裁判長、有り難う」こう言ったというんですね。主文で「原告の請求を棄却する」と言われていながら、最後に当事者の成瀬さんが、裁判長に感謝の言葉を述べた。これはどういうことなんだと新聞をよく読んでみますと、その理由がよくわかりました。名古屋地裁で1999年5月12日に判決が言い渡されたわけですけれども、労働委員会の労働者側委員が連合系の委員に独占されている。そして、全労連、およびその他の全国単産からはなかなか労働者側委員になれない、そういう人事上の差別を受けていることに対して、長いこと労働者がたたかってきた。その裁判のなかで名古屋地裁が「今度の労働者側委員の選任は非常に不公平だ。いろんな労働団体があるのなら、そのいろんな労働団体から委員を選任して当り前ではないか」ということを理由の中で述べた。それで成瀬さんは、我が意を得たりと、主文がどうでも、とにかく裁判所は私たちの言いたいことを言ってくれたんだと思ったんだと思うんです。

そういう意味で考えますと、判決の主文で勝ったとか、負けたとか、このことももちろん大事なことですけれども、そのことだけで私たちの裁判闘争を総括していいのかという問題に出くわすことになる。元愛労評の成瀬さんの名古屋の判決、これは主文で負けましたが、「裁判長、有り難う」

と言えるたたかいを組んだ。運動はひろがっている。このことを視野に入れて裁判というものの評価をしていかなければならないのではないかと思うのです。

たしかに、えん罪で無罪を訴えてきた被告人が有罪判決を受ける。これは本当に悔しいことです。解雇無効の裁判、差別撤廃をもとめてたたかっている労働者のたたかいで、主文で負ける。そのことは私たちにとって本当に悔しいことです。労災、あるいは職業病、私が関与してきた公害など、こういった裁判がもし主文で負けるということになると、これは大変大きな痛手を受けることになります。そういう意味では、負けた判決に裁判長有り難うと言うのは決していちがいに一般化することはできないわけですけれども、しかし、もう一度私どもは、原点をふりかえって、いったい裁判闘争は何のために、そしてどういうたたかいを蓄積しながら次の課題に進んでいくのかということを深く総括をする必要があるのではないかと思っているわけであります。

判決の主文で勝てば、その運動のもつ弱さや、運動のひろがりのなさも見過ごしてしまうということはないだろうか。そして、判決の主文で敗ければ逆にお前のところの闘争はどうなっていたのだということでの厳しい総括が迫られているということはないだろうか。そういう意味で、みなさん勝つために一生懸命がんばっている、そのことは私は少しも否定しませんが、総括をするにあたって、そういった観点がもう少し掘り下げられてよいのではないかということを、ここで申し上げたいのであります。

裁判をたたかうというのは刑事弾圧の場合には、私たちが好むと好まざるとにかかわらず権力が仕掛けてきます。しかし、民事の裁判は私たちが仕掛けていきます。そういう意味では、大衆の要求がまず根本にあって大衆の運動がある。そしてそれを基にして裁判闘争を打ち立てていくことです。そういう意味では裁判の総括は主文で勝ったか、負けたかということも１つの大きなポイントとなるけれども、私たちの要求がどこまで実現したのか、運動の主体的力量はどう強化されたのか、たたかいの展望は開かれているのか、そのなかで判決がどんな社会的意味を持っているのか、という総合的な総括と評価がいるのではないかと思っています。

私自身は、裁判闘争を徹底的に重視してたたかう。それと同時にその裁判闘争を位置づけてたたかっている大衆運動を全力をあげて前進させる。そのことが、私たちに与えられている課題ではないかと思います。運動の発展のなかでこの勝利判決は決定的な意義をもつ、あの敗訴判決は、敗訴判決が出ても運動のバネになって運動が前進した、そんなたたかいの総括をしたいと思っているわけであります。

そこで裁判闘争を取り組むにあたって、私たちが勝つということの条件を幾つかに分けて考えてみたい。

第1章　裁判の位置づけ――何のための裁判か

(1)　公害裁判の経験

まず第1は、裁判の位置づけの問題です。私はイタイイタイ病、スモン、そして水俣病、最近はハンセン病の差別の問題を取り上げていますけれども、これらの裁判をつうじての経験ですから、みなさんに必ずしも共通のものにならないものもあるかもしれませんが、少くとも公害裁判を提起するときには、私たちは、少くともつぎの3つのことを必ず裁判の位置づけとして考えてきました。

1つは、裁判で必ず企業や行政の責任を徹底的に追及して勝利判決をかちとる。2つには勝利判決をかちとったら、その勝利判決をテコにしながらそれによってその同じ要求を持つ被害者の要求を実現していく大衆闘争を組んで現実に解決していく。裁判をやっている人だけではなくて、すべての同じような患者の救済を図る、その武器にしていくんだ。それから3つにはその根源である公害の元を絶つための施策を実現するために迫っていく。こういうことをつねづね心掛け、そしてたたかいつづけてきました。

例えば、イタイイタイ病の場合に、1968年から裁判がはじまりまして71年に2審の高等裁判所の判決が出ました。その勝訴判決をテコに原因企業である三井金属鉱業にのりこんで、そこで謝罪文を書かせ、同時に誓約書を書かせ、それから公害防止協定書を結んだ。その結果、裁判をやってきた原告だけではなくて、裁判をやらなかった患者も同じ水準で救済される仕組みができあがった。それだけではなくて、公害防止協定を結ぶことによって71年から現在まで、すでに20数回になりますけれども、毎年、毎年、神岡鉱山に立ち入り調査をずーっと行ってきた。費用は全部企業負担です。その結果として自然界にも微量のカドミウムが含まれているわけですけれども、富山ではカドミウムの汚染はその自然の値まで戻ってしまった。これはかちとった勝利判決が本当に生かされて、その判決に基づいて、住民の要求が実現し、さらに汚染した田んぼが復元していくという運動にまで裁判を位置づけて、そして、その勝利判決を生かしてきたということだといっていいと思います。そういう裁判闘争を私たちはやりきっている。

薬害スモンの場合も、スモンの患者がかわいそうだから救済してくれと訴えただけではありません。裁判を提起していたのは3,500人の患者でしたけれども、実際に厚生省がつかんでいたのは1万人余り。私どもは3,500人の患者原告とともに勝利判決を取り、それに基づいて厚生省、製薬企業との間で協定書を結んだ結果、その当時、まだ、裁判を起こしていなかった患者もあいついで裁判を提起していって、ちょうど、その後HIVも踏襲しているやり方ですけれども、とうとう6,500人を全部救済した。それだけではなくて、スモンのたたかいの時には、再び薬害を起さないための足掛かりを何とかつくらなければいけないということで、日弁連の公害対策委員会とタイアップして薬事法の改正問題を国会にぶつけていく、ちょうど、1979年9月に私どもは9つの勝利判決を土台にして厚生省、製薬会社との間で確認書の調印をするわけですけれど、その数日前に国会で薬事法の改正と医薬品副作用被害者救済基金法、この2つの法律ができた。自分たちが判決で勝った、その成果を他にどうひろげていくのか、そして、その根源を絶つためにどうするのか、ということまでつねに考えながら進めてきた。これは市民レベルの運動ですけれども、裁判闘争を通じて、そういう実績があるのです。

こういう例を出せばきりがないわけです。水俣病の場合には裁判でたたかった原告は2,000人、実際に私どもが政府を追い詰めて救済を実現したのは1万2,000人、愚痴になりますけれども、私どもは2,000人の方々から多少の実費はいただきました。しかし、裁判をやらずに救済された1万人、この人たちからは弁護士たちは実費すらいただいておりません。でもいいんです。そうすることによって、被害者が自分たちは金のためにやったんではない、共通の悩みのためにたたかって、そして、その判決で勝ち、成果を全体に及ぼしたんだ。たたかった患者たちは、このことに強い確信をもっているわけです。そういう意味で裁判のもつ位置づけは、当初が大事であり、そして判決が出たあとそれをどう生かして企業や行政を追い込んでいくのか、ということを展望しながらたたかっていくことがきわめて重要だと考えています。

こういう考え方はどんどん進んできておりまして、今、大気汚染の問題でいいますと、大阪とか、川崎で判決で勝つのは当たりまえ、そして企業、建設省、あの頑強な建設省に対して、どうやって道路からでる大気汚染を防止させるか、そういう行政対策までつめた協議を裁判所の和解交渉でやっているんです。もちろん、裁判外の直接的交渉でもやっています。そうやってやっと裁判の終止符を打つというたたかいになってきているわけです。それが今、西淀川とか川崎では被害者が主人公になって住民本位の町づくり委員会を行政とのあいだでつくって、そして、町をどうするんだ、この工場でさびれた町をどう変えていくのかというところまで、裁判原告、被害者住民の運動が進んできている。私は、裁判原告たちだけに大きな課題をになわせるのは必ずしも適切ではないと思いますけれども、しかし、結果としてそういう情況になってきていることをご理解いただきたいと思います。

(2) 2つの労働事件の経験

労働者のたたかいはどうなっているのだろうか、私はあまり労働事件をやっていませんので、これは問題として提起するだけにしておきたいと思います。裁判の位置づけに関連して、労働事件で非常に印象に残っていることがありますので、このことだけ話します。私は、今申しましたように公害事件を主にやってきました。

しかし、もともとは、弁護士になりたてのころ、金沢市で開業いたしました。7年間金沢でやって、東京へ戻ってきましたけれども、当初は労働事件が非常に多かったですね。金沢時代はほとんど、中小のタクシー関係の労働事件をやってきましたけれど、東京へ戻ってきてから、横浜の大日本塗料の争議にも関与いたしました。これは東京法律事務所が化学同盟の事件をやっているというので、私も手伝うことになったのです。この争議では、判決と仮処分命令で33戦33勝しました。悩みごとはそこからはじまったのです。なんでこれだけ勝っても職場復帰ができないんだと。大日本塗料争議団は、神奈川では古いほうの争議団だと思いますけれども、真剣に議論しました。私たちは裁判に勝つことだけに重点を置いているのではないか、不当労働行為や差別の実態をもっと地域のなかにひろげていく必要があるのではないか、という議論をしました。勝っても勝っても職場には戻れない。主文どおり会社は金を払う。当時地域では、いろんな労働者のたたかう共闘団体が生まれはじめてきていた時期だったんですが、その共闘組織で争議団の人たちは、活動をしはじめたんです。つまり、自分たちの争議の裁判闘争もやるけれども、同時に地域の労働者の共通の課題についても率先してそこで活動をしはじめたのです。やがて、解決、職場復帰につながったのです。ですから、裁判に勝つだけではなくて、地域での世論を味方にしながら、職場復帰のたたかいをどうかちとっていくのか、これはかなり重要な問題として労働者の中に今でもある問題だと思います。

もう1つは、全国金属労働組合浜田精機支部のたたかいです。この争議では、やる裁判やる裁判全部負けるんですよね。全金浜田精機といえば東京では非常に有名な争議でした。仮処分を申請したときに、会社は破産宣告を受けていました。労働者の仮処分事件の審尋がどんどん進んでいった時期に裁判所から破産した会社に再度地位の保全を求めるとはいかがなものであろうかと、こう言われたのです。これは仮処分申請を却下するということでした。そこで本訴に切り替えました。

この浜田精機の労働争議は、三菱資本が浜田精機を潰したという構図になっているわけですね。ですから、裁判では本訴でも勝つ展望は必ずしもあるわけではないんです。そこで何をやったかというと、浜田精機の労働組合がつくってきた要求書をもとにして、要求書の中には背景の三菱資本がけしからんということが具体的な事実で書いてある。それから、自分たちの要求は職場を守ることなんだということが書いてある。そこで本訴の裁判では背景資本の責任を証人尋問で追及する。そして、和解交渉に入っていくわけですが、和解でも結局は私どもは労働者の意見書に基づいて、いわば、団体交渉のようなことを裁判所でやってきた。三菱資本の横暴に対して、たまりかねて労働者が三菱銀行本所支店に1円貯金する、1円の硬貨をもってずーっと並んだ。これが業務妨害でやられた。これが有罪となってしまった。有罪判決が出たときに、傍聴席にいたある労働者が裁判長の判決を聞いて「資本の犬」と言っちゃった。裁判長は直ちに「監置」と命じる。それがまた人ちがいの労働者だった。私ども弁護団としては、浜田精機のたたかいでいう限りは、労働者と一緒にたたかったという確信はあるけれども、判決や裁判闘争の面では本当に貢献したんだろうかという、忸怩たる思いがあったが、結局、要求を握って離さなかった浜田の労働者は地域のなかで浜田総行動など、いろいろな行動を組んでいき、とうとう最後は35億あまりの再建資金を取って、会社をつくって自主操業をはじめた。そういうことで裁判に勝つということは主文で勝つということばかりではない。主文で勝てなくても労働者の要求が通ることがある。裁判の位置づけをしっかり定めて要求を通すために法律家はどうすべきか、裁判闘争をどう活用していくのか。こうした経験を、大日本塗料や浜田精機の事件は示唆しているのではないかと思っています。

第2章　たたかう主体——たたかいの主人公は

(1)　蛸島事件と黙秘権

それから、第2番目には、たたかう主人公が本気にならなければだめだということです。私は刑事事件ではなによりも被告人がその気になって訴えることが必要だと思っています。これから報告する蛸島事件の話は、判決まで身柄拘留中でしたから、とうとう外へ出ることができなかった。しかし、この被告人が何故力を発揮したのか、これは彼が黙秘権を行使したからなんです。自由法曹団編『憲法判例をつくる——自由法曹団が選んだ

50の判例』（日本評論社、1998年）という本があります。この中に私も書かせていただきましたが、別件逮捕と自白の証拠能力ということで、能登半島の珠洲市にある蛸島地区の学童殺人事件のことについて書いています。蛸島事件が起きたときに、大工のお父さんが「実はうちの息子は被害者が殺害されたという時間には私と一緒に大工の仕事をどこそこでしていたんだ」「私が無実だということをいちばんよく知っている」「なんとか助けてください」と訴えてきた。当時、梨木作次郎という有名な弁護士のところで私は働いておりましたので、そこへ訪ねてきた。すぐに、私は、七尾の地検のほうに接見の申し入れをしたんですが、すぐには接見ができなかった。何日かして、やっと面会することになった。面会に赴いたときの私は、率直にいうとこの少年がやったのか、やらないのか半信半疑でした。ひょっとするとやったんではないかという思いも半ばありました。接見の制限時間は15分でしたけれども、当時の警察はあまりうるさくなくて、結局、小1時間、被告人と接見しました。知能指数が非常に低い少年だったんです。その彼が最後に私に対して「先生、実は、私はやってないんです。殺してないんです。」こう言ったんです。私は、そういう重大な告白を聞くのは本当にはじめてなものですから、足がふるえました。私が行く何日か前にもう1人、地元の長老の弁護士が接見に行っているんです。その被告人は虚偽の自白を、逮捕されたあと何日目かからずーっとさせられているんです。その途中でその地元の著名な弁護士さんが会いにいっているんだけれども、虚偽の自白は依然としてつづいていたのです。私が会いに行って、その重大な話を聞いて足がふるえて、「そう。それだったらあなたね、被告人にはものを言わなくてもいい、黙っている権利があるんだから、明日から黙っていなさい。何を聞かれても答えるな」といって黙秘の権利があることを話したのです。そうしたら、その翌日からその知能の低い被告人は完全黙秘になっちゃった。私が彼と話をするときに知能指数が低いということは知っていました。自白していることも知っていました。だから、もし、本当にやっていないんだとすれば、この子の心を開くのにはどうしたらいいのだろうと考えたんです。そこで、私は弁護士というのはもともとどういう仕事をする職業なのかと、ちょうど、小学生にさとすように話をしたんです。それから、私が今所属している事務所はどういう事務所なのか、あなたが前に会った弁護士さんもいるようだけれども、私たちの事務所はもしあなたが何にもやっていないというのであれば、お金に関係なしに、あなたの無罪をはらすためにたたかうというつもりでがんばっている事務所なんだと、そのことを、分かりやすく言ったつもりです。そういう話の末に彼は「実は、先生、私はやってないんです」と言ったんです。ですから、彼はその日から終始黙秘にかわる、そして、判決では無罪となり１審で確定した。

私は刑事事件のたたかいの主人公である被告人は、たしかに、保釈になったり、仮出獄で外に出て訴える機会もあり、こんな恵まれたことはないと思うんですね。しかし、勾留されていて、中に入っていても黙秘で通すことが、どんなに被告人の主人公としてのたたかいを支えるものであるかということをこの機会にぜひ言っておきたいと思って、この事件をとりあげたわけです。黙秘権というと、ややもすると、最近は形骸化しはじめているのではないかという感じもしますけれども、憲法にまで書かれて黙秘する権利が保障されている。これは私たち人類が歩んできた１つの教訓が今の日本国憲法に凝結しているんだと思うんですね。そういう意味では黙秘の権利を完全に守り通すということが、被告人が主体的にたたかう出発点であり、基本だ、と私は思っているわけです。街頭に出て、うまく宣伝をしたり、ビラを配ったりすることは、必要ですが、そういうことは他の人にできるわけですから、刑事被告人のたたかう心構えはたたかう主体として、完全に黙秘をしながらたたかうということが、いかに大切かということがいえるんじゃないかと思っています。

(2)　被害者集団の大量組織化〈水俣病〉

もう１つは、たたかう主体を増やさなくてはいけないということです。例えば、最近でいえば、労災事件、トンネルじん肺だとか、いろんな裁判で原告団を増やす努力がなされています。私はこれはまったく正しいと思うし、どんどんひろげていくべきだと思うわけです。

水俣病の場合にも、大量の原告を組織する、これが私たちの大きな取組みの課題です。たたかう主体をいかに強くするか、これにはいろいろな理由がありまして、水俣病は既に過去のものだ、四大公害裁判の1970年前後に社会問題となり決着のついた問題だといわれていました。そこで救済されたのは約２千5、6百人です。１万人を超える人たちが感覚障害で現時点で悩んでいる。この姿を社会的に明らかにするにはどうしたらいいか、たくさんの原告が俺も被害者だ、俺も被害者だと言って名乗り出ることではないか、そのことが過去の問題を現在の問題に置きかえることになるし、そして同時に救済してほしいという裁判の課題を政治の問題に転化させていくことができるのではないか、量は質を変えると思うんです。私たちはそういう意味で、たたかう主体をどうやって増やすか、必死に努力しました。水俣病裁判が、最終的に政治解決を実現することができたのも、私は大量原告を私たちが組織することができたからだと思っております。

大量原告を組織するということは大変な事業なのです。だいたい、患者の人たちは救済の見通しがでてくると、手を挙げる人がどんどん増えてきます。しかし、お前、裁判までして金がほしいのか、お前、ニセ患者じゃないか、お前、身体のどこが悪いんだと、こういう中傷、誹謗を地域でされているときには、手を挙げることができないんです。自分がどんなに身体が悪くても、その状況のなかで手を挙げさせなければ解決を迫っていく集団はできない。私たち弁護団は、鹿児島県の現地に、一番多い人でここ10年間に４百何十回か、私が370回ぐらいかな、１回行くと２泊から３泊するわけですから、毎日のように水俣や鹿児島へ行って帰ってくることの繰り返しだったんです。あなた被害者なんだから裁判をやりなさい、というオルグをやっていく。結果的には2,200人くらいまで私たちは組織しました。本当に死に物狂いの組織づくりだったんです。『あの水俣病をたたかった人びと』（あけび書房、1999年）という本の中にその一部が書かれています。どうやってたたかう原告を強くしたのか、支援がそのなかでどんな役割をしたのか、私たちはオルグをやっただけではなく、集会ももちました。集会のもち方も非常に工夫をしました。そういうことが書かれていますので関心のある方はぜひお読みいただきたいと思うわけです。

弁護士の間には、こういう議論があるんです。裁判を勧誘するのは弁護士倫理に反すると。ですから、私たちのなかでも、そうやって一軒一軒委任状を取って歩いていいのかというような議論もありました。私たちは人権運動に勧誘してはならないという問題はないはずだ。とにかくそんなことを関係なしにやろう。ということで断固やってきたわけですけれども、そういう努力がたたかう主体をつくるうえで大きな役割を果たしてきたと思いますし、そのたたかう主体が大きくなったことによって運動が発展し、最後は政府を追いつめてしまうところまでいったんだと思っております。そういう意味では、たたかう主体をどう構築するのか、労働事件の場合、差別をうけている労働者はいっぱいいます。リストラでクビを切られている労働者はいっぱいいます。でも企業の枠の中でみんなたたかっているのではないのか。企業の枠を超えることができるかどうかは私は労働問題に詳しくないので何とも言えませんが、しかし、じん肺は企業の枠を超えてきているのではないでしょうか。これは、これから私たちが考えていかなければいけない。たたかう主体性の確立の問題について、重要な問題を提起しているのではないかと思っています。

第３章　裁判と運動の連関――事実のもつ重み

(1)　事実のもつ重みが法廷と大衆をむすぶ動脈である

３つ目には裁判と運動の関連です。私がここで言いたいのは、裁判と運動をつなぐそのかなめになるのは、裁判で明らかになった事実をどう社会に知らせるか、あるいは法廷の外で明らかになった事実をどう裁判所に持ち込むか、内と外との事実の共有の問題だと思っています。例えば、裁判と運動は車の両輪だといわれます。主戦場は法廷の外にある、世論の力が勝負を決めるんだともいわれます。私もそうだと思います。そして、法廷の中では１回１回の裁判で相手を圧倒する優勢な裁判を展開しなければいけない。これは自由法曹団でもよく言われることで、そのとおりだと思います。その法廷の外と法廷の中を結ぶのは、私は非常に重要なことはやはり「事実」だと思います。例えば、裁判のときに傍聴席が満員になる。その問題について、宣伝行動が行われ、ビラが配られ、集会がひらかれ、カンパが集められる。署名運動がやられる。これらは全部重要なことです。しかし、私はそういう支援の運動は裁判闘争の最少限度のパイプであって、そのパイプを流れる血液というのは「事実」ではないかと思っています。私はここでそのことをとりわけ強調したいわけであります。その事件に関する「事実」が、どれだけその血管を流れて国民の中に入っていくのか、あるいは、国民の思いが、国民の中にひろめられた事実がどれだけ法廷に反映していくのかということが大きな役割を果たすだろう。「事実」のもつ重みが生きた血液となって動脈となって流れること、そのことが裁判と運動を発展させる鍵になるのではないかと思っています。何百回、裁判の政治的な意義を観念的に訴えるよりも、この裁判のもつ特徴的な「事実」を具体的に訴えることが、どれだけ人びとの心を打つか、人びとの魂をゆさぶり人びとを行動にかりたてるエネルギーになるかということです。公害裁判では被害者は被害の「事実」を訴える、これが原点になる。しかし、被害の「事実」を訴えるということは、決して容易なことではありません。

例えば、水俣病患者は「手足が痺れる」と、よく言います。そんな話をいくらしたって、年をとれば私だって感覚障害が多少あるわけですから、これでは人は感動しないと思うんです。口下手なある被害者が、新宿の東京都庁で「水俣病のことを訴えろ」といわれた。何と言うべきかいろいろ悩んでもうまい表現ができない。彼はどうしたかというと、自分の指を噛んだんですよ。訴えろと言われて、自分の指を思いっきり噛む、それでも痛くはない。人はびっくりしました。つまりこれが感覚障害なのです。痺れてますと訴えるよりも、自分の口で噛んで、その歯形をつけても、私はぜんぜん痛みを感じませんと言う。これがどれだけ真実として人を説得するか。これは訴え方の問題ではない。それは真実を真実として人に理解してもらうために考えぬくことだと思います。そういう被害の事実が法廷の中で訴えられる。同じ事が集会の中で訴えられる。理屈ぬきにこの裁判を勝利させなければ、そういう思いにみんななっていったんだと思うのです。

解雇や差別の問題も具体的な事実をどうやって、特徴的な事実をどうやって訴えて、みんなに共有してもらえるか、怒りをどうやって引き起こすのかということがかなめになると思います。そういう意味では人びとの心を揺さぶる事実の重みをというのはいろいろなかたちで出てくるんです。HIV の事件で川田龍平君〈現在参議院議員〉、彼は実名を名乗ったんです。実名を名乗ったということは、これは勇気のあることですが、実名を名乗ることができないという HIV の患者のおかれている苦しみの事実が、逆に浮き彫りになる。彼が名前を名乗ったということはそういう意味では HIV の患者がいかに差別と偏見のなかで苦悶しているかという事実の逆の現れだったのです。事実の重みの切り出し方、訴え方、いろいろあると思いますが、それが運動と裁判をつなぐ動脈を流れる血液となるのではないか。裁判官の心を揺さぶるのも「事実」です。理屈ではありません。支援の人びとの心を揺さぶるのも「事実」。「理屈」ではありません。

⑵　大衆とともに事実の解明〈政暴法事件の経験〉

そういう事実は、意外と敵の権力の中に、とくに刑事事件の場合は隠されている場合があります。検察官の手持ちの証拠の開示は、松川事件の「諏訪メモ」に代表されるように裁判闘争の基本です。しかし、今、私たちは検察官の手持ち証拠の開示を本気になってたたかっているんだろうか、と反省しないわけにはいきません。

「政暴法」事件について申し上げますが、政暴法に反対するデモ行進が公安条例違反で起訴された事件がありました。その事件で全逓中郵の労働者がプラカードで警察官を殴ったとして、公安条例違反と同時に傷害罪で起訴された。私が弁護人になりましたのは２審からです。警察が撮った現場写真に対して証拠能力がないといって、全部、弁護団は不同意にしていたんですね。ところが１審では何枚かが採用されているんです。その写真を丹念に見ていきますと、殴ったというその時間の写真が欠けているんですよ。２枚ないんです。おかしいのです、連続写真ですから。そこで高裁で提出命令を申し立てた。それでやっと検察官はそれを出してきた。その写真を見ると、全逓の中央郵便局の労働者は警察官に暴行を加える位置にいないんです。プラカードをもってその位置にいないんです。被告人とされた労働者は、法廷で怒りましたねえ。「こんな写真を隠して私を 15 年間も被告人の座に据えてきたのか」と。しかし、よく考えてみると、一体この弁護活動はどうだったのだろうかと、私は、内心忸怩たるものがありました。政暴法は憲法違反だから、公安条例で規制するのはけしからん、暴力行為があっても、それは正当防衛だ、こういう議論では、裁判所を説得するわけにはいかないわけです。公判廷に提出された写真は十数年前の写真だったのでどうしたかといいますと、その連続写真を拡大して、東京中央郵便局の組合掲示板に貼りつけました。この写真に記憶のある人はどうぞ組合のほうに言ってきてください。この写真のこの人は誰、この人は誰という具合に特定しました。そうしたら名乗り出てきたんですね。これは俺だ。こいつはやめた誰それだと、その連続写真を分析して、人の動きを解明していった。そうしたら起訴された被告人はプラカードで殴れる位置にいなかったということがはっきりした。労働者とともにこの作業をやっていくなかで、労働者は本当に怒りました。今までは多少のことはあいつのことだからやったんじゃないかと思っていたんだけれども、本当にやっていないということが目の前の写真で、自分たちの体験でわかった。これで全逓中郵のなかに大きな運動が起きて、公安条例は違憲の疑いがあるとしながらも、違憲の判断を示していなかった裁判所ですけれども、その被告人に対しては無罪の判決が言い渡された。裁判官の心を揺さぶるのも、支援の心を揺さぶるのも「事実」なんです。丹念にその事実を私たちがどう追求するのかが裁判と運動を発展させるカギになるのだと思うのです。

第４章　不当判決をのりこえる――敗けても勝つ〈水俣病〉

判決で敗けても運動がしっかりしていれば、ぽしゃることはないんです。カネミ油症事件は、北九州で起きた事件ですが、これも本当に被害者も、弁護団も支援者も、実に一生懸命たたかってきた。ふりかえってみると、やや裁判所の判決に傾斜していた。福岡高等裁判所が和解の勧告をした。国に対しても救済の勧告をした。それで国に勝てるとみんな思ったんですね。私もその当時はそう思いました。ところが、判決では、どんでん返しで敗けちゃった。その反動がものすごく大きい。だから、裁判に気持がぐーっと依存してきて、勝って、次は、決着だと思っていただけに、逆に敗けたときの反動は大きかった。当時たいへん辛い思いをして、このたたかいは収束に向かったのですが、そういうことを私たちは目の当たりにしてきました。

判決ですから、勝つこともあるし、敗けることもある。水俣病の場合にも、東京の判決で私たちは事実上敗訴の後退する判決を出させてしまったんです。たたかいは困難をきわめたが、結局はこの不当判決をのりこえることができた。どうして、それが可能だったか。水俣病は熊本、東京、京都でもたたかわれている。私たちは裁判で勝った判決をテコにして、解決のための交渉をする。そういう戦略を考えていましたので、最初に熊本で勝ったときに、なんとか解決の交渉ができないかと模索しました。しかし、原告数が少ない、九州の判決だ、まだ１つしか勝っていない、そんなことがあって、なかなか政府は応じてこない、そこで、裁判所を動かして解決の路線をつくるしかないということで、裁判所に解決勧告をさせる作戦をとった。裁判所に解決勧告を出させるといっても、何を言い出す裁判所かわからないわけです。司法が反動化していますから、そこの歯止めがちゃんとできる仕組みを考えなければいけないということで、裁判所が勧告した場合に双方当事者がどういう具合に対応すべきかという手続に関してまず、被告熊本県との間で議事録確認をやりました。そこまで固めたうえで、５つの裁判所があいついで国に対して水俣病を解決せよという勧告をした。あれは、決して、司法が反動化していて水俣病の運動をつぶすために解決の勧告をしてきたのではなくて、私たちが裁判所に向かって解決をさせるように働きかけてきた結果です。和解交渉が福岡高等裁判所ではじまる。和解案が固まっていく。そういう基盤があったから東京で不当な判決が出たときも、それをのりこえて、解決に向けての展望と確信があったわけです。そういう意味で不当判決が出ることはありうるわけで、避けられないわけですけれども、その敗けた判決が出てもなお勝つ展望をつねに大衆運動や裁判闘争の現場ではつくっていく必要があるということを言いたいのです。

第5章　支援・世論で勝つ――念仏にとどめていないか

結論にいきます。最後に一番大事なことですが、支援と世論で勝つ、当たり前の話です。しかし、私たちはこのことを、念仏のように唱えていないか。たいへん失礼な言い方ですけれども、運動は大事だといいながら本当にその運動をつくってきているのか。口にするわりにはなかなか悔いのない実践をしているのか、というのが問題提起です。私は、スモンでもそういう経験をしたわけです。スモンのときは法廷の中では圧倒していましたから、必ず勝つと確信していました。一番先にふたをあけた金沢のスモン判決では見事にそれが裏切られたわけです。1978年3月1日、雪の降る日に金沢で言い渡された判決は「雪よりも冷たい判決」になった。私どもはそこで東京に帰って猛烈に深刻な議論をしました。裁判と運動は車の両輪だといわれます。金沢でもたしかに署名運動もやり、集会もやり、支援母体もあり、それなりのことをやってきた。しかし、本当に心のかよった世論を圧倒する運動を私たちがつくってきていたのだろうか。金沢の後に東京の判決を迎えるわけですが、大阪の世論ではスモン・キノホルム説は通説ではなかったんです。スモンはウィルスによって起こるという説のほうが有力だったんですね。それは、製薬企業が大阪にあってがんばっている。外国の調査報告書をまとめて、日本のキノホルム説は間違っているんだという宣伝を、当時の組合までもがやっている。ですから大阪に行くとキノホルム説は少数意見、東京の裁判では多数意見で圧倒しているのだけれども、大阪ではぜんぜん情況が違う。つまり私たちは法廷では勝ってはいたけれど世論では敗けていたということを反省して、そこからスモンの支援運動が新しく構築されることになるわけです。私たち、私自身を含めて裁判は運動で包囲しなければいけない、運動で勝たなければいけないと言いながら、本気になって運動をつくっているのかということを反省させられたものです。

運動をつくっていくうえで、常に情勢を主体的に自分たちの力で変えなければいけない、そういう思いで取り組まなくてはいけないのではないでしょうか。

そのためには、①情勢を変えるためには人を変えなくてはいけない、人を変えるためには自分がまず変らなければ人は変らないんだ。②どこかで決まった方針に基づいて運動をやるというのではなくて、みんなで寄ってたかって創意ある工夫をした運動をみんなでつくっていく、そのなかで運動が発展していくんだ、そういう運動のなかで、裁判闘争の今の情勢を主体的に切り開いていく、このことが根本的に必要なのではないでしょうか。③最後になりますが、裁判を勝利するうえでの戦術的ノウハウはない。1つひとつの裁判闘争には、1つひとつの裁判闘争の性格や顔があり、特徴があります。条件があります。したがって、私たちはそういう1つひとつの違った裁判闘争の顔や条件を見据えながら、そのなかでたたかう主人公の被告人や原告団、それに弁護団、支援、この3つが揺るぎない団結をしながら活動していく、そのことが一番大事なことではないか。戦術的なノウハウはない。しかし、たたかう主人公と弁護団と支援の揺るぎない団結があってこそはじめて裁判闘争もまた前進するということを最後に申し上げたいと思います。先日、自由法曹団が松川50周年記念のシンポジウムを開きました。そのときに、国民救援会の方から大衆的裁判闘争と言っているけれども、本気になってやっているのかという自由法曹団に対する厳しい問いかけがありました。私たちはそれを真摯に受け止めて、今日私がみなさんに話したことは、私自身の自戒として、自由法曹団の決意として、その一端を申し上げたものとご理解いただき、講演を結びたいと考えます。ご清聴ありがとうございました。

追記

「挑戦者の気概」を原点に

2000年1月の尼崎公害での神戸地裁判決、そして、これにひきつづいて、11月の名古屋南部公害での名古屋地裁判決は、公害差止請求を認容した判決として、公害裁判に画期的な前進をもたらしたものであった。

「ついに差止請求で勝った！」

こんな感懐を抱いたのは、ひとり私のみではあるまい。

ふりかえると、昭和50年11月大阪国際空港公害訴訟でかちとった差止請求の判決が、昭和56年12月最高裁判所大法廷判決で逆転。差止請求却下の最高裁判決は、空港・新幹線などの公共事業だけでなく、民間企業にも及んで、差止請求をめぐるたたかいが長い冬の時代に入る弔鐘となった。

それから約20年。この間、公害被害者たちの「きれいな空を返せ」の訴えは、幾たびとなく裁判で斥けられつづけてきた。患者たちは、悲惨な被害のなかで人間の尊厳をふみにじられつづける苛酷な歳月を送ることをよぎなくされてきた。

この転換をもたらしたものは何か。大気全国連の原告団・弁護団で総括しているとは思うが、公害弁護団のレベルでみてみると、私は、弁護士集団のチャレンジャー精神が、不可欠の要因になっていると思っている。

「負けても負けてもくじけることなくたたかいつづけてきた」という観念的美談だったのではない。大気汚染の全訴訟を視野に入れながら、個別の訴訟を徹底的に重視してたたかい、1つひとつの個別訴訟で前進の足場をふみ固めながら、差止認容への道を着実に切りひらいてきたものと考えている。腰をすえてたたかうチャレンジャーの姿を、そこにみることができよう。これが、まさに挑戦者の気概なのだと思う。公害弁連が培ってきた作風なのだといってもよい。

公害裁判は、被害者たちの決起と団結に支えられた弁護団の燃えるようなチャレンジャーとしての活動によって前進と勝利をかちとってきた。

公害弁連草創の頃の四大公害裁判（イタイイタイ病、新潟水俣病、四日市公害、熊本水俣病）は、伝統的な民法理論を発展させ、巨大な加害企業の責任を問うことへのチャレンジだった。大阪国際空港公害や新幹線公害では、公共事業の責任、とりわけ差止請求権確立へのチャレンジであった。水俣病国家賠償訴訟は、裁判の枠を超えた「政府の政策転換」へのチャレンジだったといってよい。

公害巻きかえしの逆流のなかで、司法官僚システムによる裁判統制のなかで、公害弁護団は、ひるむことなく、チャレンジしつづけてきた。

弁護団をチャレンジャーにかりたてたものは何か。それは、被害者の中に入り、被害者とともにたたかっているというゆるぎない確信があったからではないのだろうか。また、小さな炎のように見える世論も、やがては燎原の火に転化できるという確信、こうした確信が弁護団員の1人ひとりを、チャレンジャーとして奮いたたせ、燃えたぎらせてきたように思うのである。

挑戦のないところに、前進はない。

現在の到達点を守り固めるためにも、常に新しいチャレンジが求められているように思う。

いま、東京大気汚染訴訟は、21世紀初頭の一大決戦の場、新しいチャレンジの場として社会的注目を集めはじめてきている。自動車メーカーの責任、未認定患者の救済など、公害裁判の局面をさらに大きく切りひらくかどうかが問われている。公害弁連があげてたたかいぬかなければならない社会的重要性を帯びてきているといっても過言ではあるまい。

90年代から吹き荒れてきているグローバリゼーション、規制緩和（企業活動の自由の拡大と個人の自己責任）の嵐は、公害裁判だけでなく、すべての人権課題にとって、向かい風となっている。そんな濁流に抗して、尼崎や名古屋南部の差止勝利がかちとられたことに思いをめぐらすとき、あらためてこれらの前進の成果の重みが伝わってくるのだ。そして、これは、チャレンジャーとしてたたかうことを原点にした活躍のなかで生みだされてきた成果である。

この論稿（2001年6月5日　公害弁連ニュースNo.129）を古稀祝のお礼にかえてのメッセージにしたい。

2005年8月25日

第２節

生い立ち、経歴、家族、取り組んだ事件

『森脇君雄さん、豊田誠さんの古希を祝う会』
（2005年）29頁以下

「還暦」は、昔日のこととなり、「古稀」もまた、古稀ではなくなりつつある高齢化社会となっている。

そんな時世のなかで、このたび森脇君雄さんとともに、古稀の祝いをしていただくこととなり、身にあまる光栄に存じているところです。

呼びかけ人の方々はもとより、ご臨席いただくすべての方々に、心からのお礼を申しあげる次第です。

1　生い立ち

(1)　私は、1935（昭10）年９月26日、秋田県琴丘町で生まれた（２人の弟、２人の妹）。

郷里の琴丘町は、秋田市と能代市の中間に位置した、八郎潟の湖畔の平野部にある。風光明媚な田舎だった。敗戦後、食糧不足を補うため、八郎潟は大部分が干拓されてしまい、私の幼少の頃とは、風景は一変してしまっている。

私の父は、国鉄に勤務していた。私はそんな平凡な家庭で、平凡に幼少を過ごしてきたようだ。

母からよく聞かされていたことを思い起こす。父の兄（私の叔父）は「満蒙開拓団」の団長として渡満した。その際、私の両親も満州に赴くよう誘われたようであり、母はこれを強く断ったというのである。「満州へ行かなくてよかった。行っていたらどうなったことか」と、母は、敗戦後物心のついた頃の私によく話していた。叔父は満州で死亡した。

人生は、さまざまな決断の連鎖の上に組み立てられて今日がある。

(2)　こんな東北の田舎町だから、戦争体験は非常に限られたものであった。

秋田市郊外の秋田油田が爆撃されて空が赤く染まったとき、釜石が艦砲射撃にさらされた地鳴りが聞こえたとき（1945.7.14 ―死者 455・負傷者 290、1945.8.9 ―死者 300・負傷者 125）、戦争が身近に迫っていることを知った。

八郎潟に海軍の飛行艇が碇泊していた。その飛行艇が米軍機の機銃掃射を受けて、撃沈させられたことがある。敗戦の年の真夏のこと。田んぼの除草をしていた農民は泥田に身を伏せてのがれた。泥だらけになって戻ってくる人々の話を聞いて、米軍の軍靴がここにまで及んで来ていることを知らされた。

ミーンミーン、蝉の鳴く 8 月 15 日敗戦、小学 4 年生だった。

(3)　敗戦後の「定員法」の時期に、父は国鉄を去った。糊口しのぐ生活が始まった。中学時代、「吾輩は猫である」という作文を書いた記憶があるが、この作文には当時の一家の状況がつぶさに記録されていたようだ。恩師国柄歌子教諭がそう述懐している。

戦争は、悲惨な被害をどこの家庭にも及ぼしたが、東北の片田舎の家庭にも苦難の波がヒタヒタと押し寄せていたのである。

私が、医師になりたいという幼少のころの志を捨て、「弁護士にでも」と考えるようになったのは、高校時代のことではあるが、この生活体験が自分の将来を決める契機になったように思う。

2　経歴のあらまし

(1)　中学時代、野球少年。創部 3 年目にして郡大会で優勝。捕手、キャプテン。

その実力をかわれて、能代高校入学後軟式野球部に勧誘された。断る。その軟式野球部が、高 3 の年、全国制覇をする。

1954（昭 29）3 月

県立能代高校卒業。3 年先輩に坂本修弁護士（現自由法曹団団長）がいたことを後に知る。体操の小野喬、野球の山田投手も同窓。

同年4月

学生時代を秋田県育英寮で過したことが、さまざまな大学の友人たちとの交流をつうじ人生の生き方を学ぶ機会となった。そして司法試験を受ける決意を固める。

1957年5月、中大中桜会研究室に入室。この研究会は、弁護士として久保田昭夫（旬報）、田代博之（浜松）、立木豊地（福岡）、故藤本正、小高丑松（千葉）、坂本修、坂本福子（東京）、板東克彦（新潟）、柴田滋行（京都）らを輩出し、後輩には田中敏夫、神山美智子、杉井静子、椎名麻紗枝、岡村親宣、尾崎俊之、菅野悦子、斉藤義房、らがいる。渥美東洋（教授）も同室、同期。【敬称略】

1959（昭34）3月

中央大学卒業。司法研修所13期。青法協会員として活動。組織率は極めて高かった。

名古屋修習中に、伊勢湾台風により名古屋市南部激甚被害。名大セツルメント13期の同僚と共同して被害現地にはいり、名古屋市南部で法律相談活動を開始（名古屋みなみ診療所へと発展）。

1961（昭36）4月

弁護士登録（金沢弁護士会所属）。

大都市以外の「地方での弁護士活動を」と考えた13期の数名が地方へ。

1968（昭43）8月

東京弁護士会へ登録換え

68-85年旬報法律事務所、86-95年東京あさひ法律事務所、96年豊田誠法律事務所

（2）　活動

1972　全国公害弁連創立時の事務局長、その後の幹事長、代表委員、顧問

1996　東京弁護士会　第11回人権賞受賞

1997　自由法曹団団長（3期）

2005　薬害弁連代表

3　家族のこと

1961（昭36）年11月、結婚。1男2女。

妻には、本当に苦労を背負わせてしまったし、子供たちにも色々な面で、苦労をかけてしまったと思う。人権でかけめぐる仕事は、それだけ家族の人権をないがしろにすることでもあった。何よりも、私の仕事は、家族の協力があったからこそ、家族に支えられていたからこそ、なし得たのだと思う。

4　取り組んだ主な事件

Ⅰ　刑事事件

(1) 1969　蛸島事件（殺人）　別件逮捕による収集証拠の違法性で、無罪（一審確定）

(2) 政暴法事件橘英実の主任　無罪

(3) 金沢郵便局事件　最高裁判所弁論で逆転無罪

(4) 秋田県比内町放火事件　無罪（一審確定）

Ⅱ　労働事件

(1) 金沢におけるタクシー争議

(2) 大日本塗料争議

(3) 全金浜田争議

Ⅲ　公害・薬害・人権

(1) 1968（昭43）　イタイイタイ病弁護団（常任）

(2) 1973（昭48）　薬害スモン弁護団（スモン東京、スモン静岡副団長）

(3) 1975（昭50）　多摩川水害弁護団（副団長）

(4) 1984（昭59）　水俣病弁護団（水俣病東京副団長、水俣病全国連事務局長）

(5) 1999（平11）　ハンセン病弁護団（ハンセン東京団長）

(6) 2001（平13）　えひめ丸事件弁護団（団長）

(7) 2012（平24）　福島原発被害弁護団顧問

5　写真集

1959 年 4 月 2 日

イタイイタイ病控訴審判決
1972 年 8 月 9 日

金沢時代

夫婦で
ギリシャにて

第7回 全国水俣現地調査（1984年）

旬報法律事務所
創立 25 周年式典
1980 年 4 月 23 日

水俣東京訴訟提訴

環境庁長官交渉（1985 年）

《著者紹介》

豊田　誠　弁護士

1935年秋田県生まれ。弁護士（13期）。イタイイタイ病、薬害スモン、水俣病、多摩川水害、ハンセン病、えひめ丸事件訴訟などの弁護団で活躍。1972年結成された全国公害弁護団連絡会議の初代事務局長、幹事長、代表委員を務めた。また、自由法曹団団長としても活躍し、基本的人権をまもるための諸課題に取り組んだ。2023年3月逝去。

公害・人権裁判の発展をめざして——豊田誠弁護士たたかいの記録

2024年6月30日　第1版第1刷発行

著　者——豊田　誠
発行所——株式会社　日本評論社
〒170-8474 東京都豊島区南大塚3-12-4
電話 03-3987-8621（販売：FAX—8590）
03-3987-8592（編集）
https://www.nippyo.co.jp/　振替　00100-3-16
印刷所——株式会社平文社
製本所——株式会社松岳社
装　丁——図工ファイブ

ISBN978-4-535-52775-1　Printed in Japan